高等数学

（下册）

周　迈　张　阳　由同顺　编著

南开大学出版社

天　津

图书在版编目(CIP)数据

高等数学. 下册/周迈，张阳，由同顺编著. —天
津：南开大学出版社，2017.2(2023.8 重印)
ISBN 978-7-310-05322-3

Ⅰ.①高… Ⅱ.①周… ②张… ③由… Ⅲ.②高等数
学－高等学校－ 教材 Ⅳ. ①O13

中国版本图书馆 CIP 数据核字(2017)第 008939 号

高等数学.下册
GAODENG SHUXUE. XIACE

南开大学出版社出版发行
出版人：陈　敬
地址：天津市南开区卫津路 94 号　　邮政编码：300071
营销部电话：(022)23508339　营销部传真：(022)23508542
https://nkup.nankai.edu.cn

天津午阳印刷股份有限公司印刷　全国各地新华书店经销
2017 年 2 月第 1 版　　2023 年 8 月第 9 次印刷
210×148 毫米　32 开本　8.75 印张　249 千字
定价：28.00 元

如遇图书印装质量问题,请与本社营销部联系调换,电话:(022)23508339

目　　录

第8章 多元函数微分学

在上册中,我们已研究了一元函数微积分,它所研究的对象是仅依赖于一个自变量的函数.然而,实际问题中的许多事情会受到多方面因素的影响,这就需要我们在数学上研究依赖于多个自变量的函数.本章将讨论多元函数的基本概念及其微分学.在学习时,应注意一元函数微分学与多元函数微分学之间的联系与区别.

8.1 多元函数的概念

8.1.1 n 维欧氏空间 R^n

从第7章知道,在空间直角坐标系 $Oxyz$ 中,空间的任一点 M 与由实数组成的一个有序三元数组 (x, y, z) 一一对应,这样有序三元实数组 (x, y, z) 就等同于点 M,所有有序三元实数组所构成的集合为三维空间 R^3.一般地,我们把所有由有序 n 元实数组 $(x_1, x_2, \cdots, x_n)$ 所构成的集合称为 n 维空间 R^n,其中 $x = (x_1, x_2, \cdots, x_n)$ 称为 n 维向量.回忆三维空间的知识,设 $M(x, y, z)$ 是 R^3 中一点,则以坐标原点为起点,以点 $M(x, y, z)$ 为终点的向量的坐标是 x, y, z,以坐标原点为起点的向量称为径矢,在三维空间 R^3 中可以不区分径矢 x, y, z 及其终点 $M(x, y, z)$.仿效三维空间 R^3,n 维欧几里得空间 R^n 中的向量也称为点,向量 x 的第 i 个分量 x_i 也称为点 x 的第 i 个坐标,类似三维空间 R^3 的情况,R^n 中点 x 可看作以坐标原点 O 为始点,x 为终点的一个向量,因此在符号上也不加区别.在 R^n 空间中,引入向量加法,数乘以及内积运算如下:

定义 8.1.1 对任意 $x = (x_1, x_2, \cdots, x_n), y = (y_1, y_2, \cdots, y_n) \in R^n$,

任意实数 $\lambda \in R$

（1）规定向量加法：$x + y = (x_1 + y_1, x_2 + y_2, \cdots, x_n + y_n)$；

（2）规定向量与实数的数乘：$\lambda x = (\lambda x_1, \lambda x_2, \cdots, \lambda x_n)$；

（3）规定向量的内积：$x \cdot y = (x, y) = \sum_{i=1}^{n} x_i y_i$；

（4）规定向量模：$\| x \| = \sqrt{(x, x)} = \sqrt{\sum_{i=1}^{n} x_i^2}$.

这时，称空间 R^n 为 n 维欧几里得空间，简称欧氏空间，仍记为 R^n.

n 维空间 R^n 中的两点 $x = (x_1, x_2, \cdots, x_n)$ 与 $y = (y_1, y_2, \cdots, y_n)$ 之间的距离规定为

$$\rho(x, y) = \| x - y \| = \sqrt{\sum_{i=1}^{n} (x_i - y_i)^2}.$$

特别，当 $n = 1$ 时，$\rho(x, y) = |x - y|$，其中 x, y 是数轴上的两个点，当 $n = 2, 3$ 时，$\rho(x, y)$ 就是解析几何中平面及空间内两点间的距离.

利用空间 R^n 的线性运算与距离的概念，可以讨论 R^n 中点集的一些简单概念. 在一元函数微积分中，为了讨论局部性质，经常涉及邻域的概念，这里先将邻域的概念推广到 R^n 的情况.

定义 8.1.2（邻域）　设 $a \in R^n$，δ 是某一正数，则称点集

$$U(a, \delta) = \left\{ x \in R^n \,\middle|\, \| x - a \| = \sqrt{\sum_{i=1}^{n} (x_i - a_i)^2} < \delta \right\}$$

为点 a 的 δ 邻域（或邻域），它是 R^n 中以 a 为中心，δ 为半径的 n 维球（不含球面）；称点集 $\overset{0}{U}(a, \delta) = \{ x \in R^n \mid 0 < \| x - a \| < \delta \}$ 为点 a 的去心 δ 邻域.

以邻域概念为基础可以进一步讨论 R^n 中点集的拓扑性质.

定义 8.1.3（内点，外点，边界点，聚点）　设 $E \subset R^n$，点 $a \in R^n$，

（1）如果存在点 a 的一个邻域 $U(a, \delta)$，使得 $U(a, \delta) \subset E$，则称 a 为 E 的一个**内点**；

（2）如果存在点 a 的一个邻域 $U(a, \delta)$，使得 $U(a, \delta) \cap E = \varnothing$，则称 a 为 E 的一个**外点**；

（3）如果点 a 的任何一个 δ 邻域中，既含有 E 中的点，也含有不属于 E 中的点，则称 a 为 E 的一个**边界点**；

（4）如果点 a 的任何一个去心邻域中总含有 E 中的点，则称 a 为 E 的一个**聚点**；

（5）E 的全部内点组成的集合称为 E 的**内部**，记为 E^0 或 int$E$；E 的全部外点组成的集合称为 E 的**外部**，记为 ext$E$；E 的全部边界点组成的集合称为 E 的**边界**，记为 ∂E；E 的全部聚点组成的集合称为 E 的**导集**，记为 E'.

例如，$E = \{(x,y) \in R^2 \mid x^2 + y^2 \leqslant 2\}$ 的内部为 int $E = \{(x,y) \in R^2 \mid x^2 + y^2 < 2\}$.

E 的外部 ext$E = \{(x,y) \mid x^2 + y^2 > 2\}$，$E$ 的边界为 $\partial E = \{(x,y) \in R^2 \mid x^2 + y^2 = 2\}$.

注 8.1.1　显然，E 的内点一定是 E 的聚点；E 的边界点可能是，也可能不是 E 的聚点；E 的聚点可能是 E 中的一点，也可能不是 E 中的点.

定义 8.1.4（开集，闭集）　设 $E \subset R^n$，如果 E 中的每一点都是它的内点，即 $E = E^0$，则称 E 为 R^n 的**开集**；如果 E 的余集 E^c 为开集，则称 E 为 R^n 的**闭集**. 另外，约定空集 $\varnothing$ 与 R^n 既是开集又是闭集.

例如，平面点集 $E = \{(x,y) \in R^2 \mid 1 < x^2 + y^2 < 2\}$ 是开集，$E = \{(x,y) \in R^2 \mid 1 \leqslant x^2 + y^2 \leqslant 2\}$ 是闭集；$E = \{(x,y) \in R^2 \mid 1 \leqslant x^2 + y^2 < 2\}$ 既不是开集又不是闭集.

定义 8.1.5（连通集，区域）　设 P,Q 是 R^n 中的两个不同的点，称点集 $\{tP + (1-t)Q \mid 0 \leqslant t \leqslant 1\}$ 是 R^n 中连接 P 与 Q 点的线段. 设 $E \subset R^n$，如果 E 中任意两点都可以用包含在 E 中的由有限条线段组成的折线连接起来，则称 E 是连通集. 连通的开集称为**开区域**（或**区域**）；连通的闭集称为**闭区域**.

定义 8.1.6（有界集，无界集）　设 $E \subset R^n$，如果存在一个常数 $M > 0$，对 E 中的任意点 x，都有 $\|x\| \leqslant M$，则称 E 为**有界集**；否则，称 E

为无界集.

易知,有界集必含在一个以原点 O 为中心,M 为半径的球内. 最后给出 R^n 的点列收敛定义及相关性质.

定义 8.1.7(R^n 中的点列收敛与发散)　设 $\{P_k\}$ 为 R^n 中的点列,$P \in R^n$,如果对任意 $\varepsilon > 0$,存在 $N(\varepsilon) \in N$,当 $k > N(\varepsilon)$ 时,有

$$\| P_k - P \| \leqslant \varepsilon$$

则称点列 $\{P_k\}$ 收敛于 P,记为 $\lim\limits_{k \to \infty} P_k = P$ 或 $P_k \to P (k \to \infty)$;否则,称点列 $\{P_k\}$ 发散.

注 8.1.2　根据极限的定义,易知 R^n 中的点列 $\{P_k\}$(记 $P_k = (x_1^k, x_2^k, \cdots, x_n^k)$)收敛于 $P = (p_1, p_2, \cdots, p_n)$ 等价于 $\lim\limits_{x \to \infty} x_i^k = p_i (i = 1, 2, \cdots, n)$.

下面两个定理分别给出 R^n 中的点列 $\{P_k\}$ 收敛的充分必要条件以及 P 是 E 的聚点的充分必要条件(证明从略).

定理 8.1.1(柯西收敛准则)　R^n 中的点列 $\{P_k\}$ 收敛的充分必要条件为: $\forall \varepsilon > 0, \exists N \in N+$,使得当 $m, s > N$ 时,有 $\| P_m - P_s \| < \varepsilon$.

定理 8.1.2　设 $E \subset R^n$,则 P 是 E 的聚点的充分必要条件是存在 E 中的点列 $\{P_k\}$($P_k \neq P, k = 1, 2 \cdots$),使得 $\lim\limits_{k \to \infty} P_k = P$.

8.1.2　多元函数的概念

在实际问题中,经常会讨论多个变量之间的关系. 例如,理想气体状态方程 $p = \dfrac{RT}{V}$(R 为常数)反映了气体的压强 p 对体积 V 和绝对温度 T 的依赖关系. 与一元函数类似,我们给出一般多元函数的定义,即

定义 8.1.8　设 D 是 R^n 中一个非空点集,如果对于 D 中的任一点 $P = (x_1, x_2, \cdots, x_n)$,按照某一给定的法则 f,变量 u 都有唯一的值与之对应,则称 u 是变量 $x_1, x_2, \cdots, x_n$ 的 n 元函数,并记为

$$u = f(x_1, x_2, \cdots, x_n) \quad \text{或} \quad u = f(P), \quad P \in D$$

其中,$x_1, x_2, \cdots, x_n$ 称为自变量,u 称为因变量(或函数值);D 称为函数

$u = f(x_1, x_2, \cdots, x_n)$ 的定义域,集合 $R(f) = \{u \mid u = f(P), P \in D\}$ 称为该函数的值域.

通常,二元函数记为 $z = f(x, y)$,三元函数记为 $u = f(x, y, z)$.自变量个数大于或等于 2 的函数通称为多元函数.本章我们主要讨论二元或三元函数的微分学,其结果可推广到 n 元函数.

由解析式 $z = f(x, y)$ 给出的函数的定义域,通常是使该函数有意义的所有点构成的平面点集,它往往是 xOy 平面上的一个或几个区域.

例 8.1.1　求函数 $z = \ln(2 - x^2 - y^2) + \sqrt{x^2 + y^2 - 1}$ 的定义域.

解　函数的定义域 $D = \{(x, y) \mid 1 \leqslant x^2 + y^2 < 2\}$ 为 xOy 平面的环域.

设二元函数 $z = f(x, y)$ 的定义域为 D,对于 D 中的任一点 $P(x, y)$,函数值 $z = f(x, y)$ 与之对应.这样就在以 x 为横坐标,以 y 为纵坐标,以 z 为竖坐标的空间直角坐标系 $Oxyz$ 中确定一点 $M(x, y, z)$.我们称 R^3 中的点集

$$G(f) = \{(x, y, z) \mid z = f(x, y), (x, y) \in D\}$$

为函数 $z = f(x, y)$ 的图像,它通常是空间中的一曲面.

注 8.1.3　一元函数可以看成多元函数的特殊情况.

习题 8.1

1. 求下列函数的定义域并画出定义域的图形:

$(1) z = \dfrac{1}{\sqrt{x - \sqrt{1 - y}}}$;

$(2) z = \ln(xy)$;

$(3) z = \arcsin \dfrac{x^2 + y^2}{4} + \operatorname{arcsec}(x^2 + y^2)$;

$(4) z = \sqrt{1 - x^2} + \sqrt{y^2 - 1}$;

$(5) z = \sqrt{1 - \dfrac{x^2}{a^2} - \dfrac{y^2}{b^2}}$；

$(6) z = \sqrt{x - \sqrt{y}}$．

2. 设函数 $f(u,v) = u^v$，求 $f(xy, x+y)$．

8.2　多元函数的极限与连续性

8.2.1　多元函数的极限

定义 8.2.1（二重极限）　设二元函数 $z = f(P) = f(x,y)$ 的定义域为 $D \subset R^2$，$P_0(x_0, y_0)$ 是 D 的一个聚点，A 是常数. 如果对任意 $\varepsilon > 0$，存在 $\delta > 0$，使得当点 $P(x, y) \in D$ 且 $0 < \| PP_0 \| = \sqrt{(x-x_0)^2 + (y-y_0)^2} < \delta$ 时，恒有

$$|f(x,y) - A| < \varepsilon,$$

则称当 $P(x,y)$ 趋于 $P_0(x_0, y_0)$ 时，函数 $f(x,y)$ 以 A 为极限，记作

$$\lim_{(x,y) \to (x_0, y_0)} f(x,y) = A, \text{ 或 } \lim_{\substack{x \to x_0 \\ y \to y_0}} f(x,y) = A \text{ 或 } \lim_{P \to P_0} f(P) = A.$$

　　二元函数极限的定义与一元函数极限的定义很相似，但应注意到，随着自变量个数的增加，点 P 趋于 P_0 的过程越来越复杂多变，这就带来了多元函数极限与一元函数极限的一些本质差别. 在一元函数极限中，点 x 趋于 x_0 的过程只能是沿着数轴的左右两个方向. 然而在二元函数的极限中，点 $P(x, y)$ 在平面上趋于 $P_0(x_0, y_0)$ 的过程可以在方向和方式上任意变化. 另外，在二重极限的定义中的 $0 < \| PP_0 \| = \sqrt{(x-x_0)^2 + (y-y_0)^2} < \delta$，可用 $|x - x_0| < \delta$，$|y - y_0| < \delta$ 且 $(x,y) \neq (x_0, y_0)$ 替代.

　　注 8.2.1　由二元函数极限的定义知，如果函数 $f(x,y)$ 的二重极限存在且为 A，则当点 $P(x,y)$ 沿任意平面路径趋于 $P_0(x_0, y_0)$ 时，$f(x,y)$ 的极限也必趋于 A. 因此，如果点 $P(x,y)$ 沿两种不同的路径趋

于 $P_0(x_0, y_0)$ 时,$f(x, y)$ 趋于不同的值(或不存在),则必知函数 $f(x, y)$ 在点 (x_0, y_0) 的二重极限不存在.

例 8.2.1　用定义证明　$\lim\limits_{(x,y)\to(0,0)} \dfrac{xy^2}{x^2+y^2} \sin \dfrac{1}{x^2+y^2} = 0.$

证明　注意到

$$|f(x, y) - 0| = \left| \frac{xy^2}{x^2+y^2} \sin \frac{1}{x^2+y^2} \right| \leqslant \frac{1}{2}|y| \leqslant \sqrt{x^2+y^2}.$$

所以,$\forall \varepsilon > 0$,取 $\delta = \varepsilon$,则当 $0 < \sqrt{(x-0)^2 + (y-0)^2} < \delta$ 时,恒有

$$|f(x, y) - 0| < \varepsilon.$$

根据二重极限定义知　$\lim\limits_{(x,y)\to(0,0)} \dfrac{xy^2}{x^2+y^2} \sin \dfrac{1}{x^2+y^2} = 0.$

与一元函数的极限类似,关于多元函数极限的一些性质和运算法则仍成立.

如,多元函数极限的唯一性,保号性以及极限的四则运算等.

例 8.2.2　求　$I = \lim\limits_{(x,y)\to(0,1)} \left(\dfrac{\sin xy}{x} + \dfrac{\sqrt{x(y-1)+1} - 1}{x(y-1)} \right).$

解　$I = \lim\limits_{(x,y)\to(0,1)} \dfrac{y\sin xy}{xy} + \lim\limits_{(x,y)\to(0,1)} \dfrac{1}{1 + \sqrt{x(y-1)+1}}$

$$= 1 \times 1 + \lim_{u\to 0} \frac{1}{1 + \sqrt{u+1}} \quad (u = x(y-1))$$

$$= 1 + \frac{1}{2} = \frac{3}{2}.$$

在上例求二重极限时,通过变量替换把二元函数的极限化为一元函数的极限而求得. 有时在求二元函数极限时,也可直接化为或利用极坐标变换化其为有界函数与无穷小量乘积等形式,请看下例.

例 8.2.3　求下列二元函数的极限

$$I = \lim_{(x,y)\to(0,0)} \frac{x^3 - xy^2}{x^2+y^2}$$

解　令 $x = r\cos\theta, y = r\sin\theta$,则

$$I = \lim_{r \to 0} \frac{r^3(\cos^3\theta - \cos\theta\sin^2\theta)}{r^2} = \lim_{r \to 0} r\cos\theta\cos 2\theta = 0.$$

例 8.2.4 设

$$f(x,y) = \begin{cases} \dfrac{xy}{x^2 + y^2}, & (x,y) \neq (0,0) \\ 0, & (x,y) = (0,0) \end{cases}$$

讨论二元函数极限 $\lim\limits_{(x,y) \to (0,0)} f(x,y)$ 的存在性.

解 当点 (x,y) 沿直线 $y = kx$(k 为常数)趋于点 $(0,0)$ 时,有

$$\lim_{x \to 0} f(x,kx) = \lim_{x \to 0} \frac{kx^2}{x^2 + k^2 x^2} = \frac{k}{1 + k^2}.$$

上式说明,当 (x,y) 沿着不同的直线趋于 $(0,0)$ 时,其极限值不同,所以 $f(x,y)$ 在 $(0,0)$ 处极限不存在.

例 8.2.5 设 $f(x,y) = \begin{cases} \dfrac{x^2 y}{x^4 + y^2}, & (x,y) \neq (0,0) \\ 0, & (x,y) = (0,0) \end{cases}$,讨论函数极限

$\lim\limits_{(x,y) \to (0,0)} f(x,y)$ 的存在性.

解 当点 (x,y) 沿直线 $x = ky$ 趋于点 $(0,0)$ 时,

$$\lim_{(x,y) \to (0,0)} f(x,y) = \lim_{y \to 0} f(ky,y) = \lim_{y \to 0} \frac{k^2 y}{1 + k^4 y^2} = 0,$$

及

$$\lim_{(x,0) \to (0,0)} f(x,y) = \lim_{x \to 0} f(x,0) = 0.$$

以上表明,当 (x,y) 沿任一过原点 $(0,0)$ 的直线趋于 $(0,0)$ 时,$f(x,y)$ 都趋于 0,但这不能说明 $f(x,y)$ 的二重极限也为零,甚至不能保证 $f(x,y)$ 的二重极限的存在性. 事实上,当 (x,y) 沿抛物线 $y = kx^2$($k \neq 0$)趋于 $(0,0)$ 时,

$$\lim_{x \to 0} f(x,kx^2) = \lim_{x \to 0} \frac{kx^4}{x^4 + k^2 x^4} = \frac{k}{1 + k^2}.$$

故　$\lim\limits_{(x,y) \to (0,0)} f(x,y)$ 不存在.

8.2.2　累次极限

对于二元函数 $f(x,y)$,除去我们已定义了二重极限 $\lim\limits_{(x,y)\to(0,0)} f(x,y)$ 外,还可以考虑如下形式的极限:

$$\lim_{x\to x_0}\lim_{y\to y_0} f(x,y) \quad 与 \quad \lim_{y\to y_0}\lim_{x\to x_0} f(x,y).$$

下面给出累次极限的定义:

定义 8.2.2(累次极限)　设二元函数 $f(x,y)$ 在 $0<|x-x_0|<\delta$, $0<|y-y_0|<\delta(\delta>0)$ 上有定义. 如果对此邻域中任意点 (x,y) 中的 $y(y\ne y_0)$ 固定,当 $x\to x_0$ 时,作为 x 的一元函数 $f(x,y)$ 的极限存在,记为 $\varphi(y)=\lim\limits_{x\to x_0} f(x,y)$;又当 $y\to y_0$ 时,一元函数 $\varphi(y)$ 的极限存在,记为 $\lim\limits_{y\to y_0}\varphi(y)=A$,则称 A 是函数 $f(x,y)$ 先对 x 后对 y 的累次极限,记作 $\lim\limits_{y\to y_0}\lim\limits_{x\to x_0} f(x,y)$.同样可定义先对 y 后对 x 的累次极限,记作 $\lim\limits_{x\to x_0}\lim\limits_{y\to y_0} f(x,y)$.

例 8.2.6　设 $f(x,y)=\begin{cases}\dfrac{x^2 y}{x^4+y^2}, & (x,y)\ne(0,0)\\[2mm] 0, & (x,y)=(0,0)\end{cases}$

求在点 $(0,0)$ 处的累次极限.

解　
$$\lim_{y\to 0}\lim_{x\to 0}\frac{x^2 y}{x^4+y^2}=\lim_{y\to 0}\frac{0\cdot y}{0+y^2}=\lim_{y\to 0}0=0,$$

$$\lim_{x\to 0}\lim_{y\to 0}\frac{x^2 y}{x^4+y^2}=\lim_{x\to 0}\frac{x^2\cdot 0}{x^4+0}=\lim_{x\to 0}0=0.$$

由例 8.2.5 和例 8.2.6 知,当二元函数 $f(x,y)$ 的二重极限不存在时,它的两个累次极限可以存在且相等;另外,从下例可以看到,函数 $f(x,y)$ 的二重极限存在,但两个累次极限一个存在,另一个不存在.

例 8.2.7　求函数 $f(x,y)=y\cos\dfrac{1}{x}$ 在点 $(0,0)$ 处的二重极限与累次极限.

解　注意到

$$|f(x,y)| = \left| \sqrt{x^2+y^2}\, \frac{y}{\sqrt{x^2+y^2}} \cos\frac{1}{x} \right| \leqslant \sqrt{x^2+y^2}$$

及
$$\lim_{(x,y)\to(0,0)} \sqrt{x^2+y^2} = 0,$$

所以
$$\lim_{(x,y)\to(0,0)} y\cos\frac{1}{x} = 0.$$

由于当 $y\neq0$ 时, $\lim\limits_{x\to0} y\cos\dfrac{1}{x}$, 所以累次极限 $\lim\limits_{y\to0}\lim\limits_{x\to0} y\cos\dfrac{1}{x}$ 也不存在.

而另一累次极限为
$$\lim_{x\to0}\lim_{y\to0} y\cos\frac{1}{x} = \lim_{x\to0} 0 = 0.$$

关于函数 $f(x,y)$ 的二重极限与累次极限间的关系可以有很多种, 下面定理只给出其中的一种(请读者证明).

定理8.2.1(累次极限)　设函数 $f(x,y)$ 在 $P_0(x_0,y_0)$ 的某一去心邻域内有定义, 且 $\lim\limits_{(x,y)\to(x_0,y_0)} f(x,y) = A,$

(1)若对 y_0 附近任一给定的 $y(y\neq y_0)$, $\lim\limits_{x\to x_0} f(x,y)$ 存在, 则
$$\lim_{y\to y_0}\lim_{x\to x_0} f(x,y) = \lim_{(x,y)\to(x_0,y_0)} f(x,y) = A.$$

(2)若对 x_0 附近任一给定的 $x(x\neq x_0)$, $\lim\limits_{y\to y_0} f(x,y)$ 存在, 则
$$\lim_{x\to x_0}\lim_{y\to y_0} f(x,y) = \lim_{(x,y)\to(x_0,y_0)} f(x,y) = A.$$

8.2.3　多元函数的连续

与一元函数的连续性类似, 利用二元函数极限可以定义二元函数的连续性.

定义8.2.3　设二元函数 $z=f(x,y)$ 的定义域为 D, (x_0,y_0) 是 D 的聚点, 且 $(x_0,y_0)\in D$, 如果当 $(x,y)\in D$ 时, 有
$$\lim_{(x,y)\to(x_0,y_0)} f(x,y) = f(x_0,y_0)$$
即 $\forall\varepsilon>0, \exists\delta>0$, 使得对任一 $(x,y)\in U((x_0,y_0),\delta)\cap D$, 有

$$|f(x,y) - f(x_0,y_0)| < \varepsilon,$$

则称函数 $f(x,y)$ 在点 (x_0,y_0) 处连续,并称点 (x_0,y_0) 是函数 $f(x,y)$ 的连续点. 否则称点 (x_0,y_0) 是函数 $f(x,y)$ 的间断点. 如果 $f(x,y)$ 在 D 中的每一点都连续,则称 $f(x,y)$ 是 D 上的连续函数.

例 8.2.8　证明函数

$$f(x,y) = \begin{cases} \dfrac{\sin(x^4 + y^4)}{x^2 + y^2}, & (x,y) \neq (0,0) \\ 0, & (x,y) = (0,0) \end{cases}$$

在 $(0,0)$ 点连续.

证　由于

$$0 \leqslant \frac{\sin(x^4 + y^4)}{x^2 + y^2} \leqslant \frac{x^4 + y^4}{x^2 + y^2} \leqslant x^2 + y^2,$$

又　$\lim\limits_{(x,y) \to (0,0)} (x^2 + y^2) = 0$,因而 $\lim\limits_{(x,y) \to (0,0)} \dfrac{\sin(x^4 + y^4)}{x^2 + y^2} = 0.$

故 $f(x,y)$ 在 $(0,0)$ 点连续.

利用极限定义及极限四则运算,二元连续函数也有与一元连续函数类似的性质.

定理 8.2.2　(1)如果函数 $f(x,y)$ 及 $g(x,y)$ 在点 (x_0,y_0) 处连续,α 与 β 为常数,则函数 $\alpha f(x,y) + \beta g(x,y)$,$f(x,y)g(x,y)$,$\dfrac{f(x,y)}{g(x,y)}$ $(g(x_0,y_0) \neq 0)$ 也在 (x_0,y_0) 处连续.

(2)如果 $s = \varphi(x,y)$,$t = \psi(x,y)$ 在点 (x_0,y_0) 处连续,且函数 $z = f(s,t)$ 在相应点 (s_0,t_0) $(s_0 = \varphi(x_0,y_0),t_0 = \psi(x_0,y_0))$ 处连续,则复合函数 $z = f(\varphi(x,y),\psi(x,y))$ 也在 (x_0,y_0) 处连续.

(3)所有多元初等函数在其定义域内的每一点都连续.

例 8.2.9　讨论函数 $f(x,y) = \begin{cases} \dfrac{xy}{x^2 + y^2}, & (x,y) \neq (0,0) \\ 0, & (x,y) = (0,0) \end{cases}$ 的连续性.

解　由初等函数的连续性知,函数 $f(x,y)$ 在点 $(x,y)\neq(0,0)$ 处都连续,由例 8.2.4 知 $\lim\limits_{(x,y)\to(0,0)}\dfrac{xy}{x^2+y^2}$ 不存在,所以 $f(x,y)$ 在 $(0,0)$ 处不连续.

在空间直角坐标系下,二元函数 $z=f(x,y)$ 的图形是一无缝无孔的曲面.例如连续函数 $z=\sqrt{1-x^2-y^2}$ 的图形是上半单位球面.另外,在函数的间断点方面,二元函数与一元函数有所不同,它除去可在一点处间断(见例 8.2.9)外,也可在一条曲线上形成间断点,例如函数 $f(x,y)=\cos\dfrac{1}{x^2+y^2-1}$ 在单位圆 $x^2+y^2=1$ 上处处间断.

类似于一元连续函数在闭区间上的几个重要性质,多元函数在有界闭集上也有相应性质.即下面定理所示(证明从略).

定理 8.2.3　(1)(有界性)有界闭集 D 上的连续函数 $f(x,y)$ 是有界的.即存在 $M>0$, $\forall(x,y)\in D$ 有 $|f(x,y)|\leqslant M$.

(2)(最值定理)有界闭集 D 上连续函数 $f(x,y)$ 必在 D 上取得其最大值 M 和最小值 m,即存在 (x_1,y_1), $(x_2,y_2)\in D$,使得 $f(x_1,y_1)=m$, $f(x_2,y_2)=M$.

(3)(零点定理)设 $f(x,y)$ 为有界闭区域 D 上的连续函数,如果在 D 上存在两点 (x_1,y_1) 及 (x_2,y_2),使得 $f(x_1,y_1)f(x_2,y_2)<0$,则在 D 上至少存在一点 (ξ,η),使得 $f(\xi,\eta)=0$.

(4)(介值定理)设 $f(x,y)$ 为有界闭区域 D 上的连续函数,如果在 D 上存在两点 (x_1,y_1) 及 (x_2,y_2),使得 $f(x_1,y_1)\neq f(x_2,y_2)$,则对介于 $f(x_1,y_1)$ 和 $f(x_2,y_2)$ 的任一值 C,则在 D 上至少存在一点 (ξ,η),使得 $f(\xi,\eta)=C$.

(5)(值域定理)设 $f(x,y)$ 为有界闭区域 D 上的非常数连续函数,则其值域是一闭区间 $[m,M]$,并且两个端点 m 及 M 分别是函数的最小值和最大值.

关于一元函数的一致连续性概念容易推广到二元函数的情况.

定义 8.2.4　设 $f(x,y)$ 是定义在 $D \subset R^2$ 上的函数. 如果对于 $\forall \varepsilon > 0$, 存在 $\exists \delta > 0$, 使得对于 D 中的任意两点 $P(x_1, y_1)$ 及 $Q(x_2, y_2)$, 只要 $|P - Q| < \delta$, 就有

$$|f(x_1, y_1) - f(x_2, y_2)| < \varepsilon.$$

则称函数 $f(x,y)$ 在 D 上是一致连续的.

类似于一元函数, 我们有如下定理(证明从略).

定理 8.2.4　设函数 $f(x,y)$ 是有界闭集 $D \subset R^2$ 上的连续函数, 则 $f(x,y)$ 在 D 上是一致连续的.

习题 8.2

1. 计算下列二重极限:

(1) $\displaystyle\lim_{(x,y)\to(0,0)} \frac{e^x \cos y}{1 + x + y}$,

(2) $\displaystyle\lim_{(x,y)\to(\infty,\infty)} \frac{1 + x^2 + y^2}{x^2 + y^2}$,

(3) $\displaystyle\lim_{(x,y)\to(0,0)} \frac{1 - \sqrt{xy + 1}}{xy}$,

(4) $\displaystyle\lim_{(x,y)\to(0,1)} \frac{\sin xy}{x}$,

(5) $\displaystyle\lim_{(x,y)\to(2,\infty)} \left(1 + \frac{2x}{y}\right)^{x^2 y}$,

(6) $\displaystyle\lim_{(x,y)\to(0,3)} \frac{y \sin x}{xy^2 + 2x}$,

(7) $\displaystyle\lim_{(x,y)\to(2,\infty)} \frac{xy^2 + y + 1}{3y^2 + 2xy}$,

(8) $\displaystyle\lim_{(x,y)\to(+\infty,+\infty)} (x^2 + y^2) e^{-(x+y)}$.

2. 求下列函数的两种累次极限:

(1) $\dfrac{x^2 + y^2}{x^2 + y^4}$ $(x \to \infty, y \to \infty)$,

(2) $\dfrac{1}{xy} \tan \dfrac{xy}{1 + xy}$ $(x \to 0, y \to +\infty)$,

(3) $\dfrac{-x^y}{1 + x^y}$ $(x \to +\infty, y \to 0^+)$.

3. 讨论下列函数在点 $(0,0)$ 处的累次极限和二重极限:

(1) $f(x,y) = \dfrac{x^2 y^2}{x^2 y^2 + (x - y)^2}$,

(2) $f(x,y) = (x + y) \sin \dfrac{1}{x} \sin \dfrac{1}{y}$.

4.求下列函数的不连续点:

$(1) z = \dfrac{1}{x-y},$ 　　　　　　　$(2) z = \dfrac{y^2+2x}{y^2-2x},$

$(3) z = \ln(1-x^2-y^2),$ 　　　　　$(4) z = \sin\dfrac{1}{xy}.$

8.3　偏导数

在本节中,我们将把一元函数导数概念推广到多元函数.

8.3.1　偏导数

给定二元函数 $z = f(x,y)$,当我们固定自变量 y(或 x)时,就可把 $z = f(x,y)$ 看作自变量 x(或 y)的一元函数,这样就可以考虑函数 z 关于自变量 x(或 y)的导数,如此求得的导数称为二元函数 $z = f(x,y)$ 关于 x(或 y)的偏导数.下面具体给出偏导数的概念.

定义8.3.1(偏导数)　设函数 $z = f(x,y)$ 在点 $P_0(x_0,y_0)$ 的某一邻域 $U(P_0,\delta)$ 内有定义,如果一元函数 $z = f(x,y_0)$ 在 $x = x_0$ 可导,即极限

$$\lim_{\Delta x \to 0} \frac{f(x_0+\Delta x,y_0)-f(x_0,y_0)}{\Delta x}$$

存在,则称此极限值为函数 $z = f(x,y)$ 在点 (x_0,y_0) 处对 x 的偏导数,并记作 $f_x(x_0,y_0)$, $z_x(x_0,y_0)$, $\dfrac{\partial f}{\partial x}\big|_{(x_0,y_0)}$ 或 $\dfrac{\partial z}{\partial x}\big|_{(x_0,y_0)}$;

类似地,如果一元函数 $z = f(x_0,y)$ 在 $y = y_0$ 可导,即极限

$$\lim_{\Delta y \to 0} \frac{f(x_0,y_0+\Delta y)-f(x_0,y_0)}{\Delta y}$$

存在,则称此极限值为函数 $z = f(x,y)$ 在点 (x_0,y_0) 处对 y 的偏导数,并记作 $f_y(x_0,y_0)$, $z_y(x_0,y_0)$, $\dfrac{\partial f}{\partial y}\bigg|_{(x_0,y_0)}$ 或 $\dfrac{\partial z}{\partial y}\bigg|_{(x_0,y_0)}$;

与一元函数的导数类似,如果函数 $z = f(x, y)$ 在区域 D 内每一点 (x, y) 处都存在偏导数 $f_x(x, y)$ 和 $f_y(x, y)$(或 $z_x(x, y)$,$z_y(x, y)$),那么这个偏导数就是 x, y 的函数,它们显然是区域 D 上的二元函数,所以称它们为函数 $z = f(x, y)$ 的偏导函数,简称为偏导数.

类似二元函数偏导数的定义,我们容易给出一般 n 元函数 $u = f(x_1, x_2, \cdots, x_n)$ 对自变量 x_i 的偏导函数,即

$$\frac{\partial u}{\partial x_i} = \lim_{\Delta x_i \to 0} \frac{f(x_1, x_2, \cdots, x_{i-1}, x_i + \Delta x_i, x_{i+1}, \cdots, x_n) - f(x_1, x_2, \cdots, x_{i-1}, x_i, x_{i+1}, \cdots, x_n)}{\Delta x_i}.$$

从偏导数的定义可知,在求函数 $z = f(x, y)$ 的偏导数时,只需要把其中的一个自变量看作常数,而对另一自变量按一元函数的求导法则求导.

例 8.3.1　设 $z = \arctan xy$,求 $\left. \dfrac{\partial z}{\partial x} \right|_{(1,1)}$,$\dfrac{\partial z}{\partial y}$.

解　将 y 看作常数,对 x 求导,得

$$\frac{\partial z}{\partial x} = \frac{y}{1 + (xy)^2}, \text{所以}, \left. \frac{\partial z}{\partial x} \right|_{(1,1)} = \frac{1}{2}.$$

将 x 看作常数,对 y 求导,得

$$\frac{\partial z}{\partial y} = \frac{x}{1 + (xy)^2}.$$

例 8.3.2　设 $z = y^{\sin x}$,求 $\dfrac{\partial z}{\partial x}$ 及 $\dfrac{\partial z}{\partial y}$.

解　将 y 看作常数,对 x 求导,得

$$\frac{\partial z}{\partial x} = y^{\sin x} \ln y \cdot \cos x,$$

同理可得 $\dfrac{\partial z}{\partial y} = \sin x \cdot y^{\sin x - 1}$.

例 8.3.3　设 $u = xy + yz + zx$,求 $\dfrac{\partial u}{\partial x}$,$\dfrac{\partial u}{\partial y}$ 及 $\dfrac{\partial u}{\partial z}$.

解　将 y, z 看作常数,对 x 求导,得

$$\frac{\partial u}{\partial x} = y + z.$$

类似地,$\frac{\partial u}{\partial y} = x + z, \frac{\partial u}{\partial z} = y + x$.

例8.3.4 讨论二元函数

$$f(x,y) = \begin{cases} \dfrac{xy}{x^2 + y^2}, & (x,y) \neq (0,0) \\ 0, & (x,y) = (0,0) \end{cases}$$

在点(0,0)处偏导数是否存在.

解 由偏导数定义知

$$f_x(0,0) = \lim_{\Delta x \to 0} \frac{f(0 + \Delta x, 0) - f(0,0)}{\Delta x} = \lim_{\Delta x \to 0} \frac{0 - 0}{\Delta x} = 0$$

$$f_y(0,0) = \lim_{\Delta y \to 0} \frac{f(0,0 + \Delta y) - f(0,0)}{\Delta y} = \lim_{\Delta y \to 0} \frac{0 - 0}{\Delta y} = 0$$

但由例8.2.9知,$f(x,y)$在(0,0)处不连续.

上例说明,二元函数在某点的两个偏导数都存在并不能保证其在此点连续. 这与一元函数在某点可导必有在此点连续不同. 事实上,二元函数$f(x,y)$在(x_0,y_0)处的两个偏导数的存在只保证当点(x,y)沿平行于x轴及y轴的方向趋于(x_0,y_0)时,$f(x,y)$都趋于$f(x_0,y_0)$,不能保证点(x,y)沿任意路径趋于(x_0,y_0)时,$f(x,y)$都趋于$f(x_0,y_0)$. 这样也只能保证$f(x,y)$在(x_0,y_0)处沿x轴及y轴方向上连续,不能保证$f(x,y)$在(x_0,y_0)点的连续性.

8.3.2 偏导数的几何意义

从几何上看,二元函数$z = f(x,y)$表示空间一曲面,而一元函数$z = f(x,y_0)$表示$y = y_0$平面上,曲面$z = f(x,y)$与此平面的交线. 即

$$l: \begin{cases} z = f(x,y) \\ y = y_0 \end{cases}$$

由一元函数的几何意义知,二阶偏导数$f_x(x_0,y_0)$是曲线l在点

$M_0(x_0, y_0, f(x_0, y_0))$处的切线关于 x 轴的斜率 $\tan \alpha$(参见图 8 – 1).

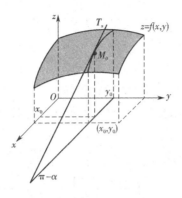

图 8 – 1

同理,$f_y(x_0, y_0)$是曲线$\begin{cases} z = f(x, y) \\ y = y_0 \end{cases}$在点 M_0 处的切线关于 y 轴的斜率 $\tan \beta$.

8.3.3　高阶偏导数

设函数 $z = f(x, y)$ 在区域 D 内有偏导数$\dfrac{\partial z}{\partial x} = f_x(x, y)$,$\dfrac{\partial z}{\partial y} = f_y(x, y)$,它们也是区域 D 内的函数,如果这两个函数的偏导数仍存在,则可对其再求偏导数;称所求得的偏导数为函数 $z = f(x, y)$ 的二阶偏导数. 二元函数 $z = f(x, y)$ 可有如下 4 个二阶偏导数.

$$\frac{\partial}{\partial x}\left(\frac{\partial z}{\partial x}\right) = \frac{\partial^2 z}{\partial x^2} = z_{xx} = f_{xx}(x, y),$$

$$\frac{\partial}{\partial y}\left(\frac{\partial z}{\partial x}\right) = \frac{\partial^2 z}{\partial x \partial y} = z_{xy} = f_{xy}(x, y),$$

$$\frac{\partial}{\partial x}\left(\frac{\partial z}{\partial y}\right) = \frac{\partial^2 z}{\partial y \partial x} = z_{yx} = f_{yx}(x, y),$$

$$\frac{\partial}{\partial y}\left(\frac{\partial z}{\partial y}\right) = \frac{\partial^2 z}{\partial y^2} = z_{yy} = f_{yy}(x, y).$$

其中 $f_{xy}(x,y)$ 和 $f_{yx}(x,y)$ 称为混合偏导数. 同样可递推地定义更高阶偏导数,例如

$$\frac{\partial\left(\frac{\partial^2 z}{\partial x^2}\right)}{\partial x} = \frac{\partial^3 z}{\partial x^3}, \quad \frac{\partial\left(\frac{\partial^2 z}{\partial x^2}\right)}{\partial y} = \frac{\partial^3 z}{\partial x^2 \partial y},$$

二阶及二阶以上的偏导数称为高阶偏导数.

一般说来,二元函数的混合偏导数的值与对自变量的求导次序有关.

例 8.3.5 设函数

$$f(x,y) = \begin{cases} \dfrac{xy(x^2 - y^2)}{x^2 + y^2} & x^2 + y^2 \neq 0 \\ 0 & x^2 + y^2 = 0 \end{cases}$$

证明 $f_{xy}(0,0) \neq f_{yx}(0,0)$.

证明 由偏导数定义,易知

$$f_x(x,y) = \begin{cases} \dfrac{y(x^4 - y^4 + 4x^2 y^2)}{(x^2 + y^2)^2}, & (x,y) \neq (0,0) \\ 0, & (x,y) = (0,0) \end{cases}$$

$$f_y(x,y) = \begin{cases} \dfrac{x(x^4 - y^4 + 4x^2 y^2)}{(x^2 + y^2)^2}, & (x,y) \neq (0,0) \\ 0, & (x,y) = (0,0) \end{cases}$$

根据二阶偏导数的定义,可知

$$f_{xy}(0,0) = \lim_{\Delta y \to 0} \frac{f_x(0, 0 + \Delta y) - f_x(0,0)}{\Delta y} = \lim_{\Delta y \to 0} \frac{-\Delta y}{\Delta y} = -1,$$

$$f_{yx}(0,0) = \lim_{\Delta x \to 0} \frac{f_y(0 + \Delta x, 0) - f_y(0,0)}{\Delta x} = \lim_{\Delta x \to 0} \frac{\Delta x}{\Delta x} = 1.$$

故 $f_{xy}(0,0) \neq f_{yx}(0,0)$.

下面定理讨论了在一定条件下高阶导数与求导次序无关.

定理 8.3.1 设函数 $z = f(x,y)$ 在点 $P_0(x_0, y_0)$ 的某一邻域 $U(P_0)$ 内偏导数 $f_x(x,y)$, $f_y(x,y)$ 都存在,如果 $f_{xy}(x,y)$(或 $f_{yx}(x,y)$)

在 $U(P_0)$ 内处处存在且在点 (x_0,y_0) 连续,则 $f_{yx}(x,y)$($或 $f_{xy}(x,y)$)必在 (x_0,y_0) 处存在,且 $f_{yx}(x_0,y_0)=f_{xy}(x_0,y_0)$.

证明　不妨设 $f_{xy}(x,y)$ 在 $U(P_0)$ 内都存在且在 (x_0,y_0) 处连续,设 $h=\Delta x$, $k=\Delta y$,点 (x_0+h,y_0+k), (x_0+h,y_0), (x_0,y_0+k) 都属于 $U(P_0)$ 且

$$\varphi(h,k)=\begin{cases}\dfrac{1}{hk}[f(x_0+h,y_0+k)-f(x_0+h,y_0)-(f(x_0,y_0+k)-\\ f(x_0,y_0))], h\neq0,k\neq0 \\ f_{xy}(x_0,y_0),\end{cases}$$

否则,令 $g(x)=f(x,y_0+k)-f(x,y_0)$,则 $g'(x)=f_x(x,y_0+k)-f_x(x,y_0)$

由拉格朗日中值定理可知,存在 $0<\theta_1,\theta_2<1$,使得

$$\varphi(h,k)=\frac{1}{hk}[g(x_0+h)-g(x_0)=\frac{1}{k}g'(x_0+\theta_1 h)$$
$$=\frac{1}{k}[f_x(x_0+\theta_1 h,y_0+k)-f_x(x_0+\theta_1 h,y_0)]$$
$$=f_{xy}(x_0+\theta_1 h,y_0+\theta_2 k).$$

再由 $f_{xy}(x,y)$ 在 (x_0,y_0) 处的连续性,有 $\lim\limits_{(h,k)\to(0,0)}\varphi(h,k)=f_{xy}(x_0,y_0)$.
另一方面,因 $f(x,y)$ 在 $U(P_0)$ 内关于 y 的偏导数处处存在,所以由定义知当 $h\neq0$, $k\to0$ 时,有

$$\lim_{k\to0}\varphi(h,k)=\frac{1}{h}[f_y(x_0+h,y_0)-f_y(x_0,y_0)].$$

由定理 8.2.1 可知

$$\lim_{h\to0}\lim_{k\to0}\varphi(h,k)=\lim_{(h,k)\to(0,0)}\varphi(h,k)$$

即 $f_{yx}(x_0,y_0)$ 存在且 $f_{yx}(x_0,y_0)=f_{xy}(x_0,y_0)$.

推论 8.3.1　设二元函数 $z=f(x,y)$ 在点 $P_0(x_0 y_0)$ 的某邻域有定义,如果混合偏导数 $f_{yx}(x_0,y_0)$ 在 (x_0,y_0) 处连续,则 $f_{xy}(x_0,y_0)=f_{yx}(x_0,y_0)$.

推论 8.3.1 的结果可推广到一般 n 元函数的高阶混合导数情况.

例如,如果三元函数 $u = f(x, y, z)$ 在点 (x, y, z) 处的某邻域内有 6 个混合导数

$$\frac{\partial^3 u}{\partial x \partial y \partial z}, \frac{\partial^3 u}{\partial y \partial x \partial z}, \frac{\partial^3 u}{\partial x \partial z \partial y}, \frac{\partial^3 u}{\partial y \partial z \partial x}, \frac{\partial^3 u}{\partial z \partial x \partial y}, \frac{\partial^3 u}{\partial z \partial y \partial x}$$

都存在且在点 (x, y, z) 处连续,则它们都相等.

例 8.3.6 设 $z = y\sin x + x2^y$,求 $\dfrac{\partial^2 z}{\partial x^2}, \dfrac{\partial^2 z}{\partial y^2}, \dfrac{\partial^2 z}{\partial x \partial y}, \dfrac{\partial^2 z}{\partial y \partial x}$.

解 $\dfrac{\partial z}{\partial x} = y\cos x + 2^y$, $\dfrac{\partial z}{\partial y} = \sin x + x2^y \ln 2$.

$$\frac{\partial^2 z}{\partial x^2} = -y\sin x, \quad \frac{\partial^2 z}{\partial x \partial y} = \cos x + 2^y \ln 2,$$

$$\frac{\partial^2 z}{\partial y \partial x} = \cos x + 2^y \ln 2, \quad \frac{\partial^2 z}{\partial y^2} = x2^y (\ln 2)^2.$$

显然,$\dfrac{\partial^2 z}{\partial x \partial y} = \dfrac{\partial^2 z}{\partial y \partial x}$.

例 8.3.7 设函数 $u(x, y, z) = \dfrac{1}{r}$,其中 $r = \sqrt{x^2 + y^2 + z^2}$,求证函数 u 满足拉普拉斯方程 $\Delta u = \dfrac{\partial^2 u}{\partial x^2} + \dfrac{\partial^2 u}{\partial y^2} + \dfrac{\partial^2 u}{\partial z^2} = 0$.

证明 显然

$$\frac{\partial u}{\partial x} = -\frac{1}{r^2} \cdot \frac{x}{r} = -\frac{x}{r^3}, \frac{\partial^2 u}{\partial x^2} = -\left(\frac{1}{r^3} - \frac{3x}{r^4} \cdot \frac{x}{r}\right) = -\frac{1}{r^3} + \frac{3x^2}{r^5}$$

由函数 u 关于 x, y, z 的对称性可知

$$\frac{\partial^2 u}{\partial y^2} = -\frac{1}{r^3} + \frac{3y^2}{r^5}, \quad \frac{\partial^2 u}{\partial z^2} = -\frac{1}{r^3} + \frac{3z^2}{r^5}.$$

故 $\Delta u = \dfrac{\partial^2 u}{\partial x^2} + \dfrac{\partial^2 u}{\partial y^2} + \dfrac{\partial^2 u}{\partial z^2} = -\dfrac{3}{r^3} + \dfrac{3r^2}{r^5} = 0.$

习题 8.3

1. 求下列函数的偏导数:

$(1) z = x e^{x+y}$, $\qquad$ $(2) z = \tan(x+y) + \cos(xy)$,

$(3) z = e^{x^2+y^2} \cdot \sin \dfrac{y}{x}$, $\qquad$ $(4) z = \arctan \dfrac{y}{x} + \ln \sqrt{x^2+y^2}$,

$(5) z = \arcsin \dfrac{x}{\sqrt{x^2+y^2}}$, $\qquad$ $(6) u = \ln(x+y^2+z^3)$,

$(7) u = \left(\dfrac{x}{z}\right)^y$, $\qquad$ $(8) u = \arctan(x+y)^z$.

2. 求下列函数在给定点的偏导值:

$(1) z = \ln\left(x + \dfrac{y}{2x}\right)$, 求 $\dfrac{\partial z}{\partial y}\bigg|_{\substack{x=1 \\ y=0}}$;

$(2) f(x,y) = e^{-x}\sin(x+2y)$, 求 $f'_x\left(0, \dfrac{\pi}{4}\right)$ 与 $f'_y\left(0, \dfrac{\pi}{4}\right)$;

$(3) f(x,y) = x^2 + \ln(y^2+1)\arctan x^{y+1}$, 求 $\dfrac{\partial f(x,y)}{\partial x}\bigg|_{(x,0)}$.

3. 设 $z = \dfrac{y^2}{3x} + \arcsin(xy)$, 证明 $x^2 \dfrac{\partial z}{\partial x} - xy \dfrac{\partial z}{\partial y} + y^2 = 0$.

4. 求下列函数的二阶偏导数:

$(1) u = x^4 + y^4 - 4x^2 y^2$, $\qquad$ $(2) u = x^2 e^y + y^3 \sin x$,

$(3) u = x \cdot 2^{x+y}$, $\qquad$ $(4) u = \cos^2(x+2y)$.

5. 设 $z = \ln(e^x + e^y)$, 证明函数 z 满足 $z''_{xx} \cdot z''_{yy} - (z''_{xy})^2 = 0$.

6. 设 $f(x,y) = \begin{cases} \dfrac{xy}{x^2+y^2} & x^2+y^2 \neq 0 \\ 0 & x^2+y^2 = 0 \end{cases}$, 试用偏导数的定义求 $f'_x(0,0)$, $f'_y(0,0)$.

8.4 全微分

我们从第 3 章中已知,如果一元函数 $y = f(x)$ 在 x_0 的某一邻域内有定义且函数的改变量 $\Delta y = f(x_0 + \Delta x) - f(x_0)$ 可表示为 $\Delta y =$

$A(x_0) \cdot \Delta x + o(\Delta x)$ 形式，则称 $y = f(x)$ 在 x_0 处可微. 仿一元函数微分定义，二元函数的微分可如下定义.

定义 8.4.1　设函数 $z = f(x,y)$ 在点 (x_0,y_0) 的某邻域 $U(P_0)$ 内有定义，如果存在可依赖于点 P_0 的常数 A 和 B，使得函数 z 在点 (x_0,y_0) 处的改变量（或全增量）

$$\Delta z = f(x_0 + \Delta x, y_0 + \Delta y) - f(x_0, y_0)\, ((x_0 + \Delta x, y_0 + \Delta y) \in U(P_0)).$$

可以表示为

$$\Delta z = A \cdot \Delta x + B \cdot \Delta y + o(\rho).$$

其中，$\rho = \sqrt{(\Delta x)^2 + (\Delta y)^2}$. 则称 $A \cdot \Delta x + B \cdot \Delta y$ 为函数 $z = f(x,y)$ 在点 (x_0,y_0) 处的全微分，记作

$$\mathrm{d}z \big|_{(x_0,y_0)} = A \cdot \Delta x + B \cdot \Delta y \text{ 或 } \quad \mathrm{d}f \big|_{(x_0,y_0)} = A \cdot \Delta x + B \cdot \Delta y,$$

此时称函数 $z = f(x,y)$ 在 (x_0,y_0) 处可微.

如果函数在区域 D 内任意一点可微，则称函数在 D 内可微. 与一元函数可微必连续一样，二元函数也有可微必连续的性质. 事实上，由函数 $f(x,y)$ 在 (x_0,y_0) 处可微知，

$$\lim_{(\Delta x, \Delta y) \to (0,0)} \Delta z = \lim_{(\Delta x, \Delta y) \to (0,0)} (A\Delta x + B\Delta y + o(\rho)) = 0$$

即函数 $f(x,y)$ 在点 (x_0,y_0) 处连续. 另外，全微分 $\mathrm{d}z$ 是自变量改变量 Δx 和 Δy 的线性函数，且 $\Delta z - \mathrm{d}z$ 是 $\rho = \sqrt{(\Delta x)^2 + (\Delta y)^2}$，的高阶无穷小.

下面的定理给出函数可微的必要条件，并确定了微分定义中的常数 A 和 B.

定理 8.4.1（可微必要条件）　设函数 $z = f(x,y)$ 在点 (x_0,y_0) 处可微分，则函数在点 (x_0,y_0) 处的两个偏导数都存在且

$$f_x(x_0,y_0) = A, \quad f_y(x_0,y_0) = B,$$

其中 A,B 为微分定义中的常数.

证明　因为 $f(x,y)$ 在 (x_0,y_0) 处可微，所以

$$f(x_0 + \Delta x, y_0 + \Delta y) - f(x_0, y_0) = A \cdot \Delta x + B \cdot \Delta y + o(\rho),$$

在上式中取 $\Delta y = 0$，则　$o(\rho) = o(|\Delta x|)$ 且

$$f_x(x_0, y_0) = \lim_{\Delta x \to 0} \frac{f(x_0 + \Delta x, y_0) - f(x_0, y_0)}{\Delta x}$$

$$= \lim_{\Delta x \to 0} (A + \frac{o(|\Delta x|)}{\Delta x}) = A.$$

同理可证　$f_y(x_0, y_0) = B.$

如果函数 $f(x, y)$ 在点 (x_0, y_0) 处可微，由定理 8.4.1 可知，全微分可改写为

$$dz \mid_{(x_0, y_0)} = f_x(x_0, y_0)\Delta x + f_y(x_0, y_0)\Delta y.$$

这样，若函数在区域 D 内任一点可微，则

$$dz = f_x(x, y)\Delta x + f_y(x, y)\Delta y.$$

特别取 $z = f(x, y) = x$ 仅为自变量 x 的函数时，则有 $f_x(x, y) = 1, f_y(x, y) = 0$，所以，$dz = dx = \Delta x$. 同理可知 $dy = \Delta y$. 故函数 $z = f(x, y)$ 的全微分可以写为

$$dz = f_x(x, y)dx + f_y(x, y)dy.$$

注 8.4.1　比较一元函数微分的定义，一元函数 $f(x)$ 的微分定义为一个线性函数 $df(\Delta x) = f'(x)dx(\Delta x) = f'(x)\Delta x$. 如果用这种方式讨论多元函数的全微分，则多元函数的全微分可定义为线性泛函（多元线性函数），对二元函数的情况有如下定义

$$dz(\Delta x, \Delta y) = f_x(x, y)dx(\Delta x, \Delta y) + f_y(x, y)dy(\Delta x, \Delta y) = f_x\Delta x + f_y\Delta y.$$

这里 $dx(\Delta x, \Delta y) = \Delta x, dy(\Delta x, \Delta y) = \Delta y$，在上述意义下有

$$dz = f_x(x, y)dx + f_y(x, y)dy.$$

定理 8.4.1 表明，函数的偏导数存在是函数可微的必要条件，但这并不是充分条件. 这与一元函数的可微与可导等价不同，请看下列.

例 8.4.1　设函数

$$f(x, y) = \begin{cases} \dfrac{xy}{\sqrt{x^2 + y^2}}, & (x, y) \neq (0, 0), \\ 0, & (x, y) = (0, 0). \end{cases}$$

讨论函数在点$(0,0)$处的可微性.

解　　$f_x(0,0) = \lim\limits_{x \to 0} \dfrac{f(x,0) - f(0,0)}{x - 0} = \lim\limits_{x \to 0} \dfrac{0 - 0}{x} = 0$,

$$f_y(0,0) = \lim\limits_{y \to 0} \dfrac{f(0,y) - f(0,0)}{y - 0} = 0,$$

即函数$f(x,y)$在$(0,0)$处偏导数都存在且相等. 如果$z = f(x,y)$在点$(0,0)$处可微,则根据全微分定义有

$$\mathrm{d}z(0,0) = f_x(0,0)\Delta x + f_y(0,0)\Delta y = 0.$$

但　　　$\lim\limits_{(\Delta x, \Delta y) \to (0,0)} \dfrac{\Delta z - \mathrm{d}z}{\rho} = \lim\limits_{(\Delta x, \Delta y) \to (0,0)} \dfrac{\dfrac{\Delta x \Delta y}{\sqrt{(\Delta x)^2 + (\Delta y)^2}}}{\sqrt{(\Delta x)^2 + (\Delta y)^2}}$

$$= \lim\limits_{(\Delta x, \Delta y) \to (0,0)} \dfrac{\Delta x \Delta y}{(\Delta x)^2 + (\Delta y)^2}.$$

特别当$\Delta y = \Delta x$时,有

$$\lim\limits_{(\Delta x, \Delta y) \to (0,0)} \dfrac{\Delta z - \mathrm{d}z}{\rho} = \lim\limits_{\Delta x \to 0} \dfrac{\Delta x^2}{(\Delta x)^2 + (\Delta x)^2} = \dfrac{1}{2} \neq 0,$$

故　$f(x,y)$在$(0,0)$处不可微.

既然函数的偏导数存在不能保证其可微,那么就需要对函数施加更强的条件,来保证函数可微.

定理 8.4.2(可微的充分条件)　设函数$z = f(x,y)$在点(x_0, y_0)的邻域内有定义,如果函数$f(x,y)$的两个偏导数都在点(x_0, y_0)处连续,则函数$f(x,y)$在点(x_0, y_0)处可微.

证明　设$(x_0 + \Delta x, y_0 + \Delta y)$为点$(x_0, y_0)$某邻域中任一点,则

$$\begin{aligned}\Delta z &= f(x_0 + \Delta x, y_0 + \Delta y) - f(x_0, y_0)\\ &= [f(x_0 + \Delta x, y_0 + \Delta y) - f(x_0, y_0 + \Delta y)]\\ &\quad + [f(x_0, y_0 + \Delta y) - f(x_0, y_0)].\end{aligned}$$

在上式左端第一及第二个方括号中,分别固定变量$y_0 + \Delta y$及x_0,那么第一方括号内可视为x的一元函数,第二个方括号内可视为y的函数. 这样分别对它们应用拉格朗日中值定理就得到

$$\Delta z = f_x(x_0 + \theta_1 \Delta x, y_0 + \Delta y) \cdot \Delta x + f_y(x_0, y_0 + \theta_2 \Delta y) \cdot \Delta y,$$

其中, $0 < \theta_1, \theta_2 < 1$.

利用 $f_x(x, y)$ 及 $f_y(x, y)$ 在点 (x_0, y_0) 处的连续性可得

$$\begin{aligned}
\Delta z &= [f_x(x_0, y_0) + \alpha] \Delta x + [f_y(x_0, y_0) + \beta] \Delta y \\
&= f_x(x_0, y_0) \Delta x + f_y(x_0, y_0) \Delta y + \alpha \Delta x + \beta \Delta y,
\end{aligned}$$

其中 α, β 满足 $\lim\limits_{\rho \to 0} \alpha = 0, \lim\limits_{\rho \to 0} \beta = 0$.

由于

$$\left| \frac{\alpha \Delta x + \beta \Delta y}{\rho} \right| \leqslant |\alpha| \left| \frac{\Delta x}{\rho} \right| + |\beta| \left| \frac{\Delta y}{\rho} \right| \leqslant |\alpha| + |\beta|,$$

及

$$\lim\limits_{\rho \to 0} (|\alpha| + |\beta|) = 0,$$

所以

$$\lim\limits_{\rho \to 0} \frac{\alpha \Delta x + \beta \Delta y}{\rho} = 0.$$

根据函数全微分的定义, 函数 $f(x, y)$ 在点 (x_0, y_0) 处可微.

应注意, 定理 8.4.2 中的条件是函数可微的充分条件, 但不是必要条件, 即函数在某点可微, 其偏导数在此点未必连续. 如函数

$$f(x, y) = \begin{cases} (x^2 + y^2) \sin \dfrac{1}{x^2 + y^2}, & (x, y) \neq (0, 0), \\ 0, & (x, y) = (0, 0) \end{cases}$$

在点 $(0,0)$ 处可微, 但偏导数在点 $(0,0)$ 处不连续. (请读者完成证明)

注 8.4.2　比较偏导数连续、偏导数存在、可微及连续性的关系, 从前面的讨论可知对多元函数如下蕴涵关系成立:

$$\text{偏导数连续} \Rightarrow \text{可微} \Rightarrow \begin{cases} \text{偏导数存在} \\ \text{连续} \end{cases},$$

但是相反的蕴涵关系不成立. 例 8.3.4 表明即使多元函数不连续其偏导数可能存在. 由于一元函数是多元函数的特殊情况, 根据一元函数的知识可知, 连续函数的偏导数可能不存在. 由于在多元函数的情况下, 偏导数存在与连续性互不蕴涵, 因此偏导数的概念并不能完全继

承一元函数导数概念的内涵. 仔细体会可微性的定义可以发现, 多元函数可微性的概念继承了一元函数可微性及导数概念的内涵.

例 8.4.2 设函数 $z = f(x,y) = x^y$, 求 $\mathrm{d}z, \mathrm{d}z\,|_{(1,1)}$.

解 因 $\dfrac{\partial z}{\partial x} = yx^{y-1}, \dfrac{\partial z}{\partial y} = x^y \ln x$ 所以

$$\mathrm{d}z = yx^{y-1}\mathrm{d}x + x^y \ln x \mathrm{d}y,$$

$$\mathrm{d}z\,|_{(1,1)} = 1 \cdot \mathrm{d}x + 0 \cdot \mathrm{d}y = \mathrm{d}x.$$

根据全微分的定义, 当函数 $z = f(x,y)$ 在点 (x_0, y_0) 处可微且自变量的增量 Δx 及 Δy 很小时, 有

$$\Delta z = f(x_0 + \Delta x, y_0 + \Delta y) - f(x_0, y_0) = \mathrm{d}z\,|_{(x_0, y_0)} + o(\rho) \approx \mathrm{d}z\,|_{(x_0, y_0)}.$$

这样就有如下近似计算公式

$$f(x_0 + \Delta x, y_0 + \Delta y) \approx f(x_0, y_0) + f_x(x_0, y_0)\Delta x + f_y(x_0, y_0)\Delta y.$$

例 8.4.3 一个圆柱体受外力作用后发生变形, 其半径 R 由原来的 10 cm 增大到 10.05 cm, 其高 h 由原来 50 cm 减少到 48.98 cm, 试求此圆柱体体积变化的近似值.

解 圆柱体的体积为 $V = \pi r^2 h$, 则

$V_r = 2\pi rh, V_h = \pi r^2$, 取 $r_0 = 10, h = 50, \Delta r = 0.05, \Delta h = -0.02$, 于是, 圆柱体体积变化的近似值为

$$\Delta V \approx \mathrm{d}V\,|_{(10,50)} = (2\pi rh\Delta r + \pi r^2 \Delta h)\,|_{(10,50)}$$

$$= 2\pi \times 10 \times 50 \times 0.05 + \pi \times 10^2 \times (-0.02)$$

$$= 48\pi(\mathrm{cm}^3).$$

例 8.4.4 求 $1.02^{2.98}$ 的近似值.

解 设 $f(x,y) = x^y$, 则 $f_x(x,y) = yx^{y-1}, f_y(x,y) = x^y \ln x$, 令 $x_0 = 1, y_0 = 3, \Delta x = 0.02, \Delta y = -0.02$, 则

$$\mathrm{d}f\,|_{(1,3)} = f_x(1,3)\Delta x + f_y(1,3)\Delta y$$

$$= 3 \cdot 1^{3-1} \cdot 0.02 + 1^3 \cdot \ln 1 \cdot (-0.02) = 0.06.$$

因此 $1.02^{2.98} = f(1.02, 2.98) \approx \mathrm{d}f\,|_{(1,3)} + f(1,3) = 1 + 0.06 = 1.06.$

习题 8.4

求下列函数的全微分:

(1)$f(x,y) = x^4 + y^4 - 4x^2 y^2$,　　　　(2)$f(x,y) = \dfrac{x}{y^2} + \dfrac{y}{x^2}$,

(3)$f(x,y) = (x^3 + y^3)^2$,　　　　　　(4)$u = \sin(x^2 + yz)$,

(5)$u = e^x yz$,　　　　　　　　　　(6)$f(x,y) = \dfrac{xy}{\sqrt{x^2 + y^2}}$.

8.5　复合函数的微分法

本节将把一元函数微分学中的复合函数求导法则及微分不变性推广到多元函数的情形.

8.5.1　复合函数求导

定理 8.5.1(链式法则)　设函数 $z = f(u,v)$ 在 (u,v) 处可微,而 $u = \varphi(x,y)$ 及 $v = \psi(x,y)$ 在点 (x,y) 处的偏导数都存在,则复合函数 $z = f(\varphi(x,y), \psi(x,y))$ 对 x 及 y 的偏导数也存在,且

$$\frac{\partial z}{\partial x} = \frac{\partial z}{\partial u} \cdot \frac{\partial u}{\partial x} + \frac{\partial z}{\partial v} \cdot \frac{\partial v}{\partial x},$$

$$\frac{\partial z}{\partial y} = \frac{\partial z}{\partial u} \cdot \frac{\partial u}{\partial y} + \frac{\partial z}{\partial v} \cdot \frac{\partial v}{\partial y}. \tag{8.5.1}$$

证明　固定自变量 y,设自变量 x 的改变量为 Δx,则 u 和 v 分别有对应的部分增量

$$\Delta u = \varphi(x + \Delta x, y) - \varphi(x,y),\ \Delta v = \psi(x + \Delta x, y) - \psi(x,y),$$

因而 z 也就有相应的增量

$$\Delta z = f(u + \Delta u, v + \Delta v) - f(u,v).$$

由函数 $z = f(u,v)$ 在 (u,v) 处可微可知

$$\Delta z = \frac{\partial z}{\partial u} \cdot \Delta u + \frac{\partial z}{\partial v} \cdot \Delta v + o(\rho).$$

其中 $\rho = \sqrt{(\Delta u)^2 + (\Delta v)^2}$. 由于 $u = \varphi(x,y)$ 及 $v = \psi(x,y)$ 的偏导数存在,所以当 $\Delta x \to 0$ 时,就有 $\Delta u \to 0$ 及 $\Delta v \to 0$,从而也有 $\rho \to 0$. 于是在上式中两边同除以 Δx,并令 $\Delta x \to 0$,有

$$\frac{\partial z}{\partial x} = \lim_{\Delta x \to 0} \left[\frac{\partial z}{\partial u} \cdot \frac{\Delta u}{\Delta x} + \frac{\partial z}{\partial v} \cdot \frac{\Delta v}{\Delta x} + \frac{o(\rho)}{\Delta x} \right]$$

$$= \frac{\partial z}{\partial u} \lim_{\Delta x \to 0} \frac{\Delta u}{\Delta x} + \frac{\partial z}{\partial v} \lim_{\Delta x \to 0} \frac{\Delta v}{\Delta x} + \lim_{\Delta x \to 0} \frac{o(\rho)}{\Delta x}$$

$$= \frac{\partial z}{\partial u} \cdot \frac{\partial u}{\partial x} + \frac{\partial z}{\partial v} \cdot \frac{\partial v}{\partial x}.$$

其中最后一个等式中用到

$$\lim_{\Delta x \to 0} \frac{o(\rho)}{\Delta x} = \pm \lim_{\rho \to 0} \frac{o(\rho)}{\rho} \lim_{\Delta x \to 0} \sqrt{\left(\frac{\Delta u}{\Delta x} \right)^2 + \left(\frac{\Delta v}{\Delta x} \right)^2} = 0.$$

因此

$$\frac{\partial z}{\partial x} = \frac{\partial z}{\partial u} \cdot \frac{\partial u}{\partial x} + \frac{\partial z}{\partial v} \cdot \frac{\partial v}{\partial x},$$

同理可证

$$\frac{\partial z}{\partial y} = \frac{\partial z}{\partial u} \cdot \frac{\partial u}{\partial y} + \frac{\partial z}{\partial v} \cdot \frac{\partial v}{\partial y}.$$

复合函数的求偏导公式 8.5.1 称为链式法则,这一法则可推广到一般多个中间变量及自变量的情形.

设 $u = f(v_1, v_2 \cdots, v_n)$, $v_i = v_i(x_1, x_2 \cdots, x_m)$, $i = 1, 2, \cdots, n$. 在它们满足类似于定理 8.5.1 相应条件下,有

$$\frac{\partial u}{\partial x_j} = \sum_{i=1}^{n} \frac{\partial u}{\partial v_i} \frac{\partial v_i}{\partial x_j}, j = , 2, \cdots, m. \tag{8.5.2}$$

特别,当每一个中间变量 v_i 都是一个自变量 x 的函数($m = 1$)时,即 $v_i = v_i(x)(i = 1, 2, \cdots, n)$,这样复合函数 u 就是 x 的一元函数,它对 x 的导数 $\frac{\mathrm{d}u}{\mathrm{d}x}$ 称为函数 u 的全导数,且公式 8.5.2 变为

$$\frac{\mathrm{d}u}{\mathrm{d}x} = \frac{\partial u}{\partial v_1} \cdot \frac{\mathrm{d}v_1}{\mathrm{d}x} + \cdots + \frac{\partial u}{\partial v_n} \cdot \frac{\mathrm{d}v_n}{\mathrm{d}x}. \qquad (8.5.3)$$

另外,当 u 只是一个中间变量 v 的函数($n=1$)时,则复合函数求偏导公式 8.5.2 变为

$$\frac{\partial u}{\partial x_j} = \frac{\mathrm{d}u}{\mathrm{d}v}\frac{\partial v}{\partial x_j}, j=1,2,\cdots,m. \qquad (8.5.4)$$

注 8.5.1　可以通过变量关系解释

公式 8.5.1. 以公式 $\dfrac{\partial z}{\partial x} = \dfrac{\partial z}{\partial u}\dfrac{\partial u}{\partial x} + \dfrac{\partial z}{\partial v}\dfrac{\partial v}{\partial x}$ 为例,

图 8-2 显示变量依赖关系. 图中有两组

箭头,分别对应公式的两项,例如第一项

$\dfrac{\partial z}{\partial u}\dfrac{\partial u}{\partial x}$ 对应图 8-2 中上面一组箭头

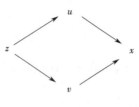

图 8-2

$$z \xrightarrow{\frac{\partial z}{\partial u}} u \xrightarrow{\frac{\partial z}{\partial x}} x.$$

例 8.5.1　设 $z = \mathrm{e}^u\cos v, u = xy, v = x+y$,求 $\dfrac{\partial z}{\partial x}, \dfrac{\partial z}{\partial y}$.

解　$\dfrac{\partial z}{\partial x} = \dfrac{\partial z}{\partial u} \cdot \dfrac{\partial u}{\partial x} + \dfrac{\partial z}{\partial v} \cdot \dfrac{\partial v}{\partial x}$

$\qquad = \mathrm{e}^u\cos v \cdot y - \mathrm{e}^u\sin v \cdot 1 = \mathrm{e}^{xy}[y\cos(x+y) - \sin(x+y)].$

$\dfrac{\partial z}{\partial y} = \dfrac{\partial z}{\partial u} \cdot \dfrac{\partial u}{\partial y} + \dfrac{\partial z}{\partial v} \cdot \dfrac{\partial v}{\partial y}$

$\qquad = \mathrm{e}^u\cos v \cdot x - \mathrm{e}^u\sin v \cdot 1 = \mathrm{e}^{xy}[x\cos(x+y) - \sin(x+y)].$

例 8.5.2　设 $z = (x-y)^{x^2+y^2}(x>y)$,求 $\dfrac{\partial z}{\partial x}, \dfrac{\partial z}{\partial y}$.

解　设 $u = x-y, v = x^2+y^2$,则 $z = u^v$. 因为

$$\frac{\partial z}{\partial u} = vu^{v-1}, \frac{\partial z}{\partial v} = u^v\ln u,$$

$$\frac{\partial u}{\partial x} = 1, \frac{\partial u}{\partial y} = -1, \frac{\partial v}{\partial x} = 2x, \frac{\partial v}{\partial y} = 2y. \text{ 所以}$$

$$\frac{\partial z}{\partial x} = \frac{\partial z}{\partial u} \cdot \frac{\partial u}{\partial x} + \frac{\partial z}{\partial v} \cdot \frac{\partial v}{\partial x} = vu^{v-1} \cdot 1 + u^v \ln u \cdot 2x$$

$$= (x-y)^{x^2+y^2} \left[2x\ln(x-y) + \frac{x^2+y^2}{x-y} \right],$$

$$\frac{\partial z}{\partial y} = \frac{\partial z}{\partial u} \cdot \frac{\partial u}{\partial y} + \frac{\partial z}{\partial v} \cdot \frac{\partial v}{\partial y}$$

$$= vu^{v-1} \cdot (-1) + u^v \ln u \cdot 2y$$

$$= (x-y)^{x^2+y^2} \left[2y\ln(x-y) - \frac{x^2+y^2}{x-y} \right].$$

例 8.5.3 设函数 $z = f(x,y,u)$ 可微,其中 $u = \varphi(x,y)$ 偏导数存在,求 $\dfrac{\partial z}{\partial x}, \dfrac{\partial z}{\partial y}$.

解 由复合函数求导链式法则知

$$\frac{\partial z}{\partial x} = \frac{\partial f}{\partial x} \cdot \frac{\partial x}{\partial x} + \frac{\partial f}{\partial y} \cdot \frac{\partial y}{\partial x} + \frac{\partial f}{\partial u} \cdot \frac{\partial u}{\partial x}$$

$$= \frac{\partial f}{\partial x} + \frac{\partial f}{\partial u} \cdot \frac{\partial \varphi}{\partial x}.$$

同理可得

$$\frac{\partial z}{\partial y} = \frac{\partial f}{\partial y} + \frac{\partial f}{\partial u} \frac{\partial \varphi}{\partial y}.$$

在上例中,等式左边的 $\dfrac{\partial z}{\partial x} \left(\text{或} \dfrac{\partial z}{\partial y} \right)$ 表示复合之后的函数 $z = z(x,y)$ 对 x 或 y 的偏导数,而右边出现的 $\dfrac{\partial z}{\partial x}$ 表示复合前函数 $z = f(x,y,u)$ 作为 x,y,u 的三元函数对 x(或 y)的偏导数. 虽然它们都表示对 x(或 y)的偏导数,但其含义不同,因而它们互不相等.

例 8.5.4 设 $z = e^{x-3y} + \ln t, x = \sin t, y = \cos t$,求全导数.

解 由链式法则(式 8.5.3)有

$$\frac{\mathrm{d}z}{\mathrm{d}t} = \frac{\partial f}{\partial x} \cdot \frac{\mathrm{d}x}{\mathrm{d}t} + \frac{\partial f}{\partial y} \cdot \frac{\mathrm{d}y}{\mathrm{d}t} + \frac{\partial f}{\partial t}$$

$$= \mathrm{e}^{x-3y} \cdot \cos t - 3\mathrm{e}^{x-3y} \cdot (-\sin t) + \frac{1}{t}$$

$$= \mathrm{e}^{\sin t - 3\cos t} \cos t + 3\sin t \mathrm{e}^{\sin t - 3\cos t} + \frac{1}{t}.$$

例 8.5.5 函数 $z = f(x^2 - y^2, \mathrm{e}^{xy})$，其中 $z = f(u,v)$ 可微，求 $\frac{\partial z}{\partial x}, \frac{\partial z}{\partial y}$.

解　令 $u = x^2 - y^2, v = \mathrm{e}^{xy}$，则 $z = f(u,v)$.

由链式法则有

$$\frac{\partial z}{\partial x} = \frac{\partial f}{\partial u} \cdot \frac{\partial u}{\partial x} + \frac{\partial f}{\partial v} \cdot \frac{\partial v}{\partial x} = 2x \frac{\partial f}{\partial u} + y\mathrm{e}^{xy} \frac{\partial f}{\partial v},$$

$$\frac{\partial z}{\partial y} = \frac{\partial f}{\partial u} \cdot \frac{\partial u}{\partial y} + \frac{\partial f}{\partial v} \cdot \frac{\partial v}{\partial y} = -2y \frac{\partial f}{\partial u} + x\mathrm{e}^{xy} \frac{\partial f}{\partial v}.$$

8.5.2　一阶全微分形式的不变性.

类似一元函数的一阶微分不变性,利用多元函数的链式规则也可得到多元函数的一阶全微分的不变性.

设函数 $z = f(u,v), u = \varphi(x,y)$ 及 $v = \psi(x,y)$ 都可微,则复合函数 $z = f(\varphi(x,y), \psi(x,y))$ 的全微分为

$$\mathrm{d}z = \frac{\partial z}{\partial x}\mathrm{d}x + \frac{\partial z}{\partial y}\mathrm{d}y$$

$$= \left[\frac{\partial z}{\partial u} \cdot \frac{\partial u}{\partial x} + \frac{\partial z}{\partial v} \cdot \frac{\partial v}{\partial x} \right]\mathrm{d}x + \left[\frac{\partial z}{\partial u} \cdot \frac{\partial u}{\partial y} + \frac{\partial z}{\partial v} \cdot \frac{\partial v}{\partial y} \right]\mathrm{d}y$$

$$= \frac{\partial z}{\partial u} \left[\frac{\partial u}{\partial x}\mathrm{d}x + \frac{\partial u}{\partial y}\mathrm{d}y \right] + \frac{\partial z}{\partial v} \left[\frac{\partial v}{\partial x}\mathrm{d}x + \frac{\partial v}{\partial y}\mathrm{d}y \right].$$

但函数 u, v 的全微分为

$$\mathrm{d}u = \frac{\partial u}{\partial x}\mathrm{d}x + \frac{\partial u}{\partial y}\mathrm{d}y, \quad \mathrm{d}v = \frac{\partial v}{\partial x}\mathrm{d}x + \frac{\partial v}{\partial y}\mathrm{d}y,$$

因而

$$\mathrm{d}z = \frac{\partial z}{\partial u}\mathrm{d}u + \frac{\partial z}{\partial v}\mathrm{d}v.$$

故

$$\mathrm{d}z = \frac{\partial z}{\partial x}\mathrm{d}x + \frac{\partial z}{\partial y}\mathrm{d}y = \frac{\partial z}{\partial u}\mathrm{d}u + \frac{\partial z}{\partial v}\mathrm{d}v.$$

由此可见,无论把 z 视为 x 和 y 的函数,还是把 z 看作 u,v 的函数,它们的全微分形式是一样的,我们称此性质为一阶全微分形式的不变性.

由一阶全微分形式的不变性. ,容易得到下列全微分的运算公式. (请读者证明)

(1) $\mathrm{d}(\alpha u + \beta v) = \alpha \mathrm{d}u + \beta \mathrm{d}v.$ (α,β 为常数);

(2) $\mathrm{d}(uv) = u\mathrm{d}v + v\mathrm{d}u;$

(3) $\mathrm{d}\left(\dfrac{u}{v}\right) = \dfrac{v\mathrm{d}u - u\mathrm{d}v}{v^2}(v \neq 0);$

(4) $\mathrm{d}f(u) = f'(u)\mathrm{d}u.$

利用全微分形式的不变性可以求偏导数,请看下例.

例 8. 5. 6   设 $z = \tan\dfrac{x^2}{y}$,求 $\dfrac{\partial z}{\partial x}, \dfrac{\partial z}{\partial y}$.

解   由于

$$
\begin{aligned}
\mathrm{d}z &= \sec^2\frac{x^2}{y}\mathrm{d}\frac{x^2}{y} \\
&= \sec^2\frac{x^2}{y} \cdot \frac{y\mathrm{d}x^2 - x^2\mathrm{d}y}{y^2} = \sec^2\frac{x^2}{y} \cdot \frac{2xy\mathrm{d}x - x^2\mathrm{d}y}{y^2},
\end{aligned}
$$

所以

$$
\frac{\partial z}{\partial x} = \frac{2x}{y}\sec^2\frac{x^2}{y}, \frac{\partial z}{\partial y} = -\frac{x^2}{y^2}\sec^2\frac{x^2}{y}.
$$

反复使用链式规则,可以求多元函数的高阶偏导数.

例 8. 5. 7   设 $u = f(x,y)$ 具有连续偏导数,证明方程 $\dfrac{\partial^2 u}{\partial x^2} + \dfrac{\partial^2 u}{\partial y^2} = 0$ 在极坐标中化为如下形式

$$
\frac{\partial^2 u}{\partial r^2} + \frac{1}{r^2}\frac{\partial^2 u}{\partial \theta^2} + \frac{1}{r}\frac{\partial u}{\partial r} = 0.
$$

证明   设极坐标变换为 $x = r\cos\theta, y = r\sin\theta,$ 则

$$
\frac{\partial u}{\partial r} = \frac{\partial u}{\partial x}\frac{\partial x}{\partial r} + \frac{\partial u}{\partial y}\frac{\partial y}{\partial r} = \frac{\partial u}{\partial x}\cos\theta + \frac{\partial u}{\partial y}\sin\theta,
$$

$$\frac{\partial u}{\partial \theta} = \frac{\partial u}{\partial x}\frac{\partial x}{\partial \theta} + \frac{\partial u}{\partial y}\frac{\partial y}{\partial \theta} = \frac{\partial u}{\partial x}(-r\sin\theta) + \frac{\partial u}{\partial y}r\cos\theta$$

$$= r\left(\frac{\partial u}{\partial y}\cos\theta - \frac{\partial u}{\partial x}\sin\theta\right).$$

注意到 $\dfrac{\partial u}{\partial x}$ 及 $\dfrac{\partial u}{\partial y}$ 是 x,y 的函数,而 x 与 y 又是 r,θ 的函数,所以 $\dfrac{\partial u}{\partial x}$ 及 $\dfrac{\partial u}{\partial y}$ 是 r,θ 的函数,因此由链式规则有

$$\frac{\partial^2 u}{\partial r^2} = \cos\theta\,\frac{\partial}{\partial r}\left(\frac{\partial u}{\partial x}\right) + \sin\theta\,\frac{\partial}{\partial r}\left(\frac{\partial u}{\partial y}\right)$$

$$= \cos\theta\left(\frac{\partial^2 u}{\partial x^2}\cdot\cos\theta + \frac{\partial^2 u}{\partial x\partial y}\cdot\sin\theta\right) + \sin\theta\left(\frac{\partial^2 u}{\partial y\partial x}\cos\theta + \frac{\partial^2 u}{\partial y^2}\sin\theta\right)$$

$$= \frac{\partial^2 u}{\partial x^2}\cos^2\theta + 2\frac{\partial^2 u}{\partial x\partial y}\sin\theta\cos\theta + \frac{\partial^2 u}{\partial y^2}\sin^2\theta,$$

$$\frac{\partial^2 u}{\partial \theta^2} = r\left[\cos\theta\,\frac{\partial}{\partial \theta}\left(\frac{\partial u}{\partial y}\right) - \sin\theta\,\frac{\partial u}{\partial y} - \sin\theta\,\frac{\partial}{\partial \theta}\left(\frac{\partial u}{\partial x}\right) - \cos\theta\,\frac{\partial u}{\partial x}\right]$$

$$= r\left[\cos\theta\left[\frac{\partial^2 u}{\partial y\partial x}(-r\sin\theta) + \frac{\partial^2 u}{\partial y^2}r\cos\theta\right] - \sin\theta\,\frac{\partial u}{\partial y}\right.$$

$$\left. - \sin\theta\left[\frac{\partial^2 u}{\partial x^2}(-r\sin\theta) - \frac{\partial^2 u}{\partial x\partial y}\cdot r\cos\theta\right] - \cos\theta\,\frac{\partial u}{\partial x}\right]$$

$$= r^2\left[\cos^2\theta\,\frac{\partial^2 u}{\partial y^2} - 2\sin\theta\cos\theta\,\frac{\partial^2 u}{\partial x\partial y} + \sin^2\theta\,\frac{\partial^2 u}{\partial x^2}\right.$$

$$\left. - \frac{1}{r}\left(\cos\theta\,\frac{\partial u}{\partial x} + \sin\theta\,\frac{\partial u}{\partial y}\right)\right].$$

因此
$$\frac{\partial^2 u}{\partial r^2} + \frac{1}{r^2}\frac{\partial^2 u}{\partial \theta^2} + \frac{1}{r}\frac{\partial u}{\partial r} = \frac{\partial^2 u}{\partial x^2} + \frac{\partial^2 u}{\partial y^2} = 0.$$

例 8.5.8　设函数 $z = f\left(xy, \dfrac{x}{y}\right) + g\left(\dfrac{y}{x}\right)$,其中 f 具有二阶连续偏导数,g 具有二阶连续导数,求 $\dfrac{\partial^2 z}{\partial x\partial y}$.

解　令 $u = xy, v = \dfrac{x}{y}$,则 $f\left(xy, \dfrac{x}{y}\right) = f(u,v)$ 为简单起见,函数 $f(u,$

v)的两个自变量分别用下标 1,2 来表示,其相应的偏导数就可以简单表示,如

$$\frac{\partial f}{\partial u}=f_1',\frac{\partial f}{\partial v}=f_2',\frac{\partial^2 f}{\partial u^2}=f_{11}'',\frac{\partial^2 f}{\partial u\partial v}=f_{12}''. \qquad \text{由链式规则有}$$

$$\frac{\partial z}{\partial x}=f_1'\left(xy,\frac{x}{y}\right)y+f_2'\left(xy,\frac{x}{y}\right)\frac{1}{y}+g'\left(\frac{y}{x}\right)\left(-\frac{y}{x^2}\right)$$

$$=yf_1'+\frac{1}{y}f_2'-\frac{y}{x^2}g'.$$

$$\frac{\partial^2 z}{\partial x\partial y}=\frac{\partial}{\partial y}\left(\frac{\partial z}{\partial x}\right)=f_1'+y\frac{\partial f_1'}{\partial y}-\frac{1}{y^2}f_2'+\frac{1}{y}\frac{\partial f_2'}{\partial y}-\frac{1}{x^2}g'-\frac{y}{x^2}g''\cdot\frac{1}{x}$$

$$=f_1'+y\left[f_{11}''x+f_{12}''\left(-\frac{x}{y^2}\right)\right]-\frac{1}{y^2}f_2'+\frac{1}{y}\left[f_{21}''x+f_{22}''\left(-\frac{x}{y^2}\right)\right]-\frac{1}{x^2}g'-\frac{y}{x^3}g''$$

$$=f_1'+xyf_{11}''-\frac{x}{y}f_{12}''-\frac{1}{y^2}f_2'+\frac{x}{y}f_{21}''-\frac{x}{y^3}f_{22}''-\frac{1}{x^2}g'-\frac{y}{x^3}g''$$

$$=f_1'-\frac{1}{y^2}f_2'+xyf_{11}''-\frac{x}{y^3}f_{22}''-\frac{1}{x^2}g'-\frac{y}{x^3}g''.$$

习题 8.5

1. 求下列复合函数的一阶偏导数:

(1)$z=u^3v^3,u=\sin t,v=\cos t$;   (2)$z=\dfrac{y}{x},x=\mathrm{e}^t,y=1-\mathrm{e}^{2t}$;

(3)$z=\mathrm{e}^{x-2y},x=\ln t,y=t^3$;   (4)$z=arc\sin(xy),y=\mathrm{e}^x$;

(5)设 $z=u^2\mathrm{e}^v,u=x^2+y^2,v=xy$;

(6)设 $z=u^3v^3,u=x\cos y,v=x\sin y$;

(7)设 $z=\dfrac{\cos u}{v},u=\dfrac{y}{x},v=x^2-y^2$;

(8)设 $z=u+\ln v,u=\arctan(xy),v=1+x^2y^2$.

2. 设 f 具有连续偏导数,求下列复合函数的一阶偏导数:

(1)$z=f(x^2+y,y\mathrm{e}^x)$,

（2）$u = f(x + y^2 + z^3)$，

（3）$z = f(x^2 y, xy^2, 2xy)$.

3. （1）设 $z = \arctan \dfrac{u}{v}$，其中，$u = x + y, v = x - y$，验证：$\dfrac{\partial z}{\partial x} + \dfrac{\partial z}{\partial y} = \dfrac{x - y}{x^2 + y^2}$.

（2）设 $z = xy + xF(u)$，$u = \dfrac{y}{x}$，验证：$x\dfrac{\partial z}{\partial x} + y\dfrac{\partial z}{\partial y} = z + xy$.

（3）设 $z = yf(x^2 - y^2)$，验证：$y\dfrac{\partial z}{\partial x} + x\dfrac{\partial z}{\partial y} = \dfrac{xz}{y}$.

4. 设 $z = f(x, y)$，$x = \rho\cos\theta, y = \rho\sin\theta$，求 $\dfrac{\partial z}{\partial \theta}, \dfrac{\partial z}{\partial \rho}$.

8.6　隐函数的微分法

8.6.1　由单个方程所确定的隐函数

在一元函数微分学中，我们讨论了由平面曲线方程 $F(x, y) = 0$ 所确定的隐函数 $y = y(x)$ 的求导问题，但当时并没有讨论隐函数的存在唯一性问题及隐函数求导公式. 下一定理给出了隐函数存在的充分条件及其求导公式.

定理 8.6.1（隐函数存在定理）　设二元函数 $F(x, y)$ 在点 (x_0, y_0) 某邻域中有连续的偏导数 $F_x(x, y)$ 及 $F_y(x, y)$，且满足
$$F(x_0, y_0) = 0, \quad F_y(x_0, y_0) \neq 0,$$
则方程 $F(x, y) = 0$ 在点 (x_0, y_0) 的某一邻域内确定唯一具有连续导数的函数 $y = f(x)$，使得
$$y_0 = f(x_0), \quad F[x, f(x)] \equiv 0,$$
且其导数为
$$\frac{\mathrm{d}y}{\mathrm{d}x} = -\frac{F_x(x, y)}{F_y(x, y)}. \tag{8.6.1}$$

定理 8.6.1 的证明从略，下面仅推导求导公式 8.6.1.

将隐函数 $y = f(x)$ 代入方程 $F(x, y) = 0$,有

$$F[x, f(x)] = 0,$$

上式两边对 x 求全导数,得

$$F_x + F_y \frac{\mathrm{d}y}{\mathrm{d}x} = 0.$$

由于 $F_y(x_0, y_0) \neq 0$ 及 $F_y(x, y)$ 的连续性知,$F_y(x, y)$ 在点 (x_0, y_0) 某一邻域内不为零,所以由上式得到隐函数的导数公式

$$\frac{\mathrm{d}y}{\mathrm{d}x} = -\frac{F_x(x, y)}{F_y(x, y)}.$$

例 8.6.1　设方程 $x^y = y^x$ 确定了隐函数 $y = y(x)$,求 $\dfrac{\mathrm{d}y}{\mathrm{d}x}$.

解　令 $F(x, y) = x^y - y^x$,则

$$\frac{\partial F}{\partial x} = yx^{y-1} - y^x \ln y, \frac{\partial F}{\partial y} = x^y \ln x - xy^{x-1}.$$

所以　$\dfrac{\mathrm{d}y}{\mathrm{d}x} = -\dfrac{F_x(x, y)}{F_y(x, y)} = \dfrac{y^x \ln y - yx^{y-1}}{x^y \ln x - xy^{x-1}} = \dfrac{xy \ln y - y^2}{xy \ln x - x^2}.$

隐函数存在定理可推广到多元函数的情形. 如对于方程 $F(x, y, z) = 0$ 可模仿定理 8.6.1,给出由此方程确定隐函数 $z = f(x, y)$ 存在的条件与求导公式. 这里不再赘述,下面只推导计算隐函数 $z = f(x, y)$ 对 x 与 y 的偏导数公式. 将 $z = f(x, y)$ 代入原方程,则

$$F(x, y, f(x, y)) = 0.$$

上式两边分别对 x 和 y 求偏导,有

$$F_x + F_z \cdot \frac{\partial z}{\partial x} = 0, F_y + F_z \cdot \frac{\partial z}{\partial y} = 0,$$

所以在 $F_z(x, y, z) \neq 0$ 条件下,得到隐函数求导公式

$$\frac{\partial z}{\partial x} = -\frac{F_x(x, y, z)}{F_z(x, y, z)},$$

$$\frac{\partial z}{\partial y} = -\frac{F_y(x, y, z)}{F_z(x, y, z)}.$$

例 8.6.2 设方程 $xy + z = e^{x+z}$ 确定了隐函数 $z = z(x, y)$，求 $\dfrac{\partial z}{\partial x}, \dfrac{\partial z}{\partial y}$.

解 1 设 $F(x, y, z) = e^{x+z} - xy - z$，则

$$F_x = e^{x+z} - y, F_y = -x, F_z = e^{x+z} - 1.$$

由求导公式有

$$\frac{\partial z}{\partial x} = -\frac{F_x}{F_z} = \frac{y - e^{x+z}}{e^{x+z} - 1} = \frac{y - xy - z}{xy + z - 1},$$

$$\frac{\partial z}{\partial y} = -\frac{F_y}{F_z} = \frac{x}{e^{x+z} - 1} = \frac{x}{xy + z - 1}.$$

解 2 方程两边对 x 求偏导，此时视 $z = z(x, y)$，为 x, y 的函数，且把 y 看作常数，有 $y + \dfrac{\partial z}{\partial x} = e^{x+z} \left(1 + \dfrac{\partial z}{\partial x} \right)$，于是

$$\frac{\partial z}{\partial x} = \frac{y - e^{x+z}}{e^{x+z} - 1} = \frac{y - xy - z}{xy + z - 1},$$

同理可得

$$\frac{\partial z}{\partial y} = \frac{x}{e^{x+z} - 1} = \frac{x}{xy + z - 1}.$$

例 8.6.3 设函数 $z = z(x, y)$ 由方程 $F\left(x + \dfrac{z}{y}, y + \dfrac{z}{x} \right) = 0$ 确定，其中 F 有一阶连续偏导数，证明 $x\dfrac{\partial z}{\partial x} + y\dfrac{\partial z}{\partial y} = z - xy$.

解 令 $u = x + \dfrac{z}{y}, v = y + \dfrac{z}{x}$，则 $F(u, v) = 0$.

由复合函数链式法则有

$$F_x = \frac{\partial F}{\partial u} \cdot \frac{\partial u}{\partial x} + \frac{\partial F}{\partial v} \cdot \frac{\partial v}{\partial x} = \frac{\partial F}{\partial u} - \frac{z}{x^2} \frac{\partial F}{\partial v},$$

$$F_y = \frac{\partial F}{\partial u} \cdot \frac{\partial u}{\partial y} + \frac{\partial F}{\partial v} \cdot \frac{\partial v}{\partial y} = -\frac{z}{y^2} \frac{\partial F}{\partial u} + \frac{\partial F}{\partial v},$$

$$F_z = \frac{\partial F}{\partial u} \cdot \frac{\partial u}{\partial z} + \frac{\partial F}{\partial v} \cdot \frac{\partial v}{\partial z} = \frac{1}{y} \frac{\partial F}{\partial u} + \frac{1}{x} \frac{\partial F}{\partial v}.$$

于是
$$\frac{\partial z}{\partial x} = -\frac{F_x}{F_z}, \frac{\partial z}{\partial y} = -\frac{F_y}{F_z}.$$

因而
$$x\frac{\partial z}{\partial x} + y\frac{\partial z}{\partial y} = -\frac{xF_x + yF_y}{F_z} = -\frac{xF_u - \frac{z}{x}F_v - \frac{z}{y}F_u + yF_v}{\frac{1}{y}F_u + \frac{1}{x}F_v}$$

$$= -\frac{x^2 yF_u - yzF_v - xzF_u + xy^2 F_v}{xF_u + yF_v}$$

$$= -\frac{(xy - z)(xF_u + yF_v)}{xF_u + yF_v} = z - xy.$$

例 8.6.4　求由方程 $\cos^2 x + \cos^2 y + \cos^2 z = 1$ 所确定的隐函数 $z = f(x,y)$ 的全微分 $\mathrm{d}z$.

解　利用一阶微分不变性,对方程两端求全微分,得
$$-2\cos x\sin x\mathrm{d}x - 2\cos y\sin y\mathrm{d}y - 2\cos z\sin z\mathrm{d}z = 0$$

于是
$$\sin 2x\mathrm{d}x + \sin 2y\mathrm{d}y + \sin 2z\mathrm{d}z = 0,$$

因此
$$\mathrm{d}z = -\frac{\sin 2x\mathrm{d}x + \sin 2y\mathrm{d}y}{\sin 2z} \quad (\sin 2z \neq 0). \tag{8.6.2}$$

8.6.2　由方程组所确定的隐函数

我们已讨论了由一个方程所确定的隐函数的存在性及求导方法,下面讨论由方程组所确定的隐函数的微分法.

定理 8.6.2(隐函数存在定理)　设函数 $F(x,y,u,v)$, $G(x,y,u,v)$ 在点 $P_0(x_0,y_0,u_0,v_0)$ 的某一邻域内有连续偏导数,且 $F(x_0,y_0,u_0,v_0) = 0$, $G(x_0,y_0,u_0,v_0) = 0$, F 与 G 关于 u,v 的雅可比行列式

$$J = \frac{\partial(F,G)}{\partial(u,v)} = \begin{vmatrix} \dfrac{\partial F}{\partial u} & \dfrac{\partial F}{\partial v} \\ \dfrac{\partial G}{\partial u} & \dfrac{\partial G}{\partial v} \end{vmatrix} \tag{8.6.3}$$

在 P_0 处不等于零,则

(i)方程组

$$\begin{cases} F(x,y,u,v) = 0 \\ G(x,y,u,v) = 0 \end{cases} \tag{8.6.4}$$

在点 (x_0,y_0) 的某邻域内唯一确定函数 $u = u(x,y)$，$v = v(x,y)$ 满足方程 8.6.4 且 $u_0 = u(x_0,y_0)$，$v_0 = v(x_0,y_0)$．

(ii)函数 $u = u(x,y)$，$v = v(x,y)$ 在 (x_0,y_0) 的某邻域内有连续的偏导数,且

$$\frac{\partial u}{\partial x} = -\frac{\dfrac{\partial(F,G)}{\partial(x,v)}}{J}, \frac{\partial u}{\partial y} = -\frac{\dfrac{\partial(F,G)}{\partial(y,v)}}{J};$$

$$\frac{\partial v}{\partial x} = -\frac{\dfrac{\partial(F,G)}{\partial(u,x)}}{J}, \frac{\partial v}{\partial y} = -\frac{\dfrac{\partial(F,G)}{\partial(u,y)}}{J}. \tag{8.6.5}$$

其中 J 由式 8.6.3 定义．

定理证明从略,只给出公式 8.6.5 的推导. 事实上,将两个隐函数 $u = u(x,y)$，$v = v(x,y)$ 代入方程组 8.6.4 并对其中每一个方程两边关于 x 求偏导,得

$$\begin{cases} F_x + F_u \dfrac{\partial u}{\partial x} + F_v \dfrac{\partial v}{\partial x} = 0 \\ G_x + G_u \dfrac{\partial u}{\partial x} + G_v \dfrac{\partial v}{\partial x} = 0. \end{cases} \tag{8.6.6}$$

在上面的方程组中,把 $\dfrac{\partial u}{\partial x}$ 及 $\dfrac{\partial v}{\partial x}$ 作为未知数,解此方程组,得

$$\frac{\partial u}{\partial x} = -\frac{F_x G_v - G_x F_v}{F_u G_v - F_v G_u} = -\frac{\begin{vmatrix} F_x & F_v \\ G_x & G_v \end{vmatrix}}{\begin{vmatrix} F_u & F_v \\ G_u & G_v \end{vmatrix}} = -\frac{\dfrac{\partial(F,G)}{\partial(x,v)}}{J},$$

$$\frac{\partial v}{\partial x} = -\frac{F_x G_u - G_x F_u}{F_u G_v - F_v G_u} = -\frac{\dfrac{\partial(F,G)}{\partial(u,x)}}{J}.$$

同理可得

$$\frac{\partial u}{\partial y} = -\frac{\frac{\partial(F,G)}{\partial(y,v)}}{J}, \frac{\partial v}{\partial y} = -\frac{\frac{\partial(F,G)}{\partial(u,y)}}{J}.$$

例8.6.5 设方程组

$$\begin{cases} xu-yv = 0 \\ yu + xv = 1 \end{cases}$$

确定了 u,v 是 x,y 的函数,求 $\dfrac{\partial u}{\partial x},\dfrac{\partial v}{\partial y}$.

解 令 $F(x,y,u,v) = xu-yv, G(x,y,u,v) = yu + xv - 1$,
则

$$\frac{\partial F}{\partial x} = u, \frac{\partial F}{\partial y} = -v, \frac{\partial F}{\partial u} = x, \frac{\partial F}{\partial v} = -y,$$

$$\frac{\partial G}{\partial x} = v, \frac{\partial G}{\partial y} = u, \frac{\partial G}{\partial u} = y, \frac{\partial G}{\partial v} = x,$$

$$J = \begin{vmatrix} \dfrac{\partial F}{\partial u} & \dfrac{\partial F}{\partial v} \\ \dfrac{\partial G}{\partial u} & \dfrac{\partial G}{\partial v} \end{vmatrix} = \begin{vmatrix} x & -y \\ y & x \end{vmatrix} = x^2 + y^2,$$

$$\frac{\partial(F,G)}{\partial(x,v)} = \begin{vmatrix} \dfrac{\partial F}{\partial x} & \dfrac{\partial F}{\partial v} \\ \dfrac{\partial G}{\partial x} & \dfrac{\partial G}{\partial v} \end{vmatrix} = \begin{vmatrix} u & -y \\ v & x \end{vmatrix} = xu + yv,$$

$$\frac{\partial(F,G)}{\partial(u,y)} = \begin{vmatrix} \dfrac{\partial F}{\partial u} & \dfrac{\partial F}{\partial y} \\ \dfrac{\partial G}{\partial u} & \dfrac{\partial G}{\partial y} \end{vmatrix} = \begin{vmatrix} x & -v \\ y & u \end{vmatrix} = xu + yv.$$

于是

$$\frac{\partial u}{\partial x} = -\frac{\frac{\partial(F,G)}{\partial(x,v)}}{J} = -\frac{xu + yv}{x^2 + y^2},$$

$$\frac{\partial v}{\partial y} = -\frac{\dfrac{\partial(F,G)}{\partial(u,y)}}{J} = -\frac{xu + yv}{x^2 + y^2}.$$

习题 8.6

1. 设方程 $F(x,y) = 0$ 确定了 $y = f(x)$，求 $\dfrac{dy}{dx}$.

$(1) 3x^2 + 2xy + 4y^3 = 0$，　　　　　$(2) xy - \ln y = 0$.

2. 设方程 $F(x,y,z) = 0$ 确定了 $z = f(x,y)$，求 $\dfrac{\partial z}{\partial x}, \dfrac{\partial z}{\partial y}$.

$(1) xy + yz + zx = 1$，　　　　　$(2) \cos^2 x + \cos^2 y + \cos^2 z = 1$，

$(3) x^2 y^3 + z^2 + xyz = 0$，　　　　　$(4) e^{x+y} + \sin(x + z) = 0$.

3. 设 $2\sin(x + 2y - 3z) = x + 2y - 3z$ 确定了 $z = f(x,y)$，证明

$$\frac{\partial z}{\partial x} + \frac{\partial z}{\partial y} = 1.$$

4. 设 $z = x + y\varphi(z)$，$\varphi(z)$ 为连续可微函数，且 $1 - y\varphi'(z) \neq 0$，证明 $\dfrac{\partial z}{\partial y} = \varphi \dfrac{\partial z}{\partial x}$.

5. 设 $\begin{cases} x = \cos\varphi\cos\theta \\ y = \cos\varphi\sin\theta , \text{求} \dfrac{\partial^2 z}{\partial x^2}. \\ z = \sin\varphi \end{cases}$

6. 设二元函数 $z = f(x,y)$ 有二阶连续偏导数，且满足 $z_{xx} z_{yy} - z_{xy}^2 \neq 0$，令 $u = z_x(x,y)$，$v = z_y(x,y)$，求 $\dfrac{\partial x}{\partial u}, \dfrac{\partial x}{\partial v}$.

8.7　方向导数与梯度

8.7.1　方向导数

由 8.3 节的偏导数定义知,二元函数 $z = f(x,y)$ 在点 (x_0,y_0) 处的偏导数 $f_x(x_0,y_0)$ 与 $f_y(x_0,y_0)$ 分别表示函数 $f(x,y)$ 在点 (x_0,y_0) 处沿 x 轴与 y 轴正方向的变化率,也即该函数在平面上沿直线 $y = y_0$ 与直线 $x = x_0$ 的变化率. 这就自然地想到可考虑函数 $f(x,y)$ 在平面上沿过点 (x_0,y_0) 的任一直线 L:

$$\begin{cases} x = x_0 + mt \\ y = y_0 + nt \end{cases}$$

的变化率,这里 $l = (m,n)$ 为直线 L 的方向向量,不妨设其为单位向量. 这样我们就有如下的方向导数概念.

定义 8.7.1(方向导数)　设函数 $z = f(x,y)$ 在点 $P_0(x_0,y_0)$ 处的某一邻域 $U(P_0)$ 内有定义,$l = (\cos\alpha, \cos\beta)$ 是平面上一单位向量,如果函数 $z = f(x_0 + t\cos\alpha, y_0 + t\cos\beta)$ 在 $t = 0$ 处的导数存在,也即极限

$$\lim_{t \to 0} \frac{f(x_0 + t\cos\alpha, y_0 + t\cos\beta) - f(x_0,y_0)}{t} \qquad (8.7.1)$$

存在,则称此极限值为函数 $f(x,y)$ 在点 (x_0,y_0) 处沿方向 l 的方向导数,记作

$$\frac{\partial f}{\partial l}\bigg|_{(x_0,y_0)}, \text{或} \frac{\partial z}{\partial l}\bigg|_{(x_0,y_0)}, \frac{\partial f(x_0,y_0)}{\partial l} \text{或} \frac{\partial z(x_0,y_0)}{\partial l}.$$

由方向导数的定义知,二元函数 $z = f(x,y)$ 在点 (x_0,y_0) 处的偏导数 $f_x(x_0,y_0)$ 与 $f_y(x_0,y_0)$ 就是分别沿单位向量 $l = i = (1,0)$ 和 $l = j = (0,1)$ 的方向导数. 即

$$\frac{\partial f}{\partial i}\bigg|_{(x_0,y_0)} = \lim_{t \to 0} \frac{f(x_0 + t, y_0) - f(x_0,y_0)}{t} = f_x(x_0,y_0),$$

$$\frac{\partial f}{\partial j}\bigg|_{(x_0,y_0)} = \lim_{t \to 0} \frac{f(x_0,y_0+t) - f(x_0,y_0)}{t} = f_y(x_0,y_0).$$

类似于二元函数偏导数的几何意义,方向导数 $\dfrac{\partial f}{\partial l}\bigg|_{(x_0,y_0)}$ 的几何意义可解释为:设函数 $z = f(x,y)$ 表示的空间曲面为 Σ,L 为 xOy 平面上过 (x_0,y_0) 且以 l 为方向向量的直线,C 是过直线 L 且平行于 z 轴的平面 π 与曲面 Σ 的交线,这样方向导数 $\dfrac{\partial f}{\partial l}\bigg|_{(x_0,y_0)}$ 就是空间曲线 C 过 $M_0(x_0,y_0,f(x_0,y_0))$ 处的切线的斜率,或平面 π 上的曲线 C 过点 M_0 处的切线的斜率.

下面定理给出了二元函数的方向导数存在的一个充分条件及其计算方法.

定理 8.7.1　设函数 $z = f(x,y)$ 在点 (x_0,y_0) 处可微,则函数 $f(x,y)$ 在点 (x_0,y_0) 处沿任意指定方向 l 的方向导数都存在,且

$$\frac{\partial f}{\partial l}\bigg|_{(x_0,y_0)} = \frac{\partial f}{\partial x}\bigg|_{(x_0,y_0)} \cos\alpha + \frac{\partial f}{\partial y}\bigg|_{(x_0,y_0)} \cos\beta. \qquad (8.7.2)$$

其中,$(\cos\alpha, \cos\beta)$ 是向量 l 的方向余弦.

证明　因 $f(x,y)$ 在 (x_0,y_0) 处可微,所以

$$f(x_0 + t\cos\alpha, y_0 + t\cos\beta) - f(x_0,y_0)$$
$$= f_x(x_0,y_0)t\cos\alpha + f_y(x_0,y_0)t\cos\beta + o(|t|).$$

由方向导数定义知

$$\frac{\partial f}{\partial l}\bigg|_{(x_0,y_0)} = \lim_{t \to 0} \frac{f(x_0 + t\cos\alpha, y_0 + t\cos\beta) - f(x_0,y_0)}{t}$$
$$= \lim_{t \to 0}\left[f_x(x_0,y_0)\cos\alpha + f_y(x_0,y_0)\cos\beta + \frac{o(|t|)}{t} \right]$$
$$= f_x(x_0,y_0)\cos\alpha + f_y(x_0,y_0)\cos\beta.$$

仿二元函数方向导数的定义,我们容易地给出多元函数的方向导数的定义,并且相应于定理 8.7.1 结论也成立. 例如,若三元函数 $u = f(x,y,z)$ 在点 (x,y,z) 处可微,则函数 $f(x,y,z)$ 沿空间任意方向

$l = (\cos\alpha, \cos\beta, \cos\gamma)$ 的方向导数均存在,且有

$$\frac{\partial f}{\partial l} = \frac{\partial f}{\partial x}\cos\alpha + \frac{\partial f}{\partial y}\cos\beta + \frac{\partial f}{\partial z}\cos\gamma, \tag{8.7.3}$$

特别,如果选取方向向量 l 分别为 x, y, z 轴的单位向量 $i = (1, 0, 0), j = (0, 1, 0), k = (0, 0, 1)$ 时,则有

$$\frac{\partial f}{\partial i} = \frac{\partial f}{\partial x}, \frac{\partial f}{\partial j} = \frac{\partial f}{\partial y}, \frac{\partial f}{\partial k} = \frac{\partial f}{\partial z}.$$

注 8.7.1 在方向导数的定义里出现的是单位向量,事实上这个限制可以去掉,即 $l = (X, Y)$,此时式 8.7.1 变为

$$\lim_{t\to 0}\frac{f(x_0 + tX, y_0 + tY) - f(x_0, y_0)}{t} = X\frac{\partial f}{\partial x}(x_0, y_0) + Y\frac{\partial f}{\partial y}(x_0, y_0),$$

上式称为函数 $f(x, y)$ 沿向量 $l = (X, Y)$ 的导数,这样定义的好处在于可以与向量运算相容. 如果 $l = \|l\| e_l, e_l = (\cos\alpha, \cos\beta)$,容易验证

$$\lim_{t\to 0}\frac{f(x_0 + tX, y_0 + tY) - f(x_0, y_0)}{t} = \|l\|\frac{\partial f}{\partial e_l}.$$

例 8.7.1 设函数

$$f(x, y) = \begin{cases} \dfrac{x^2 y}{x^4 + y^2} & (x, y) \neq (0, 0) \\ 0 & (x, y) = (0, 0) \end{cases}.$$

求函数 $f(x, y)$ 在点 $(0, 0)$ 处沿任意方向 l 的方向导数.

解 设 l 的方向余弦为 $l = (\cos\alpha, \cos\beta)$.

当 $\cos\beta = 0$ 时,$f(t\cos\alpha, t\cos\beta) - f(0, 0) = f(t\cos\alpha, 0) = 0$,所以

$$\frac{\partial f}{\partial l}\bigg|_{(0,0)} = 0;$$

当 $\cos\beta \neq 0$ 时,

$$\frac{\partial f}{\partial l}\bigg|_{(0,0)} = \lim_{t\to 0}\frac{f(t\cos\alpha, t\cos\beta) - f(0, 0)}{t} = \lim_{t\to 0}\frac{\cos^2\alpha\cos\beta}{t^2\cos^4\alpha + \cos^2\beta} = \frac{\cos^2\alpha}{\cos\beta}.$$

注 8.7.2 从上例知,函数 $f(x, y)$ 在点 $(0, 0)$ 处沿任意方向 l 的方向导数都存在,但易知此函数在点 $(0, 0)$ 处不连续,因而 $f(x, y)$ 在

点 $(0,0)$ 处就不可微. 故定理 8.7.1 中函数在点 (x_0,y_0) 处可微只是函数在此点沿任意方向的方向导数都存在的充分条件而不是必要条件.

关于方向导数的概念及定理 8.7.1 容易推广到 n 元函数的情形. 例如, 如果 n 元函数 $u=f(x_1,x_2,\cdots,x_n)$ 在点 $X=(x_1,x_2,\cdots,x_n)$ 处可微, 则函数 $u=f(x_1,x_2,\cdots,x_n)$ 在点 X 处沿任意方向 l 的方向导数为

$$\frac{\partial f}{\partial l}=\frac{\partial f}{\partial x_1}\cos\alpha_1+\frac{\partial f}{\partial x_2}\cos\alpha_2+\cdots+\frac{\partial f}{\partial x_n}\cos\alpha_n,$$

其中 $(\cos\alpha_1,\cos\alpha_2,\cdots,\cos\alpha_n)$ 为向量 l 的方向余弦.

例 8.7.2　设函数 $u=1+\dfrac{x^2}{6}+\dfrac{y^2}{12}+\dfrac{z^2}{18}$, 求函数 u 在点 $(1,2,3)$ 处沿方向 $l=i+j+k$ 的方向导数.

解　方向向量 l 的方向余弦为 $(\cos\alpha,\cos\beta,\cos\gamma)=\dfrac{1}{\sqrt{3}}(1,1,1)$ 且

$$\frac{\partial u}{\partial x}=\frac{x}{3},\frac{\partial u}{\partial y}=\frac{y}{6},\frac{\partial u}{\partial z}=\frac{z}{9},$$

因而

$$\frac{\partial u}{\partial l}\Big|_{(1,2,3)}=\left(\frac{\partial u}{\partial x}\cos\alpha+\frac{\partial u}{\partial y}\cos\beta+\frac{\partial u}{\partial z}\cos\gamma\right)\Big|_{(1,2,3)}$$

$$=\frac{1}{\sqrt{3}}\left(\frac{x}{3}+\frac{y}{6}+\frac{z}{9}\right)\Big|_{(1,2,3)}=\frac{1}{\sqrt{3}}.$$

8.7.2　梯度

利用向量数量积的形式, 函数 $u=f(x,y,z)$ 在点 (x,y,z) 处沿任意方向 $l=(\cos\alpha,\cos\beta,\cos\gamma)$ 的方向导数公式 8.7.3 可改写为如下形式:

$$\frac{\partial f}{\partial l}=\boldsymbol{F}\cdot\boldsymbol{l}=\|\boldsymbol{F}\|\cos(\boldsymbol{F},\boldsymbol{l})=\sqrt{\left(\frac{\partial f}{\partial x}\right)^2+\left(\frac{\partial f}{\partial y}\right)^2+\left(\frac{\partial f}{\partial z}\right)^2}\cos(\boldsymbol{F},\boldsymbol{l}).$$

$$(8.7.4)$$

其中,$\boldsymbol{F} = \dfrac{\partial f}{\partial x}\boldsymbol{i} + \dfrac{\partial f}{\partial y}\boldsymbol{j} + \dfrac{\partial f}{\partial z}\boldsymbol{k}$. 由上式可知,当方向向量 $\boldsymbol{l}$ 与向量 $\boldsymbol{F}$ 同向时,函数 $f(x,y,z)$ 在点 (x,y,z) 处沿此方向的方向导数最大且最大值为向量 $\boldsymbol{F}$ 的模,从而向量 $\boldsymbol{F}$ 的方向是使函数 $f(x,y,z)$ 在点 (x,y,z) 变化率最大的方向,或者说函数沿向量 $\boldsymbol{F}$ 的方向变化最剧烈;当向量 $\boldsymbol{l}$ 与向量 $\boldsymbol{F}$ 垂直时方向导数为零.

定义 8.7.2 设函数 $u = f(x,y,z)$ 在点 (x,y,z) 处可微,则称向量 $\left(\dfrac{\partial f}{\partial x}, \dfrac{\partial f}{\partial y}, \dfrac{\partial f}{\partial z}\right)$ 为函数 $u = f(x,y,z)$ 在点 (x,y,z) 处的梯度,记作 $\mathrm{grad}f$,$\nabla f(x,y,z)$,或 $\mathrm{grad}u$,∇u. 即

$$\mathrm{grad}f = \nabla f = \left(\dfrac{\partial f}{\partial x}, \dfrac{\partial f}{\partial y}, \dfrac{\partial f}{\partial z}\right) \text{或} \ \mathrm{grad}u = \nabla u = \left(\dfrac{\partial u}{\partial x}, \dfrac{\partial u}{\partial y}, \dfrac{\partial u}{\partial z}\right).$$

类似地,对于二元可微函数 $z = f(x,y)$,其梯度为 $\mathrm{grad}f = \nabla f = \left(\dfrac{\partial f}{\partial x}, \dfrac{\partial f}{\partial y}\right)$;对于 n 元可微函数 $u = f(x_1, x_2 \cdots, x_n)$,其梯度为 $\mathrm{grad}u = \nabla u = \left(\dfrac{\partial u}{\partial x_1}, \dfrac{\partial u}{\partial x_2} \cdots, \dfrac{\partial u}{\partial x_n}\right)$.

例 8.7.3 在 xOy 平面上任一点 (x,y) 处的温度为 $T(x,y) = \dfrac{100}{x^2 + y^2 + 1}$,求

(1)在点 $(3,2)$ 处,温度增加最快的方向,并讨论此方向是否指向原点;

(2)在点 $(3,2)$ 处,温度减少最快的方向;

(3)在点 $(3,2)$ 处,温度不增不减的方向.

解 $\dfrac{\partial T}{\partial x} = -\dfrac{200x}{(x^2 + y^2 + 1)^2}$,$\dfrac{\partial T}{\partial y} = -\dfrac{200y}{(x^2 + y^2 + 1)^2}$

(1)在点 $(3,2)$ 处,温度增加最快的方向为 $\mathrm{grad}T = \left(-\dfrac{150}{49}, -\dfrac{100}{49}\right) = -\dfrac{50}{49}(3,2)$,所以温度增加最快的方向指向原点.

(2)在点 $(3,2)$ 处,温度减少最快的方向为 $-\mathrm{grad}T = \dfrac{50}{49}(3,2)$.

(3)在点$(3,2)$处,温度不增不减的方向应该是与梯度 $\mathrm{grad}\,T$ 垂直的方向,即 $l = \pm(2, -3)$.

利用梯度的定义及求导法则,容易得到如下梯度运算公式:

(1) $\mathrm{grad}(\alpha u + \beta v) = \alpha\mathrm{grad}\,u + \beta\mathrm{grad}\,v$;

(2) $\mathrm{grad}(uv) = u\mathrm{grad}\,v + v\mathrm{grad}\,u$;

(3) $\mathrm{grad}\left(\dfrac{u}{v}\right) = \dfrac{v\nabla u - u\nabla v}{v^2}(v\neq 0)$;

(4) $\mathrm{grad}f(u) = f'(u)\mathrm{grad}\,u$.

这里 u, v, f 都是可微函数,α 与 β 为常数.

习题 8.7

1. 求函数 $z = x^2 - y^2$ 在点 $M(1,1)$ 沿与 x 轴正向成 $60°$ 角的方向 l 上的导数值.

2. 求函数 $u = (x^2)/(a^2) + (y^2)/(b^2) + (z^2)/(c^2)$ 在点 $M(x,y,z)$ 沿此点径向矢量的方向导数.

8.8 偏导数在几何上的应用

8.8.1 空间曲线的切线与法平面

设空间曲线 Γ 的参数方程为

$$\begin{cases} x = \varphi(t), \\ y = \psi(t), \quad t \in I, \\ z = \omega(t). \end{cases}$$

其中函数 $\varphi(t), \psi(t), \omega(t)$ 在区间 $I = [\alpha,\beta]$ 内均可导.

任意选定曲线 Γ 上一点 $M_0(x_0, y_0, z_0)$ 及邻近一点 $M'(x_0 + \Delta x, y_0 + \Delta y, z_0 + \Delta z)$,参见图 8 - 3. 点 M_0, M' 对应的参数分别为 $t = t_0$ 与

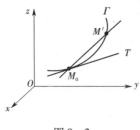

图 8 - 3

$t = t_0 + \Delta t.$ 于是通过线段 $M_0 M'$ 的直线就是曲线 Γ 过 M_0 点的一条割线，其方程为

$$\frac{x - x_0}{\Delta x} = \frac{y - y_0}{\Delta y} = \frac{z - z_0}{\Delta z}. \quad (8.8.1)$$

设 $\varphi'(t_0), \psi'(t_0), \omega'(t_0)$ 不全为零，在上式的三个分式中，分母同除以 Δt，且令 $\Delta t \to 0$ 时，得

$$\frac{x - x_0}{\varphi'(t_0)} = \frac{y - y_0}{\psi'(t_0)} = \frac{z - z_0}{\omega'(t_0)}. \quad (8.8.2)$$

此直线方程就是当点 M' 沿曲线 Γ 趋于点 M_0 时，割线的极限位置，直线方程 8.8.2 称为曲线 Γ 在点 M_0 处的切线方程，向量 $s = \{\varphi'(t_0), \psi'(t_0), \omega'(t_0)\}$ 称为曲线 Γ 在点 M_0 处的切向量.

通过点 M_0 且与切线垂直的平面称为曲线 Γ 在点 M_0 处的法平面，它是过点 $M_0(x_0, y_0, z_0)$，以 s 为法向量的平面，此法平面方程为

$$\varphi'(t_0)(x - x_0) + \psi'(t_0)(y - y_0) + \omega'(t_0)(z - z_0) = 0. \quad (8.8.3)$$

易知，向量 $\{\varphi'(t), \psi'(t_0), \omega'(t_0)\}$ 是曲线 Γ 在点 (x, y, z) 处的切向量，因而切线的方向余弦为

$$\cos \alpha = \frac{\varphi'(t)}{\sqrt{\varphi'(t)^2 + \psi'(t)^2 + \omega'(t)^2}},$$

$$\cos \beta = \frac{\psi'(t)}{\sqrt{\varphi'(t)^2 + \psi'(t)^2 + \omega'(t)^2}},$$

$$\cos \gamma = \frac{\omega'(t)}{\sqrt{\varphi'(t)^2 + \psi'(t)^2 + \omega'(t)^2}}.$$

例 8.8.1 求曲线 $x = t - \cos t, y = 1 + \sin t, z = \cos t$ 在 $t = 0$ 对应的点 $M_0(-1, 1, 1)$ 处的切线方程和法平面方程.

解 由于 $x' = 1 + \sin t, y' = \cos t, z' = -\sin t$，所以在 M_0 处的切向量为

$$s = \{1 + \sin t, \cos t, -\sin t\}\big|_{t=0} = \{(1, 1, 0)\}.$$

于是所求的切线方程为

$$\frac{x+1}{1} = \frac{y-1}{1} = \frac{z-1}{0},$$

法平面方程为

$$1 \cdot (x+1) + 1 \cdot (y-1) + 0 \cdot (z-1) = 0$$

即

$$x + y = 0.$$

前面已给出了曲线方程为参数方程情形下的曲线的切线方程和法平面方程的求法. 下面讨论曲线方程为一般方程情形下的曲线在点 M_0 处的切线方程和法平面方程的求法.

设曲线的一般方程为

$$L: \begin{cases} F(x,y,z) = 0 \\ G(x,y,z) = 0. \end{cases} \tag{8.8.4}$$

设点 $P_0(x_0, y_0, z_0)$ 是曲线 L 上的一点, 且函数 F, G 在点 P_0 处有连续的偏导数, 由隐函数存在定理知, 如果雅可比行列式 $J = \dfrac{\partial(F,G)}{\partial(y,z)}$ 在点 P_0 处不为零, 则方程组 8.8.4 确定了变量 y, z 是 x 的函数, 这样曲线 L 的参数方程为 $x = x, y = y(x), z = z(x)$. 于是, 由曲线参数方程的切向量知, $\left\{ 1, \dfrac{\mathrm{d}y}{\mathrm{d}x}, \dfrac{\mathrm{d}z}{\mathrm{d}x} \right\} \Big|_{P_0}$ 就是曲线 L 在点 P_0 处的切向量. 而 $\dfrac{\mathrm{d}y}{\mathrm{d}x} \Big|_{P_0}, \dfrac{\mathrm{d}z}{\mathrm{d}x} \Big|_{P_0}$ 可由隐函数求导公式

$$\frac{\mathrm{d}y}{\mathrm{d}x} \Big|_{P_0} = -\frac{1}{J} \frac{\partial(F,G)}{\partial(x,z)} \Big|_{P_0}, \frac{\mathrm{d}z}{\mathrm{d}x} \Big|_{P_0} = -\frac{1}{J} \frac{\partial(F,G)}{\partial(y,x)} \Big|_{P_0}$$

得到; 或直接对方程组 8.8.4 中的两个方程关于 x 求导, 即

$$\begin{cases} \dfrac{\partial F}{\partial x} + \dfrac{\partial F}{\partial y} \dfrac{\mathrm{d}y}{\mathrm{d}x} + \dfrac{\partial F}{\partial z} \dfrac{\mathrm{d}z}{\mathrm{d}x} = 0, \\ \dfrac{\partial G}{\partial x} + \dfrac{\partial G}{\partial y} \dfrac{\mathrm{d}y}{\mathrm{d}x} + \dfrac{\partial G}{\partial z} \dfrac{\mathrm{d}z}{\mathrm{d}x} = 0. \end{cases} \tag{8.8.5}$$

将点 P_0 的坐标 x_0, y_0, z_0 代入以上方程组, 从而解此方程组得到 $\dfrac{\mathrm{d}y}{\mathrm{d}x} \Big|_{P_0}$,

$\dfrac{\mathrm{d}z}{\mathrm{d}x}\bigg|_{P_0}$ 如此就得到曲线 L 在 $P_0(x_0,y_0,z_0)$ 处的切线方程

$$\frac{x-x_0}{1}=\frac{y-y_0}{y'(x_0)}=\frac{z-z_0}{z'(x_0)},\tag{8.8.6}$$

及法平面方程

$$(x-x_0)+y'(x_0)(y-y_0)+z'(x_0)(z-z_0)=0.\tag{8.8.7}$$

例 8.8.2 求曲线 L

$$\begin{cases}x^2+y^2+z^2=6,\\ x+y+z=0.\end{cases}$$

在点 $P_0(\sqrt{3},-\sqrt{3},0)$ 处的切线方程和法平面方程.

解 原方程组对 x 求导,得

$$\begin{cases}2x+2yy'+2zz'=0,\\ 1+y'+z'=0,\end{cases}$$

将 $x=\sqrt{3},y=-\sqrt{3},z=0$ 代入以上方程组,并解之得

$$y'(\sqrt{3})=1,z'(\sqrt{3})=-2.$$

于是,曲线 L 在 P_0 处的切线方程为

$$\frac{x-\sqrt{3}}{1}=\frac{y+\sqrt{3}}{1}=\frac{z}{-2},$$

法平面方程为

$$1\cdot(x-\sqrt{3})+1\cdot(y+\sqrt{3})-2\cdot(z-0)=0,$$

即 $x+y-2z=0$.

8.8.2　曲面的切平面与法线

(1)曲面方程为隐函数的情形

设曲面 Σ 的方程为

$$F(x,y,z)=0,$$

$M_0(x_0,y_0,z_0)$ 为 Σ 上一定点,函数 $F(x,y,z)$ 在 M_0 的某一邻域中有连续的偏导数,且 F_x,F_y,F_z 在 M_0 处不全为零(参见图 8-4). 在曲面 Σ

上过点 M_0 处任意引一条光滑曲线 Γ，其参数方程为

$$x = \varphi(t), y = \psi(t), z = \omega(t).$$

点 $M_0(x_0, y_0, z_0)$ 对应参数 t_0，且函数 $\varphi(t), \psi(t), \omega(t)$ 均可导. 于是有

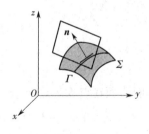

图 8-4

$$F[\varphi(t), \psi(t), \omega(t)] = 0.$$

上式两边对 t 求全导并取 $t = t_0$，得

$$F_x(x_0, y_0, z_0)\varphi'(t_0) + F_y(x_0, y_0, z_0)\psi'(t_0) + F_z(x_0, y_0, z_0)\omega'(t_0) = 0.$$

这样由向量的数量积的性质可知，曲面 Σ 上任一过 M_0 点的光滑曲线 l 的切向量都与同一向量

$$\boldsymbol{n} = \{F_x(x_0, y_0, z_0), F_y(x_0, y_0, z_0), F_z(x_0, y_0, z_0)\}$$

垂直. 因此这些切线都在同一平面上，称此平面为曲面在点 $M_0(x_0, y_0, z_0)$ 处的切平面，$\boldsymbol{n}$ 称为曲面在点 M_0 处的法向量. 于是由平面的点法式方程可知，曲面 Σ 在点 M_0 处的切平面方程为

$$F_x(x_0, y_0, z_0)(x - x_0) + F_y(x_0, y_0, z_0)(y - y_0) + F_z(x_0, y_0, z_0)(z - z_0) = 0.$$

过点 $M_0(x_0, y_0, z_0)$ 且与切平面垂直的直线称为曲面在点 M_0 处的法线，其方程为

$$\frac{x - x_0}{F_x(x_0, y_0, z_0)} = \frac{y - y_0}{F_y(x_0, y_0, z_0)} = \frac{z - z_0}{F_z(x_0, y_0, z_0)}.$$

结合梯度的概念可知，曲面 $F(x, y, z)$ 的法向量是函数 $F(x, y, z)$ 的梯度 ∇F. 一般的曲面 $F(x, y, z) = C$ 称为函数 $F(x, y, z)$ 的等高面，由前面的讨论可知，等高面上的切向量与函数 $F(x, y, z)$ 的梯度 ∇F 垂直，取 $l = (\cos\alpha, \cos\beta, \cos\gamma)$ 是等高面 $F(x, y, z) = C$ 上某一点的单位切向量，则有

$$\frac{\partial f}{\partial l} = 0.$$

（2）曲面方程为显函数的情形

设曲面 Σ 的方程为 $z = f(x, y)$ 且 $f(x, y)$ 的偏导数在点 $P_0(x_0, y_0)$

处连续,则令

$$F(x,y,z) = f(x,y) - z = 0.$$

于是有

$$F_x(x,y,z) = f_x(x,y), F_y(x,y,z) = f_y(x,y), F_z(x,y,z) = -1.$$

从而曲面在点 $M_0(x_0,y_0,z_0)$ 处的切平面方程为

$$f_x(x_0,y_0)(x - x_0) + f_y(x_0,y_0)(y - y_0) - (z - z_0) = 0,$$

即

$$z - z_0 = f_x(x_0,y_0)(x - x_0) + f_y(x_0,y_0)(y - y_0).$$

法线方程为

$$\frac{x - x_0}{f_x(x_0,y_0)} = \frac{y - y_0}{f_y(x_0,y_0)} = \frac{z - z_0}{-1}.$$

法线的方向向量的余弦为(假定 $\cos \gamma > 0$ 即法线方向向上)

$$\cos \alpha = \frac{-f_x(x_0,y_0)}{\sqrt{1 + f_x^2(x_0,y_0) + f_y^2(x_0,y_0)}},$$

$$\cos \beta = \frac{-f_y(x_0,y_0)}{\sqrt{1 + f_x^2(x_0,y_0) + f_y^2(x_0,y_0)}},$$

$$\cos \gamma = \frac{1}{\sqrt{1 + f_x^2(x_0,y_0) + f_y^2(x_0,y_0)}}.$$

例 8.8.3 求曲面 $3x^2 + y^2 - z^2 = 27$ 在点 $M_0(3,1,1)$ 处的切平面方程与法线方程.

解 设 $F(x,y,z) = 3x^2 + y^2 - z^2 - 27 = 0$,则曲面在点 $M_0(3,1,1)$ 处的法向量为

$$\boldsymbol{n} = \{F_x, F_y, F_z\} \mid_{3,1,1} = \{6x, 2y, -2z\} \mid_{3,1,1} = \{18, 2, -2\}.$$

于是所求曲面的切平面方程为

$$18(x - 3) + 2(y - 1) - 2(z - 1) = 0,$$

即

$$9x + y - z - 27 = 0.$$

法线方程为

$$\frac{x - 3}{9} = \frac{y - 1}{1} = \frac{z - 1}{-1}.$$

关于曲面 Σ 由参数方程

$$x = \varphi(u,v), y = \psi(u,v), z = \omega(u,v), \quad (u,v) \in D \quad (8.8.8)$$

给出的情况下,其切平面方程和法线方程也可类似得到,但由于篇幅的原因,这里不再讨论,有兴趣的读者可参考相关书籍.

最后指出,可用曲面的切平面方程求曲线的切线方程. 设曲线由一般方程

$$L: \begin{cases} F(x,y,z) = 0 \\ G(x,y,z) = 0 \end{cases}$$

给出. 由于曲线 L 是两个曲面的交线,它在点 P_0 处的切线必分别在两个曲面在点 P_0 处的切平面上,因而曲线 L 的切线方程就可由这两个切平面方程所组成的方程组表示. 此外,利用向量的叉积可以求得此切线的方向向量 s,这是由于切向量 s 与两个曲面在 P_0 处的法向量

$$\boldsymbol{n}_1 = \{F_x(x_0,y_0,z_0), F_y(x_0,y_0,z_0), F_z(x_0,y_0,z_0)\},$$

$$\boldsymbol{n}_2 = \{G_x(x_0,y_0,z_0), G_y(x_0,y_0,z_0), G_z(x_0,y_0,z_0)\},$$

垂直,故曲线的切向量 s 为

$$\boldsymbol{s} = \boldsymbol{n}_1 \times \boldsymbol{n}_2 = \begin{vmatrix} \boldsymbol{i} & \boldsymbol{j} & \boldsymbol{k} \\ F_x & F_y & F_z \\ G_x & G_y & G_z \end{vmatrix}_{(x_0,y_0,z_0)}.$$

例 8.8.4　求曲线 L:

$$\begin{cases} x^2 + z^2 = 10, \\ y^2 + z^2 = 10. \end{cases}$$

在点 $P_0(1,1,3)$ 处的切线方程和法平面方程.

解　设 $F(x,y,z) = x^2 + z^2 - 10, G(x,y,z) = y^2 + z^2 - 10$,则两曲面在点 P_0 处的法向量分别为

$$\boldsymbol{n}_1 = \{F_x, F_y, F_z\} \mid_{1,1,3} = \{2x, 0, 2z\} \mid_{1,1,3} = \{2,0,6\}.$$

$$\boldsymbol{n}_2 = \{G_x, G_y, G_z\} \mid_{1,1,3} = \{2, 2y, 2z\} \mid_{1,1,3} = \{0,2,6\}.$$

于是切线的方向向量

$$s = \boldsymbol{n}_1 \times \boldsymbol{n}_2 = \begin{vmatrix} \boldsymbol{i} & \boldsymbol{j} \\ 2 & 0 \\ 0 & 2 \end{vmatrix} = \{-12, -12, 4\} = -4\{3, 3, -1\}.$$

所以切线方程为

$$\frac{x-1}{3} = \frac{y-1}{3} = \frac{z-3}{-1},$$

法平面方程

$$3(x-1) + 3(y-1) - (z-3) = 0,$$

即

$$3x + 3y - z - 3 = 0.$$

习题 8.8

1. 二元函数 $f(x,y)$ 的等高线是集合 $\{(x,y) \mid f(x,y) = C, (x,y) \in D\}$, 其中 D 是函数 $f(x,y)$ 的定义域. 设 $f(x,y) = x^2 + 4y^2$,

(1) 求该函数的梯度;

(2) 证明在每一点处该函数的梯度与过该点的等高线的切线垂直;

(3) 在曲面 $z = x^2 + 4y^2$ 上求出点 $(2,1,8)$ 到点 $(0,0,0)$ 的最短路径.

2. 求下列曲线的切线和法平面的方程:

(1) $x = a\sin^2 t, y = b\sin t\cos t, z = c\cos^2 t$, 在 $t = \pi/4$ 处 $(a,b,c > 0)$;

(2) $\begin{cases} x^2 + y^2 + z^2 = 6 \\ x + y + z = 0 \end{cases}$ 在点 $M(1, -2, 1)$ 处.

3. 求下列曲面的切平面和法线的方程:

(1) $z = 2x^2 + 4y^2$ 在点 $M(2,1,12)$ 处;

(2) $z = \arctan \dfrac{y}{x}$ 在点 $M(1,1,\pi/4)$ 处.

4. 证明曲面 $\sqrt{x} + \sqrt{y} + \sqrt{z} = \sqrt{a}$ $(a > 0)$ 上每一点处的切平面在各坐

标轴上的截距之和等于 a.

5. 过直线 $l: \begin{cases} 10x + 2y - 2z = 27 \\ x + y + z = 0 \end{cases}$ 作曲面 $S: 3x^2 + y^2 - z^2 = 27$ 的切平面, 求此切平面的方程.

6. 在柱面 $x^2 + y^2 = R^2$ 上求一曲线, 使其过点 $(R, 0, 0)$, 且每一点的切向量与 z 轴成定角.

8.9　多元函数的泰勒公式

与一元函数类似, 多元函数也有泰勒公式, 本节主要讨论二元函数的泰勒公式.

定理 8.9.1　设函数 $z = f(x, y)$ 在点 $P_0(x_0, y_0)$ 的某一邻域 $U(P_0)$ 内有直到 $(n+1)$ 阶连续偏导数, 对于该邻域内任一点 $P(x_0 + h, y_0 + k)$, 则有

$$f(x_0 + h, y_0 + k) = f(x_0, y_0) + \left(h\frac{\partial}{\partial x} + k\frac{\partial}{\partial y} \right) f(x_0, y_0) +$$

$$\frac{1}{2!}\left(h\frac{\partial}{\partial x} + k\frac{\partial}{\partial y} \right)^2 f(x_0, y_0) + \cdots + \frac{1}{n!}\left(h\frac{\partial}{\partial x} + k\frac{\partial}{\partial y} \right)^n f(x_0, y_0) + r_n$$

$$(8.9.1)$$

其中, $r_n = \dfrac{1}{(n+1)!}\left(h\dfrac{\partial}{\partial x} + k\dfrac{\partial}{\partial y} \right)^{n+1} f(x_0 + \theta h, y_0 + \theta k)$, $0 < \theta < 1$, 称为拉格朗日余项. 这里, 记号 $\left(h\dfrac{\partial}{\partial x} + k\dfrac{\partial}{\partial y} \right)^s f(x, y)$ 表示偏导算子 $h\dfrac{\partial}{\partial x} + k\dfrac{\partial}{\partial y}$ 连续 s 次作用到函数 $f(x, y)$.

证明　由于点 $P(x_0 + h, y_0 + k) \in U(P_0)$, 所以连接 $P_0 P$ 的直线与邻域 $U(P_0)$ 的交集所构成的直线段

$$\begin{cases} x = x_0 + ht \\ y = y_0 + kt \end{cases} \quad -\delta_0 \leqslant t \leqslant 1$$

也属于该邻域 $U(P_0)$,这里 δ_0 为充分小的正数.

令 $F(t)=f(x_0+ht,y_0+kt)$,则由定理条件知,$F(t)$ 在 $(-\delta_0,1)$ 内有 $(n+1)$ 阶连续导数,根据一元函数泰勒公式,存在 $0<\theta<1$,使得

$$F(1)=F(0)+F'(0)+\frac{1}{2!}F''(0)+\cdots+\frac{1}{n!}F^{(n)}(0)+\frac{1}{(n+1)!}F^{(n+1)}(\theta).$$

$$(8.9.2)$$

利用复合函数求导法则有

$$\frac{\mathrm{d}F}{\mathrm{d}t}=\frac{\partial f}{\partial x}h+\frac{\partial f}{\partial y}k=\left(h\frac{\partial}{\partial x}+k\frac{\partial}{\partial y}\right)f(x_0+ht,y_0+kt)$$

$$\frac{\mathrm{d}^2F}{\mathrm{d}t^2}=\left(\frac{\partial^2 f}{\partial x^2}h+\frac{\partial^2 f}{\partial x\partial y}k\right)h+\left(\frac{\partial^2 f}{\partial y\partial x}h+\frac{\partial^2 f}{\partial y^2}k\right)k$$

$$=\frac{\partial^2 f}{\partial x^2}h^2+2\frac{\partial^2 f}{\partial x\partial y}hk+\frac{\partial^2 f}{\partial y^2}k^2$$

$$=\left(h\frac{\partial}{\partial x}+k\frac{\partial}{\partial y}\right)^2 f(x_0+ht,y_0+kt).$$

对于任一正整数 s,类似地有

$$\frac{\mathrm{d}^s F}{dt^s}=\left(h\frac{\partial}{\partial x}+k\frac{\partial}{\partial y}\right)^s f(x_0+ht,y_0+kt),\quad s=1,2,\cdots,n.$$

因而

$$F(0)=f(x_0,y_0),F(1)=f(x_0+h,y_0+k),$$

$$F^{(s)}(0)=\left(h\frac{\partial}{\partial x}+k\frac{\partial}{\partial y}\right)^s f(x_0,y_0),s=1,2,\cdots,n,$$

$$F^{(n+1)}(\theta)=\left(h\frac{\partial}{\partial x}+k\frac{\partial}{\partial y}\right)^{n+1} f(x_0+\theta h,y_0+\theta k).$$

将以上各式代入式 8.9.2 中,便得到公式 8.9.1. 特别,在公式 8.9.1 取 $n=0$ 时,就可得到二元函数的拉格朗日中值公式,即

$$f(x_0+h,y_0+k)=f(x_0,y_0)+h\frac{\partial f}{\partial x}(x_0+\theta h,y_0+\theta k)$$

$$+k\frac{\partial f}{\partial y}(x_0+\theta h,y_0+\theta k),$$

其中,$0 < \theta < 1$.

注 8.9.1　在定理 8.9.1 的条件下,可以证明(从略)$f(x,y)$ 在点 $P_0(x_0,y_0)$ 处具有皮亚诺余项的泰勒公式成立,即式 8.9.1 中的余项 r_n 具有如下形式:

$$r_n = \frac{1}{(n+1)!}\left(h\frac{\partial}{\partial x} + k\frac{\partial}{\partial y}\right)^{n+1} f(x_0,y_0) + o(\rho^{n+1}),\text{其中 } \rho = \sqrt{h^2 + k^2}.$$

例 8.9.1　将函数 e^{x+y} 在点 $(0,0)$ 处作三阶带拉格朗日余项的泰勒展开式.

解　由一元函数 e^z 的麦克劳林展开式知,存在 $\theta \in (0,1)$,使得

$$e^{x+y} = 1 + x + y + \frac{1}{2!}(x+y)^2 + \frac{1}{3!}(x+y)^3 + \frac{1}{4!}e^{\theta(x+y)}(x+y)^4.$$

例 8.9.2　当 $|x|,|y|$ 充分小时,证明

$$\frac{\cos x}{\cos y} \approx 1 - \frac{1}{2}(x^2 - y^2).$$

证明　令 $f(x,y) = \dfrac{\cos x}{\cos y}$,则

$$f(0,0) = 1, f_x(0,0) = -\frac{\sin x}{\cos y}\bigg|_{(0,0)} = 0,$$

$$f_y(0,0) = \frac{\cos x}{\cos^2 y}\sin y\bigg|_{(0,0)} = 0,$$

$$f_{xx}(0,0) = -\frac{\cos x}{\cos y}\bigg|_{(0,0)} = -1,$$

$$f_{xy}(0,0) = f_{yx}(0,0) = -\frac{\sin x \sin y}{\cos^2 y}\bigg|_{(0,0)} = 0,$$

$$f_{yy}(0,0) = \frac{\cos x(\cos y\cos^2 y + 2\sin^2 y\cos y)}{\cos^4 y}\bigg|_{(0,0)} = 1.$$

于是

$$\frac{\cos x}{\cos y} = 1 - \frac{1}{2}(x^2 - y^2) + o(x^2 + y^2)$$

$$\approx 1 - \frac{1}{2}(x^2 - y^2).$$

二元函数的泰勒公式可推广到一般 n 元函数(证明略去).

定理 8.9.2 设 n 元函数 $u = f(x_1, x_2, \cdots, x_n)$ 在点 $P_0(x_1^0, x_2^0, \cdots, x_n^0)$ 的某一邻域 $U(P_0)$ 内有直到 $m+1$ 阶连续偏导数,对于该邻域内任一点 $P(x_0 + h, y_0 + k)$,则有

$$f(x_1^0 + h_1, x_2^0 + h_2, \cdots, x_n^0 + h_n) = f(x_1^0, x_2^0, \cdots, x_n^0) + \left(\sum_{i=1}^{n} h_i \frac{\partial}{\partial x_i}\right) f(x_1^0, x_2^0, \cdots, x_n^0) +$$

$$\frac{1}{2!}\left(\sum_{i=1}^{n} h_i \frac{\partial}{\partial x_i}\right)^2 f(x_1^0, x_2^0, \cdots, x_n^0) + \cdots + \frac{1}{m!}\left(\sum_{i=1}^{n} h_i \frac{\partial}{\partial x_i}\right)^m f(x_1^0, x_2^0, \cdots, x_n^0)$$

$$+ \frac{1}{(m+1)!}\left(\sum_{i=1}^{n} h_i \frac{\partial}{\partial x_i}\right)^{m+1} f(x_1^0 + \theta_1 h_1, x_2^0 + \theta_2 h_2, \cdots, x_n^0 + \theta_n h_n),$$

其中,$0 < \theta < 1$.

习题 8.9

求下列函数在原点的一个邻域内的泰勒公式至二次项:

(1) $f(x, y) = \sqrt{1 - x^2 - y^2}$, $\quad$ (2) $f(x, y) = \dfrac{\cos x}{\cos y}$,

(3) $f(x, y) = e^x \cos y$, $\quad$ (4) $f(x, y) = \arctan(1 + x + y)/(1 - x - y)$.

8.10 多元函数的极值

8.10.1 无条件极值

定义 8.10.1 设二元函数 $z = f(x, y)$ 在点 (x_0, y_0) 的某个邻域 U 内有定义,如果对于该邻域内任一点 (x, y),都有

$$f(x, y) \leqslant f(x_0, y_0) (f(x, y) \geqslant f(x_0, y_0)),$$

则称函数 $z = f(x, y)$ 在点 (x_0, y_0) 取得**极大(小)值** $f(x_0, y_0)$,点 (x_0, y_0) 称为**极大(小)值点**. 极大值与极小值统称为函数的**极值**,极大值点与

极小值点统称为函数的**极值点**.

例如,函数 $f(x,y)=1-x^2-y^2$ 在原点 $(0,0)$ 取得极大值,函数 $z=\sqrt{x^2+y^2}$ 在原点 $(0,0)$ 取得极小值. 这两个例子说明函数的极值点可能是偏导数存在的点,也可能是偏导数不存在的点. 当函数 $z=f(x,y)$ 在其极值点处偏导数存在时,利用一元函数极值的必要条件,我们有如下定理.

定理 8.10.1(极值的必要条件)　设二元函数 $z=f(x,y)$ 在点 (x_0,y_0) 处具有偏导数且取得极值,则函数在该点的偏导数必为零,即

$$f_x(x_0,y_0)=0, f_y(x_0,y_0)=0.$$

证明　由假设知,一元函数 $F(x)=f(x,y_0)$ 在 $x=x_0$ 处必取得极值,由一元函数极值的必要条件知

$$F'(x_0)=\frac{\partial f}{\partial x}(x_0,y_0)=0$$

同理可证　$\dfrac{\partial f}{\partial y}(x_0,y_0)=0.$

定义 8.10.2(驻点)　如果函数在点 (x_0,y_0) 处满足 $f_x(x_0,y_0)=0, f_y(x_0,y_0)$,则称点 (x_0,y_0) 为函数 $f(x,y)$ 的驻点.

从上面的讨论知,可微函数的极值点必是函数的驻点. 另外与一元函数类似,驻点不一定是函数的极值点. 例如,函数 $z=xy$ 在点 $(0,0)$ 处有 $z_x(0,0)=0, z_y(0,0)=0$. 即点 $(0,0)$ 为函数的驻点. 易知,在点 $(0,0)$ 的任何邻域中既有使函数 $z=xy>0$ 的点,又有使函数 $z=xy<0$ 的点,因而点 $(0,0)$ 不是函数的极值点.

下面的定理给出了驻点是极值点的一个充分条件.

定理 8.10.2(极值的充分条件)　设函数 $z=f(x,y)$ 在点 $P_0(x_0,y_0)$ 的某邻域 $U(P_0)$ 内有连续的二阶偏导数,且 $f_x(x_0,y_0)=0, f_y(x_0,y_0)=0$,记

$$A=f_{xx}(x_0,y_0), B=f_{xy}(x_0,y_0), C=f_{yy}(x_0,y_0), H=AC-B^2,$$
则函数在点 (x_0,y_0) 处是否取得极值有如下结论:

（1）当 $H>0$ 时，具有极值，且当 $A($ 或 $C)>0$ 时有极小值，当 $A($ 或 $C)<0$ 时有极大值；

（2）当 $H<0$ 时，没有极值；

（3）当 $H=0$ 时，可能有极值，也可能没有极值，需另作判定.

证明　由二元函数在点 (x_0,y_0) 处的带皮亚诺余项的泰勒公式及 $f_x(x_0,y_0),f_y(x_0,y_0)=0$ 可知，对任意点 $(x+h,y+k)\in U(P_0)$，有

$$\Delta f=f(x_0+h,y_0+k)-f(x_0,y_0)$$

$$=\frac{1}{2}\big[h^2 f_{xx}(x_0,y_0)+2f_{xy}(x_0,y_0)hk+f_{yy}(x_0,y_0)k^2\big]+o(\rho^2)$$

$$=\frac{1}{2}\big[Ah^2+2Bhk+Ck^2\big]+o(\rho^2),$$

其中 $\rho=\sqrt{h^2+k^2}$.

易知，当 $|h|,|k|$ 充分小且不同时为零时，Δf 的符号取决于上式右端第一项的符号. 记

$$Q(h,k)=Ah^2+2Bhk+Ck^2,$$

如果 $H=AC-B^2>0$，则 $AC>0$，因而 A 与 C 同号.

（i）当 $A>0$ 时，

$$Q(h,k)=\frac{1}{A}\big[(Ah+Bk)^2+(AC-B^2)k^2\big]>0,$$

从而 $f(x_0+h,y_0+k)>f(x_0,y_0)$，即 $f(x_0,y_0)$ 为函数 $f(x,y)$ 的极小值；当 $A<0$ 时，$Q(h,k)<0$，从而 $f(x_0+h,y_0+k)<f(x_0,y_0)$，也即 $f(x_0,y_0)$ 为函数 $f(x,y)$ 的极大值.

（ii）当 $H<0$，则有 $B^2>AC$，下面分两种情况讨论.

如果 A,C 不全为零，不妨设 $A\neq 0$，一方面选取 $h\neq 0,k=0$ 时，有 $Q(h,0)=Ah^2$，因此 $Q(h,0)$ 与 A 同号；另一方面，当 $B\neq 0$ 时，可选取 $k\neq 0$，且 $Ah+Bk=0$ 时，使得 $Q(h,k)=\frac{k^2 H}{A}$，因而 $Q(h,k)$ 与 A 异号；当 $B=0$ 时，由 $H<0$ 知，A 与 C 异号，故可选取 $h,k\neq 0$，使得 $Q(h,k)=$

$A\left(h^2 + \dfrac{C}{A}k^2\right)$，即 $Q(h,k)$ 与 A 异号. 于是 Δf 在点 (x_0, y_0) 附近或正或负，故 $f(x_0, y_0)$ 不是函数的极值.

如果 $A = C = 0$，此时 $B \neq 0$，且 $Q(h,k) = 2Bhk$，于是当 $hk < 0$ 时，$Q(h,k)$ 与 B 异号，当 $hk > 0$ 时，$Q(h,k)$ 与 B 同号，这样 Δf 在点 (x_0, y_0) 附近或正或负，因而 $f(x_0, y_0)$ 也不是函数的极值.

（iii）当 $H = 0$，不能确定 $f(x_0, y_0)$ 是否为函数的极值. 例如，容易验证函数 $f(x,y) = yx^2$ 及 $g(x,y) = x^4 y^4$ 在点 $(0,0)$ 处都有 $H = 0$ 且点 $(0,0)$ 为驻点，$f(0,0) = 0$ 不是函数 $f(x,y)$ 的极值，而 $g(0,0) = 0$ 是函数 $g(x,y)$ 的极小值.

例 8.10.1　求函数 $z = x^3 - 3x - y^2 + 2y$ 的极值.

解　解方程组

$$\begin{cases} z_x = 3x^2 - 3 = 0 \\ z_y = -2y + 2 = 0. \end{cases}$$

求出驻点 $(-1,1)(1,1)$. 此外

$$A = z_{xx} = 6x, \quad B = z_{xy} = 0, \quad C = z_{yy} = -2.$$

于是　$H = AC - B^2 = -12x.$

在点 $(-1,1)$ 处，$H = 12 > 0$，且 $A = -6 < 0$，因此函数在点 $(-1,1)$ 取得极大值 $z(-1,1) = 3$；在点 $(1,1)$ 处，$H = -12 < 0$，故函数在点 $(1,1)$ 处不取得极值.

与一元函数类似，求多元函数在有界闭区域 D 上的最大值与最小值，需要求出函数在 D 内全部驻点处的函数值，偏导数不存在处的函数值以及函数在 D 的边界上的最大值与最小值，然后比较这些函数值的大小，最大者便是函数在 D 上的最大值；最小者便是函数在 D 上的最小值. 另外，在实际问题中，由问题的实际意义可知可微函数在 D 内取得其最大（小）值，此时只要比较函数在各驻点的函数值就可得到函数在区域 D 上的最大（小）值，特别，如果函数在 D 内只有一个驻点，

则该驻点处的函数值就是函数在区域 D 上的最大(小)值.

例 8.10.2 在平面 xOy 上求一点,使它到 $x=0$,$y=0$ 及 $x+2y-16=0$ 三直线的距离平方之和最小.

解 设 (x,y) 是所求点的坐标,在此点到三直线的距离平方之和为

$$z = x^2 + y^2 + \frac{(x+2y-16)^2}{1^2 + 2^2}.$$

令

$$\begin{cases} z_x(x,y) = 2x + \dfrac{2}{5}(x+2y-16) = 0 \\ z_y(x,y) = 2y + \dfrac{4}{5}(x+2y-16) = 0. \end{cases}$$

解方程组得唯一驻点 $(x,y) = \left(\dfrac{8}{5}, \dfrac{16}{5} \right)$. 由问题知最小值一定存在,故点 $\left(\dfrac{8}{5}, \dfrac{16}{5} \right)$ 即为所求.

8.10.2 条件极值与拉格朗日乘数法

在前面讨论的极值问题中,只需要函数的自变量在其定义域内变化,对自变量无其他的约束条件,因此,我们称这类极值为无条件极值. 然而,在实际问题中,有时会遇到对函数的自变量还要附加限制条件的极值问题,这样的极值称为条件极值.

例如:求体积为 2 而表面积最小的长方体尺寸. 如果设长方体的长、宽、高分别为 x,y,z,则其表面积为 $u = 2(xy + yz + zx)$. 这样问题转化为求函数 u 在约束条件 $xyz = 2$ 下的最小值.

求条件极值有两种方法,一种是直接方法,即将条件极值化为无条件极值,见例 8.10.3;但对一些复杂的问题,条件极值很难化为无条件极值. 这时需要使用另一种称之为拉格朗日乘数法求解,此方法具

有更广泛的应用. 下面分别进行讨论.

设函数 $f(x,y)$ 在限制条件 $\varphi(x,y)=0$ 下有极值点 (x_0,y_0), 函数 $f(x,y)$, $\varphi(x,y)$ 均具有连续的偏导数且 $\varphi_y(x_0,y_0)\neq0$, 则由隐函数存在定理知, 方程 $\varphi(x,y)=0$ 可以确定 x 的连续可导函数 $y=g(x)$, 将其代入 $f(x,y)$ 中. 这样上述条件极值就转化为求一元函数 $z=f(x,g(x))$ 的无条件极值, 且 $x=x_0$ 是此一元函数的极值点. 由极值必要条件知

$$\frac{\mathrm{d}z}{\mathrm{d}x}\bigg|_{x=x_0}=f_x(x_0,y_0)+f_y(x_0,y_0)\frac{\mathrm{d}y}{\mathrm{d}x}\bigg|_{x=x_0}=0. \qquad (8.10.1)$$

由隐函数求导法则有

$$\frac{\mathrm{d}y}{\mathrm{d}x}\bigg|_{x=x_0}=-\frac{\varphi_x(x_0,y_0)}{\varphi_y(x_0,y_0)}.$$

代入到式 8.10.1 有

$$f_x(x_0,y_0)\varphi_y(x_0,y_0)-f_y(x_0,y_0)\varphi_x(x_0,y_0)=0. \qquad (8.10.2)$$

由上面的讨论可知, 在点处 (x_0,y_0) 取得条件极值的必要条件为: 在点 (x_0,y_0) 处, 上式及约束条件 $\varphi(x,y)=0$ 成立.

如果引入参数 $\lambda_0=-\dfrac{f_y(x_0,y_0)}{\varphi_y(x_0,y_0)}$, 则上述条件极值的必要条件可改写为

$$\begin{cases} f_x(x_0,y_0)+\lambda_0\varphi_x(x_0,y_0)=0, \\ f_y(x_0,y_0)+\lambda_0\varphi_y(x_0,y_0)=0, \\ \varphi(x_0,y_0)=0. \end{cases}$$

以上三个式子恰好是函数

$$L(x,y,\lambda)=f(x,y)+\lambda\varphi(x,y) \qquad (8.10.3)$$

的三个偏导数在点 (x_0,y_0) 处的值为零, 也即函数 $L(x,y,\lambda)$ 在点 (x_0,y_0,λ_0) 处取得无条件极值的必要条件.

因此求解条件极值的另一种方法就是先构造辅助函数 8.10.3, 然

后求函数 $L(x,y,\lambda)$ 的关于变量 x,y 及 λ 的偏导数,并令它们为零,最后求解此方程组得到 (x_0,y_0,λ_0),则 (x_0,y_0) 就是可能的条件极值点. 这种求条件极值的方法称为拉格朗日乘数法,$L(x,y,\lambda)$ 称为拉格朗日函数,λ 称为拉格朗日乘数. 至于由拉格朗日函数 $L(x,y,\lambda)$ 求得的驻点 (x_0,y_0,λ_0) 中的点 (x_0,y_0) 是否为条件极值点,需要进一步判别,但在实际问题中可根据实际问题的性质判定.

例 8.10.3 求函数 $z=xy$ 满足 $x+y=1$ 的条件极值.

解 根据约束条件 $x+y=1$,有 $y=1-x$,代入到函数 $z=xy$ 中,得到一元函数 $z=x(1-x)$.

令 $\dfrac{\mathrm{d}z}{\mathrm{d}x}=1-2x=0$,得驻点 $x=\dfrac{1}{2}$,此时,$y=\dfrac{1}{2}$.

由于 $\dfrac{\mathrm{d}^2z}{\mathrm{d}x^2}=-2<0$,因此 $z\left(\dfrac{1}{2},\dfrac{1}{2}\right)=\dfrac{1}{4}$ 为函数的极大值.

例 8.10.4 求体积为 2 而表面积最小的长方体尺寸.

解 设长方体的长宽高分别为 x,y,z,则其表面积为 $u=2(xy+yz+zx)$,且约束条件为 $xyz=2$. 作拉格朗日函数 $L(x,y,\lambda)=2(xy+yz+zx)-\lambda(xyz-2)$,令

$$\begin{cases} L_x=2y+2z+\lambda yz=0, & (1)\\ L_y=2x+2z+\lambda xz=0, & (2)\\ L_z=2y+2x+\lambda xy=0, & (3)\\ L_\lambda=xyz-2=0. & (4) \end{cases}$$

解方程组得 $x=y=z=\sqrt[3]{2}$. 由于问题存在最小值,故当长方体的长宽高都为 $\sqrt[3]{2}$ 时,其表面积最小.

例 8.10.5 生产某种产品必须投入两种要素,x 和 y 分别为两要素的投入量,Q 为产出量,若生产函数 $Q=2\sqrt{xy}$. 假设两种要素的价格分别为 P_1 和 P_2. 试问:当产出量为 12 时,两要素各投入多少可使得

投入总费用最少?

解　由题设知,问题归结为求函数 $f(x,y) = P_1 x + P_2 y (x, y > 0)$ 在限制条件 $2\sqrt{xy} - 12 = 0$ 下最小值. 作拉格朗日函数 $L(x, y, \lambda) = P_1 x + P_2 y + \lambda(2\sqrt{xy} - 12)$,令

$$
\begin{cases}
L_x = P_1 + \lambda \sqrt{\dfrac{y}{x}} = 0, & (1) \\[3mm]
L_y = P_2 + \lambda \sqrt{\dfrac{x}{y}} = 0, & (2) \\[3mm]
L_\lambda = 2\sqrt{xy} - 12 = 0. & (3)
\end{cases}
$$

由(1),(2)式可得, $\dfrac{P_2}{P_1} = \dfrac{x}{y}$,因而, $x = \dfrac{P_2}{P_1} y$,将 x 代入(3)式,有 $y_0 = 6\sqrt{\dfrac{P_1}{P_2}}$.

此时, $x_0 = 6\sqrt{\dfrac{P_2}{P_1}}$. 由于实际问题有最小值且驻点唯一,所以当 $x = x_0 = 6\sqrt{\dfrac{P_1}{P_2}}, y = y_0 = 6\sqrt{\dfrac{P_1}{P_2}}$ 时,投入总费用最少.

拉格朗日乘数法可推广到一般 n 元函数 $u = f(x_1, x_2, \cdots, x_n)$ 具有 m 个限制条件

$$
\begin{cases}
\varphi_1(x_1, x_2, \cdots, x_n) = 0, \\
\varphi_2(x_1, x_2, \cdots, x_n) = 0, \\
\quad\vdots & (m < n) \\
\varphi_m(x_1, x_2, \cdots, x_n) = 0.
\end{cases}
$$

下的极值.

作拉格朗日函数 $L(x_1, x_2, \cdots, x_n, \lambda_1, \lambda_2, \cdots, \lambda_m) = f(x_1, x_2, \cdots, x_n) + \sum\limits_{i=1}^{m} \lambda_i \varphi_i(x_1, x_2, \cdots, x_n)$,令

$$\begin{cases} L_{x_1} = \dfrac{\partial f}{\partial x_1} + \lambda_1 \dfrac{\partial \varphi_1}{\partial x_1} + \lambda_2 \dfrac{\partial \varphi_2}{\partial x_1} + \cdots + \lambda_m \dfrac{\partial \varphi_m}{\partial x_1} = 0, \\ \vdots \\ L_{x_n} = \dfrac{\partial f}{\partial x_n} + \lambda_1 \dfrac{\partial \varphi_1}{\partial x_n} + \lambda_2 \dfrac{\partial \varphi_2}{\partial x_n} + \cdots + \lambda_m \dfrac{\partial \varphi_m}{\partial x_n} = 0, \\ L_{\lambda_1} = \varphi_1(x_1, x_2, \cdots, x_n) = 0, \\ \vdots \\ L_{\lambda_m} = \varphi_m(x_1, x_2, \cdots, x_n) = 0. \end{cases}$$

求解此方程组可得到可能的条件极值点 $(x_1, x_2, \cdots, x_n)$.

8.10.3　最小乘数法

在科学实验及测量等工作中,会产生许多数据,为了解释这些数据,我们就需要对数据进行处理和分析. 例如,一个实验中得到自变量 x 和因变量 y 之间的一组数据:

x	x_1	x_2	$\cdots$	x_n
y	y_1	y_2	$\cdots$	y_n

根据以上数据可在平面上画出 $n(n>2)$ 个点. 假设图上的 n 个点落在某一直线附近,那么这条直线的方程 $y = ax + b$ 如何求出? 易知,若点 (x_i, y_i) 在此直线上,则 $E_i = ax_i + b - y_i = 0$,否则, $E_i \neq 0$. 为了度量这 n 个点与所求直线的接近程度,我们考虑各点处的偏差 E_i 的平方和最小,即 $\sum\limits_{i=1}^{n} E_i^2$ 最小. 这样所求直线方程的问题就转化为求如下二元函数

$$f(a, b) = \sum_{i=1}^{n} \left[(ax_i + b) - y_i \right]^2$$

的极值问题. 由极值的必要条件知

$$\begin{cases} \dfrac{\partial f}{\partial a} = 2 \sum_{i=1}^{n} \left[(ax_i + b) - y_i \right] x_i = 0, \\[3mm] \dfrac{\partial f}{\partial b} = 2 \sum_{i=1}^{n} \left[(ax_i + b) - y_i \right] = 0. \end{cases}$$

即

$$\begin{cases} \left(\sum_{i=1}^{n} x_i^2 \right) a + \left(\sum_{i=1}^{n} x_i \right) b = \sum_{i=1}^{n} x_i y_i, \\[3mm] \left(\sum_{i=1}^{n} x_i \right) a + nb = \sum_{i=1}^{n} y_i. \end{cases}$$

当 $n \sum_{i=1}^{n} x_i^2 - \left(\sum_{i=1}^{n} x_i \right)^2 \neq 0$ 时,求解以上方程组得

$$a = \frac{n \sum_{i=1}^{n} x_i y_i - \sum_{i=1}^{n} x_i \sum_{i=1}^{n} y_i}{n \sum_{i=1}^{n} x_i^2 - \left(\sum_{i=1}^{n} x_i \right)^2},$$

$$b = \frac{\sum_{i=1}^{n} y_i \sum_{i=1}^{n} x_i^2 - \sum_{i=1}^{n} x_i \sum_{i=1}^{n} x_i y_i}{n \sum_{i=1}^{n} x_i^2 - \left(\sum_{i=1}^{n} x_i \right)^2}.$$

以上确定参数 a, b 的方法称为最小二乘法,它是数据处理的一种常用方法.

习题 8.10

1. 求下列函数的极值:

(1) $z = x^2 + xy + y^2 + 3y + 3$, 　(2) $z = x^3 + y^3 - 3x^2 - 3y^2$,

(3) $z = 4xy - x^4 - y^4$, 　　　　　(4) $z = e^{2x}(x + y^2 + 2y)$,

(5) $z = xy + 2x - \ln x^2 y$, 　　　(6) $z = xy(1 - x - y)$.

2. 求 $u = xy$ 在条件 $x + y = 16$ 下的极大值.

3. 求 $u = \dfrac{1}{x} + \dfrac{1}{y}$ 在条件 $x + y = 2$ 下的极小值.

4. 求 $u = 9 - x^2 - y^2$ 在条件 $x + 3y = 10$ 下的极大值.

5. 求 $u = x^2 + y^2 + z^2$ 在条件 $x + y + z = 1$ 下的极小值.

6. 求斜边长为 $6\sqrt{2}$ 的一切直角三角形中周长为最大的直角三角形的边长.

7. 将周长为 30 的矩形绕它的一边旋转而构成一个圆柱体,问矩形的边长为各为多少时,才能使圆柱体的体积最大.

8. 求抛物线 $y^2 = x$ 与直线 $y = x + 1$ 的最短距离.

9. 求曲线 $x^2 + xy + y^2 = 1$ 上离原点最近和最远的点.

10. 在椭圆 $\dfrac{x^2}{16} + \dfrac{y^2}{9} = 1$ 内部作其边平行于坐标轴的内接矩形,使其面积最大,求矩形的边长.

11. 求椭圆 $x^2 + 3y^2 = 12$ 的内接等腰三角形,使其底边平行于椭圆的长轴,而面积最大.

12. 一水平槽形状为圆柱,两端为半圆,容量为 8000 m^2,为使材料最少,长和半径需为多少?

13. 设容积为 54 m^2 的开顶长方体蓄水池,当棱长为多少时,表面积最小.

14. 求对角线长度为 $5\sqrt{3}$ 的最大长方体的体积.

15. 在球面 $x^2 + y^2 + z^2 = 4$ 上求出与点 $(3,1,-1)$ 距离最近的点和距离最远的点.

16. 在椭圆球 $\dfrac{x^2}{a^2} + \dfrac{y^2}{b^2} + \dfrac{z^2}{c^2} = 1$ 内一切内接长方体(各边分别平行于坐标轴)中,求其体积最大者.

17. 将长为 l 的线段分成三段,分别围成圆、正方形和正三角形,问怎样分法使得它们的面积之和为最小,并求出最小值.

18. 求函数 $z = 1/2\,(x^n + y^n)$ 在条件 $x + y = l\,(l > 0, n \geqslant 1)$ 下的极

值, 并证明当 $a \geqslant 0, b \geqslant 0, n \geqslant 1$ 时 $\left(\dfrac{a+b}{2}\right)^{n} \leqslant \dfrac{a^{n}+b^{n}}{2}$.

19. 已知两平面曲线 $f(x,y) = 0, g(x,y) = 0$, 又 $(\alpha,\beta), (\mu,\sigma)$ 分别为两曲线上的点, 试证如果这两点是两曲线上相距最近或最远的点, 则下列关系必成立:

$$\frac{\alpha - \mu}{\beta - \sigma} = \frac{f_x(\alpha,\beta)}{f_y(\alpha,\beta)} = \frac{g_x(\mu,\sigma)}{g_y(\mu,\sigma)}.$$

第9章 重积分

本章和下一章是多元函数积分学的内容. 讨论将一元函数定积分的概念推广到定义在区域、曲线及曲面上多元函数的的情形, 从而得到重积分、曲线积分及曲面积分的概念. 本章主要涉及重积分(包括二重积分和三重积分)的概念、性质、计算方法以及它们的一些应用.

9.1 二重积分的概念与性质

9.1.1 二重积分的概念

二重积分与一元函数的定积分类似, 也是某种确定形式的和的极限. 如果在学习二重积分时与定积分进行类比, 并注意二者的共同点和不同点, 对于理解本章的内容, 将会受益匪浅. 正像从求曲边梯形面积一类问题入手, 通过分割、近似、求和、取极限几个步骤引入了一元函数 $f(x)$ 在 $[a,b]$ 上的定积分概念一样, 二元函数的二重积分的概念也可以由求曲顶柱体的体积入手, 利用同样的思路得到.

1. 曲顶柱体的体积

设 $z = f(x,y)$ 是 xOy 平面上的有界闭区域 D 上的非负连续函数, 它的图形是一张连续曲面, 记作 S. 以区域 D 为底以 S 为顶, 以柱面 (其准线为 D 的边界, 母线平行于 z 轴) 为侧面的立体, 称为曲顶柱体 (图 9-1). 现在讨论如何定义并计算上述曲顶柱体的体积 V.

若在 D 上 $f(x,y) \equiv h$($h > 0$ 为常数), 则曲顶柱体蜕化成一"平顶"的直柱体, 此时此柱体体积为

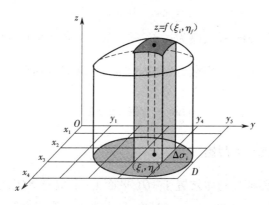

图 9-1　曲顶柱体

$$体积 = (D \text{ 的面积}) \times (\text{高 } h)$$

在 f 的取值随点在 D 内位置不同而变时, 上式失效. 但可仿照形成一元函数定积分的原始思想那样, 利用极限方法来定义并计算此曲顶柱体的体积 V. 首先, 用一组曲线将区域 D 分为 n 个小闭区域

$$\Delta\sigma_1, \Delta\sigma_2, \cdots, \Delta\sigma_n$$

(并用它们表示小区域的面积), 以这些小闭区域的边界曲线为准线, 作母线平行于 z 轴的柱面, 于是曲顶柱体相应地被分成 n 个小曲顶柱体, 记每个小曲顶柱体体积为 $\Delta V_i (i = 1, 2, \cdots, n)$, 则 $V = \sum\limits_{i=1}^{n} \Delta V_i$. 其次, 在每个小区域 $\Delta\sigma_i$ 上任取一点 (ξ_i, η_i), 因为 $f(x, y)$ 连续, 所以当分割很细密时, 小曲顶柱体的体积 ΔV_i 就近似地等于以 $f(\xi_i, \eta_i)$ 为高、以 $\Delta\sigma_i$ 为底的小平顶柱体的体积, 即

$$\Delta V_i \approx f(\xi_i, \eta_i) \Delta\sigma_i, (i = 1, 2, \cdots, n).$$

对求得的 ΔV_i 的近似值求和, 可得 V 的近似值

$$V = \sum_{i=1}^{n} \Delta V_i \approx \sum_{i=1}^{n} f(\xi_i, \eta_i) \Delta\sigma_i.$$

对每个区域 $\Delta\sigma_i$, 称其任意两点间距离之最大者为直径, 记作 $d(\Delta\sigma_i)$, 并将这 n 个直径的最大值记作 λ, 即

$$\lambda = \max_{1 \leqslant i \leqslant n} (\mathrm{d}(\Delta\sigma_i)).$$

让每个小区域 $\Delta\sigma_i$ 都收缩为一点,即令 $\lambda \to 0$,若 n 个柱体的体积之和 $\sum_{i=1}^{n} f(\xi_i, \eta_i) \Delta\sigma_i$ 存在极限,则自然地定义曲顶柱体体积

$$V = \lim_{\lambda \to 0} \sum_{i=1}^{n} f(\xi_i, \eta_i) \Delta\sigma_i.$$

2. 平面薄片的质量

设一平面薄片物体被置于 xOy 平面上,形成有界闭区域 D,其面密度为 $\mu(x,y)$,这里 $\mu(x,y)$ 且在 D 上连续. 现在计算该薄片的质量 m.

由于密度随点在区域 D 中的位置而变,所以不能简单地套用大小为 D 均匀密度是 μ 的物体的质量 m 的计算公式 $m = \mu D$. 但由于密度是连续变化的,位置非常靠近的两点处密度是不会有太大变化的. 这样,我们又可用极限方法定义并计算此薄片的质量 m. 首先,将平面区域 D 划分成除边界外没有公共部分的 n 个子区域 $\Delta\sigma_1, \Delta\sigma_2, \cdots, \Delta\sigma_n$. 若记 $\Delta\sigma_i$ 这块薄片的质量为 Δm_i,总质量为 m,则有

$$m = \sum_{i=1}^{n} \Delta m_i.$$

其次,在每一小区域 $\Delta\sigma_i$ 上任取一点 $(\xi_i, \eta_i) \in \Delta\sigma_i$,并以 $\mu(\xi_i, \eta_i)$ 作为 $\Delta\sigma_i$ 上的均匀密度,则可对 $i = 1, 2, \cdots, n$,求出 Δm_i 的近似值

$$\Delta m_i \approx \mu(\xi_i, \eta_i) \Delta\sigma_i.$$

再对上式求和,可得 m 的近似值

$$m = \sum_{i=1}^{n} \Delta m_i \approx \sum_{i=1}^{n} \mu(\xi_i, \eta_i) \Delta\sigma_i$$

若仍以 λ 记这 n 个子区域直径之最大值,则当 $\lambda \to 0$ 时

$$m = \lim_{\lambda \to 0} \sum_{i=1}^{n} \mu(\xi_i, \eta_i) \Delta\sigma_i.$$

上面两个问题的实际意义虽然不同,但所求量都归结为同一形式

的和的极限. 我们把它抽象出来, 就得到二重积分的定义.

　　定义 9.1.1　设有界函数 $f(x,y)$ 在有界闭区域 D 上有定义, 将 D 任意地划分成除可能出现部分公共边界外没有其他公共部分的 n 个小闭区域

$$\Delta\sigma_1, \Delta\sigma_2, \cdots, \Delta\sigma_n.$$

其中 $\Delta\sigma_i$ 表示第 i 个小闭区域, 也表示它的面积. 在每个子区域 $\Delta\sigma_i$ 上任取一点 (ξ_i, η_i), $(i = 1, 2, \cdots, n)$, 形成和式 $\sum\limits_{i=1}^{n} f(\xi_i, \eta_i)\Delta\sigma_i$. 若记各个小闭区域直径 $d(\Delta\sigma_i)$ 之最大值为 λ, 则当极限

$$\lim_{\lambda \to 0} \sum_{i=1}^{n} f(\xi_i, \eta_i)\Delta\sigma_i$$

存在, 且其值与区域 D 的划分方法及 $(\xi_i, \eta_i) \in \Delta\sigma_i$ 的选取方法无关时, 称函数 $f(x,y)$ 在 D 上可积, 并称此极限为函数 $f(x,y)$ 在区域 D 上的**二重积分**, 记作 $\iint\limits_{D} f(x,y)\,\mathrm{d}\sigma$, 即

$$\iint\limits_{D} f(x,y)\,\mathrm{d}\sigma = \lim_{\lambda \to 0} \sum_{i=1}^{n} f(\xi_i, \eta_i)\Delta\sigma_i.$$

其中 $f(x,y)$ 叫作被积函数, $f(x,y)\,\mathrm{d}\sigma$ 叫作被积表达式, D 叫作积分区域 x 与 y 叫作积分变量, $\mathrm{d}\sigma$ 叫作面积元素, $\sum\limits_{i=1}^{n} f(\xi_i, \eta_i)\Delta\sigma_i$ 叫作积分和.

　　由二重积分的定义知, 如果 $f(x,y) \geqslant 0$, 曲顶柱体的体积 V 就是函数 $f(x,y)$ 在底面区域 D 上的二重积分, 即

$$V = \iint\limits_{D} f(x,y)\,\mathrm{d}\sigma.$$

如果 $f(x,y)$ 是负的, 柱体在 xOy 面的下方, 二重积分的绝对值仍等于柱体的体积, 但二重积分的值是负的. 如果 $f(x,y)$ 在区域 D 的若干部分区域为正, 而在其他的部分区域上为负的, 可以把 xOy 面的上方的柱体体积取成正, xOy 面的下方的柱体体积取成负, 那么 $f(x,y)$ 在 D

上的二重积分就等于这些部分区域上的柱体体积的代数和. 特别地,

若 $f(x,y)\equiv 1$,则二重积分 $\iint\limits_{D}1\cdot d\sigma$ 在数值上等于积分区域 D 的面

积 A

$$\iint\limits_{D}d\sigma = A.$$

平面薄片的质量 m 是面密度函数 $\mu(x,y)$ 在薄片所占区域 D 上的二重

积分,即

$$m = \iint\limits_{D}\mu(x,y)d\sigma.$$

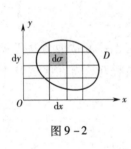

图 9 - 2

当二重积分存在时,其值的大小仅与积分区域 D 和被积函数 $f(x,y)$ 有关,而与 D 的分割和点 (ξ_i,η_i) 的取法无关. 因此,在实际运算时,为了方便,可采用特殊方法来分割区域 D. 在直角坐标系中,常用两族间隔分别为 Δx 和 Δy 且平行于坐标轴的直线网将区域 D(见图 9 - 2)分割成许多小区域,

除了靠近边界曲线的一些小区域外,绝大部分都是小矩形区域,且 $\Delta\sigma_i = \Delta x_i\Delta y_i$. 因此,在直角坐标系中,有时也把面积元素 $d\sigma$ 记作 $dxdy$,而把二重积分记为

$$\iint\limits_{D}f(x,y)dxdy,$$

其中 $dxdy$ 称为直角坐标系中的面积元素.

这里我们指出,以下两类函数在有界闭区域 D 上是可积的:(1) D 上的连续函数;(2) D 上的分片连续(即把 D 分为有限个子区域后,函数在每个子区域上连续)的有界函数.

9.1.2　二重积分的性质

二重积分具有与定积分类似的性质,其证明方法与定积分的相应

性质的证明也相同,这里只给出二重积分中值定理的证明,其余性质的证明从略.

性质 9.1.1　若函数 $f(x,y)$ 在区域 D 可积,k 是常数,则函数 $kf(x,y)$ 在 D 也可积,且

$$\iint\limits_{D} kf(x,y)\,\mathrm{d}\sigma = k\iint\limits_{D} f(x,y)\,\mathrm{d}\sigma.$$

性质 9.1.2　若函数 $f_1(x,y)$ 与 $f_2(x,y)$ 在区域 D 都可积,则函数 $f_1(x,y) \pm f_2(x,y)$ 在 D 也可积,且

$$\iint\limits_{D}(f_1(x,y) \pm f_2(x,y))\,\mathrm{d}\sigma = \iint\limits_{D} f_1(x,y)\,\mathrm{d}\sigma \pm \iint\limits_{D} f_2(x,y)\,\mathrm{d}\sigma.$$

性质 9.1.3　若函数 $f(x,y)$ 在区域 D_1 与区域 D_2 都可积,则 $f(x,y)$ 在 $D_1 \cup D_2$ 也可积,当 D_1 与 D_2 没有公共内点时,有

$$\iint\limits_{D_1 \cup D_2} f(x,y)\,\mathrm{d}\sigma = \iint\limits_{D_1} f(x,y)\,\mathrm{d}\sigma + \iint\limits_{D_2} f(x,y)\,\mathrm{d}\sigma.$$

性质 9.1.4　若函数 $f_1(x,y)$ 与 $f_2(x,y)$ 在区域 D 可积,且 $\forall (x,y) \in D$ 有

$$f_1(x,y) \leqslant f_2(x,y),$$

则

$$\iint\limits_{D} f_1(x,y)\,\mathrm{d}\sigma \leqslant \iint\limits_{D} f_2(x,y)\,\mathrm{d}\sigma.$$

性质 9.1.5　若函数 $f(x,y)$ 在区域 D 可积,且 $\forall (x,y) \in D$,有 $\alpha \leqslant f(x,y) \leqslant \beta$ 其中 α,β 为常数,A 是区域 D 的面积,则

$$\alpha A \leqslant \iint\limits_{D} f(x,y)\,\mathrm{d}\sigma \leqslant \beta A.$$

特别地,当在 D 上 $f(x,y) \geqslant 0$ 时,有

$$\iint\limits_{D} f(x,y)\,\mathrm{d}\sigma \geqslant 0.$$

性质 9.1.6　若函数 $f(x,y)$ 在区域 D 可积,则函数 $|f(x,y)|$ 在 D 也可积,且

$$\left| \iint\limits_{D} f(x,y)\,\mathrm{d}\sigma \right| \leqslant \iint\limits_{D} |f(x,y)|\,\mathrm{d}\sigma.$$

性质 9.1.7(二重积分的中值定理)　若函数 $f(x,y)$ 在有界闭区域 D 上连续,则在 D 上至少存在一点 (ξ,η),使得

$$\iint\limits_{D} f(x,y)\,\mathrm{d}\sigma = f(\xi,\eta) \cdot A,$$

其中 A 是区域 D 的面积.

证明　因为 $f(x,y)$ 在有界闭区域 D 上连续,所以 $f(x,y)$ 在 D 上存在最大值和最小值,记 M,m 分别为 $f(x,y)$ 在 D 上的最大值和最小值,则对任意 $(x,y) \in D$,都有

$$m \leqslant f(x,y) \leqslant M,$$

由性质 5 知, $mA \leqslant \iint\limits_{D} f(x,y)\,\mathrm{d}\sigma \leqslant MA$, 即 $m \leqslant \dfrac{1}{A}\iint\limits_{D} f(x,y)\,\mathrm{d}\sigma \leqslant M.$

这就是说,实数 $\dfrac{1}{A}\iint\limits_{D} f(x,y)\,\mathrm{d}\sigma$ 介于函数 $f(x,y)$ 在闭区域 D 上的最大值 M 与最小值 m 之间. 根据有界闭区域上连续函数的介值定理,在 D 上至少存在一点 (ξ,η),使得函数在该点的值与这个确定的数值相等,即

$$\frac{1}{A}\iint\limits_{D} f(x,y)\,\mathrm{d}\sigma = f(\xi,\eta).$$

上式两边各乘以 A,就得到所需证明的公式.

二重积分中值定理的几何意义十分明显,曲顶柱体的体积必等于以 D 为底,以某"中间"函数值 $f(\xi,\eta)$ 为高的平顶柱体的体积. 通常 $f(\xi,\eta)$ 也称为函数在区域 D 上的平均值.

以上这些性质在处理有关二重积分的计算、估值、比较等问题时常常是很有用的.

例 9.1.1　设 D 是圆盘 $\{(x,y) \mid x^2 + y^2 \leqslant 1\}$,试求

$$\iint\limits_{D} \frac{1}{3 + x^2 + y^2}\,\mathrm{d}x\mathrm{d}y.$$

的上界及下界.

解　因在 D 的每一处,有 $0 \leqslant x^2 + y^2 \leqslant 1$,故

$$\frac{1}{3+1} \leqslant \frac{1}{3+x^2+y^2} \leqslant \frac{1}{3+0},$$

又因为 D 的面积是 π,因此

$$\frac{\pi}{4} \leqslant \iint\limits_{D} \frac{1}{3+x^2+y^2} \mathrm{d}x\mathrm{d}y \leqslant \frac{\pi}{3}.$$

习题 9.1

(A)

1. 利用二重积分的性质,比较下列积分的大小:

(1) $\iint\limits_{D} (x+y)^2 \mathrm{d}\sigma$ 与 $\iint\limits_{D} (x+y)^3 \mathrm{d}\sigma$,其中 D 是由 x 轴,y 轴与直线 $x+y=1$ 所围成;

(2) $\iint\limits_{D} (x+y)^2 \mathrm{d}\sigma$ 与 $\iint\limits_{D} (x+y)^3 \mathrm{d}\sigma$,其中 D 是由圆周 $(x-2)^2 + (y-1)^2 = 2$ 所围成;

(3) $\iint\limits_{D} \ln(x+y) \mathrm{d}\sigma$ 与 $\iint\limits_{D} [\ln(x+y)]^2 \mathrm{d}\sigma$,其中 D 是三角形区域,三个顶点分别是 $(1,0)$,$(1,1)$,$(2,0)$;

(4) $\iint\limits_{D} \ln(x+y) \mathrm{d}\sigma$ 与 $\iint\limits_{D} [\ln(x+y)]^2 \mathrm{d}\sigma$,其中 $D = \{(x,y) \mid 3 \leqslant x \leqslant 5, 0 \leqslant y \leqslant 1\}$.

2. 利用二重积分的性质,估计下列积分的值:

(1) $I = \iint\limits_{D} (x+y+1) \mathrm{d}\sigma$,其中 $D = \{(x,y) \mid 0 \leqslant x \leqslant 1, 0 \leqslant y \leqslant 2\}$;

(2) $\iint\limits_{D} (x+y+10) \mathrm{d}\sigma$,其中 $D\{(x,y) \mid x^2+y^2 \leqslant 4\}$;

(3) $\iint\limits_{D} \sin^2 x \sin^2 y \mathrm{d}\sigma$，其中 $D = \{(x,y) \mid 0 \leqslant x \leqslant \pi, 0 \leqslant y \leqslant \pi\}$；

(4) $I = \iint\limits_{D} \dfrac{1}{100 + \cos^2 x + \cos^2 y} \mathrm{d}\sigma$，其中 $D = \{(x,y) \mid \mid x \mid + \mid y \mid \leqslant 10\}$.

（B）

1. 利用二重积分中值定理，求极限：

$$\lim_{r \to 0} \frac{1}{\pi r^2} \iint\limits_{x^2 + y^2 \leqslant r^2} \mathrm{e}^{x^2 - 2y^2} \cos(x + y) \mathrm{d}\sigma.$$

2. 若 $f(x,y)$ 和 $g(x,y)$ 在 D 上连续，且 $g(x,y)$ 在 D 上不变号，试证明：存在 $(\xi, \eta) \in D$，使等式

$$\iint\limits_{D} f(x,y)g(x,y) \mathrm{d}\sigma = f(\xi, \eta) \iint\limits_{D} g(x,y) \mathrm{d}\sigma$$

成立，其中 D 是有界连通闭区域.

3. 设有界非负连续函数 $f(x,y)$ 在有界闭区域 D 上可积，证明：若

$$\iint\limits_{D} f(x,y) \mathrm{d}x\mathrm{d}y = 0,$$

则 $f(x,y) = 0, \forall (x,y) \in D$.

9.2 二重积分的计算

二重积分若由定义直接计算，因归结为求积分和的极限，计算较复杂. 因此在二重积分存在时，一般可根据其几何意义，将二重积分化为两次定积分，即累次积分的形式进行计算. 由于二重积分与积分区域有关，因此当讨论二重积分与积分区域有关时，总是先从积分区域着手，对于积分区域的不同类型，分别采用不同的坐标系来处理.

9.2.1　在直角坐标系下计算二重积分

我们用几何观点来讨论二重积分 $\iint\limits_{D} f(x,y)\,\mathrm{d}\sigma$ 的计算问题. 设函数 $f(x,y)$ 在区域 D 上连续,且 $f(x,y)\geqslant 0$,积分区域 D 由直线 $x=a$, $x=b$ 与连续曲线 $y=\varphi_1(x)$,$y=\varphi_2(x)$ 所围成,即 $D=\{(x,y)\mid a\leqslant x\leqslant b,\varphi_1(x)\leqslant y\leqslant\varphi_2(x)\}$,见图 $9-3$(a)和(b).

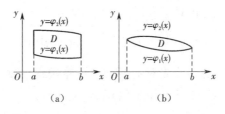

图 9-3

根据二重积分的几何意义可知, $\iint\limits_{D} f(x,y)\,\mathrm{d}\sigma$ 的值等于以 D 为底, 以曲面 $z=f(x,y)$ 为顶的曲顶柱体的体积. 现在采用定积分中"平行截面积为已知的立体的体积"的求法来计算这个曲顶柱体的体积.

先计算平行截面的面积. 为此, 在区间 $[a,b]$ 上任意取定一个点 x_0,过这点作平行于 yOz 面的平面 $x=x_0$,这平面截曲顶柱体所得截面是一个以区间 $[\varphi_1(x_0),\varphi_2(x_0)]$ 为底,曲线 $z=f(x_0,y)$ 为曲边的曲边梯形,见图 $9-4$ 中阴影部分. 其面积为

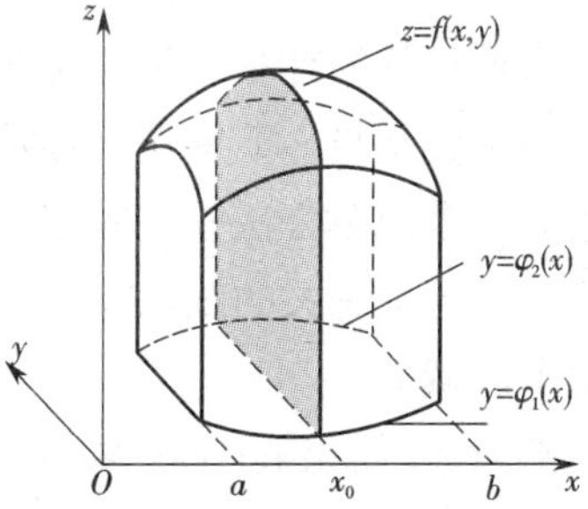

图 9-4

$$A(x_0)=\int_{\varphi_1(x_0)}^{\varphi_2(x_0)} f(x_0,y)\,\mathrm{d}y.$$

一般地,过区间 $[a,b]$ 上任一点 x 且平行于 yOz 面的平面截曲顶

柱体所得截面的面积为

$$A(x) = \int_{\varphi_1(x)}^{\varphi_2(x)} f(x,y)\,\mathrm{d}y.$$

上式中积分变量为 y，x 在积分过程中被看作常数. 可以证明 $A(x)$ 在 $[a,b]$ 上连续.

　　根据平行截面面积为已知的立体体积公式，该曲顶柱体的体积为

$$V = \int_a^b A(x)\,\mathrm{d}x = \int_a^b \left[\int_{\varphi_1(x)}^{\varphi_2(x)} f(x,y)\,\mathrm{d}y \right] \mathrm{d}x.$$

这样便得到二重积分的计算公式

$$\iint\limits_D f(x,y)\,\mathrm{d}\sigma = \int_a^b \left[\int_{\varphi_1(x)}^{\varphi_2(x)} f(x,y)\,\mathrm{d}y \right] \mathrm{d}x \tag{1}$$

　　上述右端的积分叫作先对 y，后对 x 的累次积分或二次积分，即先把 x 看作常数，$f(x,y)$ 只看作 y 的函数，对 $f(x,y)$ 计算从 $\varphi_1(x)$ 到 $\varphi_2(x)$ 的定积分，然后把算得的结果（它是 x 的函数）再对 x 从 a 到 b 计算定积分. 这个先对 y，后对 x 的二次积分也常记作

$$\int_a^b \mathrm{d}x \int_{\varphi_1(x)}^{\varphi_2(x)} f(x,y)\,\mathrm{d}y.$$

因此，等式（1）也写成

$$\iint\limits_D f(x,y)\,\mathrm{d}\sigma = \int_a^b \mathrm{d}x \int_{\varphi_1(x)}^{\varphi_2(x)} f(x,y)\,\mathrm{d}y. \tag{1'}$$

　　二重积分的计算可形象地描述为：要完成二重积分的计算，就要使积分变量 x 与 y 不重复、不遗漏地扫描（取遍）整个积分区域. 上面采用的一个简单方法是先固定 x，让积分变量 y 从 $\varphi_1(x)$ 变到 $\varphi_2(x)$，取遍一条与 x 有关的线段，然后再让积分变量 x 从 a 变到 b，线段就扫过整个区域 D.

　　类似地，如果积分区域 D 由直线 $y = c$，$y = d$ 与连续曲线 $x = \psi_1(y)$，$x = \psi_2(y)$ 所围成（见图 9－5（a）和（b）），即

$$D = \{ (x,y) \mid c \leqslant y \leqslant d, \psi_1(y) \leqslant x \leqslant \psi_2(y) \},$$

则可采用另一种积分次序，即先固定 y，由于经过区间 $[c,d]$ 上任意一点 y 且平行于 xOz 面的平面截曲顶柱体所得截面的面积为

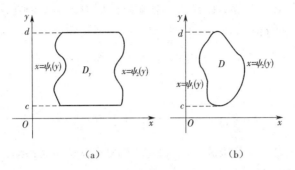

图 9 – 5

$$A(y) = \int_{\psi_1(y)}^{\psi_2(y)} f(x,y)\,\mathrm{d}x,$$

从而曲顶柱体的体积为

$$V = \int_c^d A(y)\,\mathrm{d}y = \int_c^d \left[\int_{\psi_1(y)}^{\psi_2(y)} f(x,y)\,\mathrm{d}x \right]\mathrm{d}y,$$

那么就有

$$\iint\limits_D f(x,y)\,\mathrm{d}\sigma = \int_c^d \left[\int_{\psi_1(y)}^{\psi_2(y)} f(x,y)\,\mathrm{d}x \right]\mathrm{d}y, \qquad (2)$$

上述右端的积分叫作先对 x,后对 y 的累次积分或二次积分,这个累次积分也常记作

$$\int_c^d \mathrm{d}y \int_{\psi_1(y)}^{\psi_2(y)} f(x,y)\,\mathrm{d}x$$

因此,等式(2)又可写成

$$\iint\limits_D f(x,y)\,\mathrm{d}\sigma = \int_c^d \mathrm{d}y \int_{\psi_1(y)}^{\psi_2(y)} f(x,y)\,\mathrm{d}x. \qquad (2')$$

上述讨论是在假设 $f(x,y) \geqslant 0$ 的条件下进行的. 没有这个假设条件,结论仍然成立. 今后在应用上述两个计算公式时,将不受该条件的限制.

在去掉 $f(x,y)$ 在区域 D 连续的假设下,我们给出化二重积分为累次积分的几个定理(证明可参阅张效成等编著的《经济类数学分析》(下册),天津大学出版社,2005).

定理 9.2.1　若函数 $f(x,y)$ 在矩形区域 $D = \{a \leqslant x \leqslant b, c \leqslant y \leqslant d\}$ 上可积(其积分值记为 I),且对一切 $x \in [a,b]$,积分

$$Q(x) = \int_c^d f(x,y)\,\mathrm{d}y$$

存在,则有公式

$$I = \iint_D f(x,y)\,\mathrm{d}x\mathrm{d}y = \int_a^b \mathrm{d}x \int_c^d f(x,y)\,\mathrm{d}y.$$

推论 9.2.1　若函数 $f(x,y)$ 在矩形区域 $D = \{a \leqslant x \leqslant b, c \leqslant y \leqslant d\}$ 上可积(其积分值记为 I),且对一切 $y \in [c,d]$,积分

$$Q(y) = \int_a^b f(x,y)\,\mathrm{d}x$$

存在,则有公式

$$I = \iint_D f(x,y)\,\mathrm{d}x\mathrm{d}y = \int_c^d \mathrm{d}y \int_a^b f(x,y)\,\mathrm{d}x.$$

推论 9.2.2　若函数 $g(x)$ 在 $[a,b]$ 上可积,函数 $h(y)$ 在 $[c,d]$ 上可积,那么乘积函数 $g(x) \cdot h(y)$ 在闭区域 $D = \{a \leqslant x \leqslant b, c \leqslant y \leqslant d\}$ 上也可积,且

$$\iint_D g(x) \cdot h(y)\,\mathrm{d}x\mathrm{d}y = \int_a^b g(x)\,\mathrm{d}x \cdot \int_c^d h(y)\,\mathrm{d}y.$$

定理 9.2.2　设区域为 $D = \{a \leqslant x \leqslant b, y_1(x) \leqslant y \leqslant y_2(x)\}$,其中 $y_1(x), y_2(x)$ 在 $[a,b]$ 上连续,函数 $z = f(x,y)$ 在 D 上可积,且对一切固定的 $x \in [a,b]$,一元函数 $f(x,y)$ 在区间 $[y_1(x), y_2(x)]$ 上可积,则函数

$$Q(x) = \int_{y_1(x)}^{y_2(x)} f(x,y)\,\mathrm{d}y$$

在 $[a,b]$ 上可积,且积分值等于 $\iint_D f(x,y)\,\mathrm{d}x\mathrm{d}y$,即

$$\iint_D f(x,y)\,\mathrm{d}x\mathrm{d}y = \int_a^b \mathrm{d}x \cdot \int_{y_1(x)}^{y_2(x)} f(x,y)\,\mathrm{d}y.$$

定理 9.2.3　设区域为 $D = \{c \leqslant y \leqslant d, x_1(y) \leqslant x \leqslant x_2(y)\}$,其中

$x_1(y),x_2(y)$ 在 $[c,d]$ 连续,函数 $z=f(x,y)$ 在 D 上可积,且对一切固定的 $y\in[a,b]$,一元函数 $f(x,y)$ 在区间 $[y_1(x),y_2(x)]$ 上可积,则函数

$$Q(y)=\int_{x_1(y)}^{x_2(y)}f(x,y)\mathrm{d}x$$

在 $[c,d]$ 上可积,且

$$\iint_D f(x,y)\mathrm{d}x\mathrm{d}y=\int_c^d \mathrm{d}y\cdot\int_{x_1(x)}^{x_2(x)}f(x,y)\mathrm{d}x.$$

下面考虑积分区域的划分.

定义9.2.1　若平面区域

$$D=\{(x,y)\mid a\leqslant x\leqslant b,y_1(x)\leqslant y\leqslant y_2(x)\},$$

这样的区域称为 X – 型区域. 若平面区域

$$D=\{(x,y)\mid x_1(y)\leqslant x\leqslant x_2(y),c\leqslant y\leqslant d\},$$

这样的区域称为 Y – 型区域.

X – 型区域的特点是平行于 y 轴且穿过区域内部的直线与区域边界相交不多于两点. 对积分区域是 X – 型区域的二重积分,常采用先对 y 积分再对 x 积分的方法化为累次积分. 类似地,Y – 型区域的特点是平行于 x 轴且穿过区域内部的直线与区域边界相交不多于两点. 对积分区域是 Y – 型区域的二重积分,常采用先对 x 积分再对 y 积分的方法化为累次积分. 在应用时还要考虑被积函数对二次积分产生的难度. 如果积分区域 D 既不能看成 X – 型, 又不能看成 Y – 型,那么可以把 D 分成几个小区域,使每一个小区域都是 X – 型或 Y – 型区域(图 9 – 6). 利用二重积分对积分区域的可加性,仍然可以将二重积分

$$\iint_D f(x,y)\mathrm{d}x\mathrm{d}y$$ 化为若干个二次积分之和.

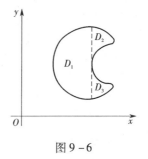

图 9 – 6

在直角坐标系下,求二重积分可按以下步骤进行:

(1)画出积分区域 D;

(2)确定 D 是否为 X - 型或 Y - 型区域. 如既不是 X - 型又不是 Y - 型区域,则要将 D 划分成几个 X - 型或 Y - 型区域,并用不等式组表示每个 X - 型或 Y - 型区域;

(3)用定理 9.2.2 或定理 9.2.3 化二重积分为二次积分;

(4)计算二次积分的值.

注　为将 X - 型区域 $D(Y$ - 型区域可类似处理)用不等式组表示,可先将 D 投影到 x 轴得到 x 的取值范围,假设为 $[a,b]$,再在 $[a,b]$ 上任意一点作平行于 y 轴的有向直线,方向由下而上穿过区域 D,设首次与有向直线相交的 D 的边界线为 $y=y_1(x)$,第二次与有向直线相交的 D 的边界线为 $y=y_2(x)$,则积分区域可表示成

$$D=\{(x,y)\mid a\leqslant x\leqslant b,y_1(x)\leqslant y\leqslant y_2(x)\}.$$

从而

$$\iint\limits_{D}f(x,y)\mathrm{d}x\mathrm{d}y=\int_{a}^{b}\mathrm{d}x\int_{y_1(x)}^{y_2(x)}f(x,y)\mathrm{d}y.$$

例 9.2.1　求函数 $z=1-\dfrac{x}{3}-\dfrac{y}{4}$ 在矩形域 $D:-1\leqslant x\leqslant 1,-2\leqslant y\leqslant 2$ 的二重积分.

解　先作区域 D 的图形,如图 9 - 7.

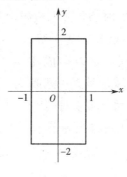

图 9 - 7

设化为二次积分计算时,取积分次序为先对 y 后对 x,则

$$I = \iint\limits_{D} \left(1 - \frac{x}{3} - \frac{y}{4}\right) \mathrm{d}\sigma = \int_{-1}^{1} \mathrm{d}x \int_{-2}^{2} \left(1 - \frac{x}{3} - \frac{y}{4}\right) \mathrm{d}y$$

$$= \int_{-1}^{1} \left[y - \frac{x}{3}y - \frac{1}{8}y^2\right] \Big|_{y=-2}^{y=2} \mathrm{d}x = \int_{-1}^{1} \left(4 - \frac{4}{3}x\right) \mathrm{d}x$$

$$= \left(4x - \frac{2}{3}x^2\right) \Big|_{-1}^{1} = 8.$$

若取积分次序为先对 x 后对 y,则

$$I = \int_{-2}^{2} \mathrm{d}y \int_{-1}^{1} \left(1 - \frac{x}{3} - \frac{y}{4}\right) \mathrm{d}x = \int_{-2}^{2} \left[x - \frac{x^2}{6} - \frac{xy}{4}\right]_{x=-1}^{x=1} \mathrm{d}y$$

$$= \int_{-2}^{2} \left(2 - \frac{y}{2}\right) \mathrm{d}y = \left(2y - \frac{y^2}{4}\right) \Big|_{-2}^{2} = 8.$$

例 9.2.2　计算 $\iint\limits_{D} y \sqrt{1 + x^2 - y^2} \mathrm{d}\sigma$,其中 D 是由直线 $y = 1, x = -1$ 及 $y = x$ 所围成的闭区域(图 9 – 8).

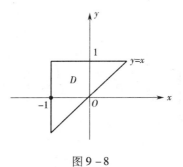

图 9 – 8

解　画出区域 D,可把 D 看成是 X – 型区域: $-1 \leqslant x \leqslant 1, x \leqslant y \leqslant 1$, 于是

$$\iint\limits_{D} y \sqrt{1 + x^2 - y^2} \mathrm{d}\sigma = \int_{-1}^{1} \mathrm{d}x \int_{-1}^{1} y \sqrt{1 + x^2 - y^2} \mathrm{d}y$$

$$= -\frac{1}{3} \int_{-1}^{1} \left[(1 + x^2 - y^2)^{\frac{3}{2}}\right]_x^1 \mathrm{d}x = -\frac{1}{3} \int_{-1}^{1} (|x|^3 - 1) \mathrm{d}x$$

$$= -\frac{2}{3} \int_0^1 (x^3 - 1) \mathrm{d}x = \frac{1}{2}.$$

也可将 D 看成是 Y – 型区域: $-1 \leqslant y \leqslant 1$, $-1 \leqslant x \leqslant y$, 于是

$$\iint\limits_{D} y \sqrt{1 + x^2 - y^2} \, d\sigma = \int_{-1}^{1} y dy \int_{-1}^{y} y \sqrt{1 + x^2 - y^2} \, dx = \frac{1}{2}.$$

例 9.2.3 计算二重积分 $\iint\limits_{D}(2y - x) \, d\sigma$, 其中 D 由抛物线 $y = x^2$ 和直线 $y = x + 2$ 围成(图 9 – 9).

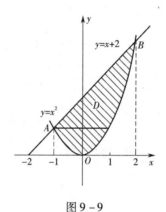

图 9 – 9

解 解方程组 $\begin{cases} y = x + 2 \\ y = x^2 \end{cases}$ 得: $\begin{cases} x_1 = -1, \\ y_1 = 1, \end{cases}$ 和 $\{x_2 = 2, y_2 = 4$, 从而得图中交点 $A(-1, 1)$, $B(2, 4)$. 区域 D 可看成 X – 型区域, 并可表示成: $D: -1 \leqslant x \leqslant 2, x^2 \leqslant y \leqslant x + 2$ 则

$$\iint\limits_{D}(2y - x) \, d\sigma = \int_{-1}^{2} dx \int_{x^2}^{x+2}(2y - x) \, dy = \int_{-1}^{2} [y^2 - xy] \Big|_{y = x^2}^{y = x+2} dx$$

$$= \int_{-1}^{2} [(x + 2)^2 - x(x + 2) - x^4 + x^3] \, dx = \frac{243}{20}.$$

若将 D 看成 Y – 型区域, 必须用直线 $y = 1$ 将区域 D 分成 D_1、D_2 两部分, 且 D_1、D_2 可分别表示成: $D_1: 0 \leqslant y \leqslant 1$, $-\sqrt{y} \leqslant x \leqslant \sqrt{y}$; $D_2: 1 \leqslant y \leqslant 4$, $y - 2 \leqslant x \leqslant \sqrt{y}$, 且 $D = D_1 \cup D_2$, 从而

$$\iint\limits_{D} (2y - x)\,\mathrm{d}\sigma = \iint\limits_{D_1} (2y - x)\,\mathrm{d}\sigma + \iint\limits_{D_2} (2y - x)\,\mathrm{d}\sigma$$

$$= \int_0^1 \mathrm{d}y \int_{-\sqrt{y}}^{\sqrt{y}} (2y - x)\,\mathrm{d}x = \int_1^4 \mathrm{d}y \int_{y-2}^{\sqrt{y}} (2y - x)\,\mathrm{d}x$$

$$= \int_0^1 \left[2yx - \frac{1}{2}x^2 \right]\Big|_{x=-\sqrt{y}}^{x=\sqrt{y}} \mathrm{d}y + \int_1^4 \left[2yx - \frac{1}{2}x^2 \right]\Big|_{x=y-2}^{x=\sqrt{y}} \mathrm{d}y = \frac{243}{20}.$$

例 9.2.4　计算 $I = \iint\limits_{D} \dfrac{\sin y}{y}\,\mathrm{d}\sigma$，其中 D 是由直线 $y = x$ 及抛物线 $x = y^2$ 所围成的区域（图 9 - 10）.

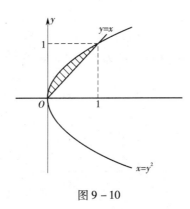

图 9 - 10

解　区域 D 既可看成 X - 型，又可看成 Y - 型区域. 下面先把 D 看成 Y - 型区域. 将 D 表示为 $D: y^2 \leqslant x \leqslant y, 0 \leqslant y \leqslant 1$，则

$$I = \iint\limits_{D} \frac{\sin y}{y}\,\mathrm{d}\sigma = \int_0^1 \mathrm{d}y \int_{y^2}^{y} \frac{\sin y}{y}\,\mathrm{d}x = \int_0^1 \frac{\sin y}{y} x \Big|_{x=y^2}^{x=y}\,\mathrm{d}y = \int_0^1 \frac{\sin y}{y}(y - y^2)\,\mathrm{d}y$$

$$= \int_0^1 \sin y\,\mathrm{d}y - \int_0^1 y\sin y\,\mathrm{d}y = -\left[\cos y \right]\Big|_0^1 - \left[-y\cos y + \sin y \right]\Big|_0^1$$

$$= 1 - \sin 1.$$

如果把 D 看成 X - 型区域，D 可表示为 $D: 0 \leqslant x \leqslant 1, x \leqslant y \leqslant \sqrt{x}$，则

$$I = \iint\limits_{D} \frac{\sin y}{y}\,\mathrm{d}\sigma = \int_0^1 \mathrm{d}x \int_x^{\sqrt{x}} \frac{\sin y}{y}\,\mathrm{d}y.$$

由于$\dfrac{\sin y}{y}$的原函数不是初等函数,目前我们还求不出来.

由此可见,为了能较简单地二重积分,除了要注意积分区域 D 的形状外,还应注意被积函数的特点,灵活选择二次积分的积分次序.

例9.2.5 求 $I = \displaystyle\int_0^1 \mathrm{d}x \int_0^x \mathrm{e}^{y^2} \mathrm{d}y$.

分析 由于函数 e^{y^2} 的原函数不是初等函数,所以这个二次积分无法直接积出. 注意到二重积分可以有两种不同积分次序,若把这个二次积分还原为二重积分,再利用另一种次序的二次积分计算,有可能求出积分值.

解 由 I 的二次积分表达式,作 $x=0$,$x=1$,$y=x$,$y=1$ 围成的区域 D,如图 9 – 11 所示. D 可表示为 $D:0 \leqslant x \leqslant y, 0 \leqslant y \leqslant 1$,则

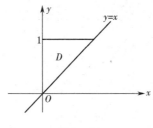

图 9 – 11

$$I = \int_0^1 \mathrm{d}x \int_x^1 \mathrm{e}^{y^2} \mathrm{d}y = \iint\limits_D \mathrm{e}^{y^2} \mathrm{d}x\mathrm{d}y = \int_0^1 \mathrm{d}y \int_0^y \mathrm{e}^{y^2} \mathrm{d}x$$

$$= \int_0^1 [x\mathrm{e}^{y^2}] \Big|_{x=0}^{x=y} \mathrm{d}y = \int_0^1 y\mathrm{e}^{y^2} \mathrm{d}y = \frac{1}{2}[\mathrm{e}^{y^2}] \Big|_0^1 = \frac{1}{2}(\mathrm{e}-1).$$

例9.2.6 设 $f(x,y)$ 连续,改变下列积分次序.

$(1) \displaystyle\int_1^2 \mathrm{d}x \int_x^{2x} f(x,y)\mathrm{d}y$,

$(2) \displaystyle\int_0^2 \mathrm{d}y \int_{-\sqrt{y}}^{\sqrt{y}} f(x,y)\mathrm{d}x + \int_2^4 \mathrm{d}y \int_{-\sqrt{4-y}}^{\sqrt{4-y}} f(x,y)\mathrm{d}x$.

解 (1)积分区域 D 为 $D:1 \leqslant x \leqslant 2, x \leqslant y \leqslant 2x$,即 D 由 $y=x, y=$

$2x, x=1, x=2$ 四条直线所围成(图 9-12).

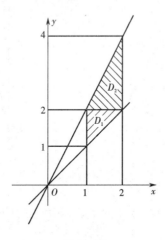

图 9-12

若改成先对 x 后对 y 积分,用直线 $y=2$ 把 D 分成 D_1 和 D_2 两部分:

$$D_1:\begin{cases}1\leqslant y\leqslant 2,\\ 1\leqslant x\leqslant y;\end{cases}\qquad D_2:\begin{cases}2\leqslant y\leqslant 4,\\ \dfrac{y}{2}\leqslant x\leqslant 2.\end{cases}$$

于是

$$\int_1^2\mathrm{d}x\int_x^{2x}f(x,y)\,\mathrm{d}y=\int_1^2\mathrm{d}y\int_1^y f(x,y)\,\mathrm{d}x+\int_2^4\mathrm{d}y\int_{\frac{y}{2}}^2 f(x,y)\,\mathrm{d}x.$$

(2)积分区域为 D_1 和 D_2,

$$D_1:\begin{cases}0\leqslant y\leqslant 2,\\ -\sqrt{y}\leqslant x\leqslant\sqrt{y};\end{cases}\qquad D_2:\begin{cases}2\leqslant y\leqslant 4,\\ -\sqrt{4-y}\leqslant x\leqslant\sqrt{4-y}.\end{cases}$$

令 $D=D_1\cup D_2$,则 D 是由曲线 $y=x^2$ 与 $y=4-x^2$ 所围成(图 9-13). D 可表示成 $D:-\sqrt{2}\leqslant x\leqslant\sqrt{2}, x^2\leqslant y\leqslant 4-x^2$,于是

$$\iint\limits_D f(x,y)\,\mathrm{d}x\mathrm{d}y=\int_{-\sqrt{2}}^{\sqrt{2}}\mathrm{d}x\int_{x^2}^{4-x^2}f(x,y)\,\mathrm{d}y.$$

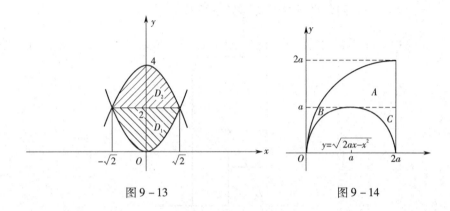

图 9 – 13　　　　　　　图 9 – 14

例 9.2.7 将二重积分 $\iint\limits_{D} f(x,y)\,\mathrm{d}x\mathrm{d}y$ 化为按不同积分次序的累次积分,其中 D 是由上半圆周 $y = \sqrt{2ax - x^2}$ 、抛物线 $y^2 = 2ax\,(y \geqslant 0)$ 和直线 $x = 2a$ 所围成,如图 9 – 14.

解 先对 y 积分后对 x 积分,有:

$$\iint\limits_{D} f(x,y)\,\mathrm{d}x\mathrm{d}y = \int_0^{2a} \mathrm{d}x \int_{\sqrt{2ax - x^2}}^{\sqrt{2ax}} f(x,y)\,\mathrm{d}y.$$

若先对 x 积分后对 y 积分,首先将区域 D 分成三个小区域 A, B, C,其次分别在每个小区域上将二重积分化为累次积分,即

$$\iint\limits_{D} f(x,y)\,\mathrm{d}x\mathrm{d}y = \iint\limits_{A} f(x,y)\,\mathrm{d}x\mathrm{d}y + \iint\limits_{B} f(x,y)\,\mathrm{d}x\mathrm{d}y + \iint\limits_{C} f(x,y)\,\mathrm{d}x\mathrm{d}y$$

$$= \int_a^{2a} \mathrm{d}y \int_{\frac{y^2}{2a}}^{2a} f(x,y)\,\mathrm{d}x + \int_0^a \mathrm{d}y \int_{\frac{y^2}{2a}}^{a - \sqrt{a^2 - y^2}} f(x,y)\,\mathrm{d}x + \int_0^a \mathrm{d}y \int_{a + \sqrt{a^2 - y^2}}^{2a} f(x,y)\,\mathrm{d}x.$$

在计算二重积分时,利用积分区域的对称性和被积函数的奇偶性可以减少计算量. 设 $f(x,y)$ 在区域 D 上连续,且

（1）当 D 关于 x 轴对称,若 $f(x, -y) = -f(x,y)$,则 $\iint\limits_{D} f(x,y)\,\mathrm{d}x\mathrm{d}y = 0$,若 $f(x, -y) = f(x,y)$,则 $\iint\limits_{D} f(x,y)\,\mathrm{d}x\mathrm{d}y = 2\iint\limits_{D_1} f(x,y)\,\mathrm{d}x\mathrm{d}y$,$D_1$ 为 D

在 x 轴上方部分;

（2）当 D 关于 y 轴对称,若 $f(-x,y) = -f(x,y)$,则 $\iint\limits_D f(x,y)\,\mathrm{d}x\mathrm{d}y =$

0,若 $f(-x,y) = f(x,y)$,则 $\iint\limits_D f(x,y)\,\mathrm{d}x\mathrm{d}y = 2\iint\limits_{D_2} f(x,y)\,\mathrm{d}x\mathrm{d}y$,$D_2$ 为 D

在 y 轴右侧部分;

（3）当 D 关于 x 轴和 y 轴都对称,若 $f(-x,y) = -f(x,y)$ 或若

$f(x,-y) = -f(x,y)$,则 $\iint\limits_D f(x,y)\,\mathrm{d}x\mathrm{d}y = 0$,若 $f(x,-y) = f(-x,y) =$

$f(x,y)$,则 $\iint\limits_D f(x,y)\,\mathrm{d}x\mathrm{d}y = 4\iint\limits_{D_3} f(x,y)\,\mathrm{d}x\mathrm{d}y$,$D_3$ 为 D 在第 I 象限部分.

例 9.2.8　求 $I = \iint\limits_D |xy|\,\mathrm{d}x\mathrm{d}y$ 的值,$D = \{(x,y)\mid |x| + |y| \leqslant 1\}$.

解　由于积分区域的对称性和被积函数关于 x,y 为偶函数,有

$$\iint\limits_D |xy|\,\mathrm{d}x\mathrm{d}y = 4\iint\limits_{D_1} |xy|\,\mathrm{d}x\mathrm{d}y,$$

D_1 为 D 在第 I 象限部分（图 9 - 15）. 因此

$$\iint\limits_D |xy|\,\mathrm{d}x\mathrm{d}y = 4\int_0^1 \mathrm{d}x \int_0^{1-x} xy\,\mathrm{d}y = 4\int_0^1 \frac{1}{2}x(1-x)^2\,\mathrm{d}x$$

$$= 2\int_0^1 (x - 2x^2 + x^3)\,\mathrm{d}x = \frac{1}{6}.$$

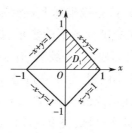

图 9 - 15

9.2.2　在极坐标系下计算二重积分

如果积分区域是圆域或圆域的一部分,或者被积函数的形式为 $f(x^2 + y^2)$,采用极坐标计算往往比较简单.

在直角坐标系 xOy 中,取原点作为极坐标系的极点,取正 x 轴为极轴(图 9 – 16),则点 P 的直角坐标(x,y)与极坐标(r,θ)之间有如下关系式

$$\begin{cases} x = r\cos\theta, \\ y = r\sin\theta; \end{cases} \qquad \begin{cases} r = \sqrt{x^2 + y^2}, \\ \tan\theta = \dfrac{y}{x}. \end{cases}$$

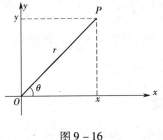

图 9 – 16

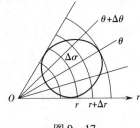

图 9 – 17

在极坐标系下计算二重积分,需将被积函数 $f(x,y)$、积分区域 D 以及面积元素 $d\sigma$ 都用极坐标来表示. 首先将区域 D 的边界表示成极坐标方程,其次,函数 $f(x,y)$ 在极坐标下表示为 $f(r\cos\theta, r\sin\theta)$,剩下的问题是面积元素 $d\sigma$ 在极坐标系下的表示,我们采用一簇半径间隔为 Δr、圆心在极点的同心圆曲线,一簇夹角间隔为 $\Delta\theta$,通过极点的半射线,将区域 D 分成若干小区域. 除了靠近边界曲线的一些小区域外,绝大部分都是圆弧与射线围成的区域. 设 $\Delta\sigma$ 是从半径 r 到 $r + \Delta\theta$ 和从极角 θ 到 $\theta + \Delta\theta$ 之间的小区域(图 9 – 17),它是两个扇形面积之差

$$\Delta\sigma = \frac{1}{2}(r + \Delta r)^2 \Delta\theta - \frac{1}{2}r^2 \Delta\theta = r\Delta r\Delta\theta + \frac{1}{2}(\Delta r)^2 \Delta\theta$$

当 Δr 和 $\Delta\theta$ 都充分小时,若略去比 $\Delta r\Delta\theta$ 更高阶的无穷小,则得到 $\Delta\sigma$

的近似公式

$$\Delta\sigma \approx r\mathrm{d}r\mathrm{d}\theta.$$

也即小区域 $\Delta\sigma$ 可近似地看成长为 $r\Delta\theta$,宽为 Δr 的小矩形. 当 $\Delta r\to 0$,$\Delta\theta\to 0$ 时,得到极坐标系下的面积元素

$$\mathrm{d}\sigma = r\mathrm{d}r\mathrm{d}\theta.$$

这样,就得到了极坐标系下的二重积分表达式

$$\iint\limits_{D}f(x,y)\mathrm{d}\sigma = \iint\limits_{D'}f(r\cos\theta,r\sin\theta)r\mathrm{d}r\mathrm{d}\theta$$

其中 D' 为 D 在极坐标系下的表示形式. 为了书写方便,在应用极坐标计算二重积分时,常把 D' 仍写作 D. 当然,这里 D 是由 r,θ 的取值范围所确定的区域.

下面按积分区域 D 的三种情形,在极坐标系下将二重积分化为二次积分.

(1)如果 D 由射线 $\theta=\alpha,\theta=\beta(>\alpha)$,连续曲线 $r=r_1(\theta)$ 和 $r=r_2(\theta)(r_2(\theta)\geqslant r_1(\theta))$ 围成,极点 O 不在区域 D 内部(图 $9-18$(a),图 $9-18$(b)),D 可表示为

$$\alpha\leqslant\theta\leqslant\beta,r_1(\theta)\leqslant r\leqslant r_2(\theta),$$

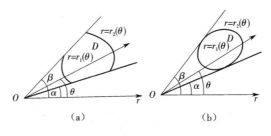

图 $9-18$

则

$$\iint\limits_{D}f(x,y)\mathrm{d}\sigma = \int_{\alpha}^{\beta}\mathrm{d}\theta\int_{r_1(\beta)}^{r_2(\beta)}f(r\cos\theta,r\sin\theta)r\mathrm{d}r.$$

(2)如果 D 由射线 $\theta=\alpha,\theta=\beta(>\alpha)$ 和连续曲线 $r=r(\theta)$ 围成,极

点在 D 的边界上(图 9 – 19(a),图 9 – 19(b)). D 可表示为

$$\alpha \leqslant \theta \leqslant \beta, 0 \leqslant r \leqslant r(\theta),$$

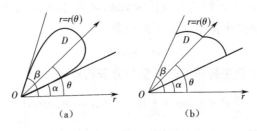

图 9 – 19

则

$$\iint\limits_{D} f(x, y) \, \mathrm{d}\sigma = \int_{\alpha}^{\beta} \mathrm{d}\theta \int_{0}^{r(\theta)} f(r\cos\theta, r\sin\theta) \, r\mathrm{d}r.$$

(3)如果 D 由封闭的连续曲线 $r = r(\theta)$ 围成,极点在 D 的内部(图 9 – 20(a)),或极点在 D 的内边界内(图 9 – 20(b)),D 可表示成:

$$0 \leqslant \theta \leqslant 2\pi, 0 \leqslant r \leqslant r(\theta),$$

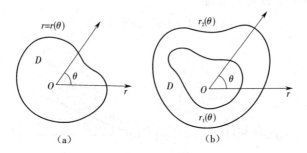

图 9 – 20

则

$$\iint\limits_{D} f(x, y) \, \mathrm{d}\sigma = \int_{0}^{2\pi} \mathrm{d}\theta \int_{0}^{r(\theta)} f(r\cos\theta, r\sin\theta) \, r\mathrm{d}r.$$

利用极坐标计算二重积分可按以下步骤进行:

(1)画出积分区域,并将区域边界曲线用极坐标方程表示;

(2)将积分区域用关于极坐标 r、θ 的一组不等式来表示;

(3)将积分表示成极坐标系下的二重积分,并根据(2)中的不等式化为二次积分,然后逐次计算定积分.

例9.2.9 计算二重积分 $\iint\limits_{D} \sqrt{x^2 + y^2}\,\mathrm{d}x\mathrm{d}y$,其中 $D = \{(x,y) \mid x^2 + y^2 \leqslant 1\}$.

解 D 可表示为:$0 \leqslant \theta \leqslant 2\pi, 0 \leqslant r \leqslant 1$,因此

$$\iint\limits_{D} \sqrt{x^2 + y^2}\,\mathrm{d}x\mathrm{d}y = \int_0^{2\pi}\mathrm{d}\theta\int_0^1 r \cdot r\mathrm{d}r = \int_0^{2\pi} \frac{1}{3}\big[r^3\big]\,\big|_0^1\mathrm{d}\theta = \frac{2\pi}{3}.$$

例9.2.10 计算二重积分 $\iint\limits_{D} \dfrac{y^2}{x^2}\mathrm{d}x\mathrm{d}y$,其中 D 是由曲线 $x^2 + y^2 = 2x$ 所围成的平面区域.

解 积分区域 D 是以点 $(1,0)$ 为圆心,以 1 为半径的圆域,见图 9–21. 其边界曲线的极坐标方程为 $r = 2\cos\theta$ 于是积分区域 D 可表示为 $-\dfrac{\pi}{2} \leqslant \theta \leqslant \dfrac{\pi}{2}, 0 \leqslant r \leqslant 2\cos\theta$. 因此

$$\iint\limits_{D} \frac{y^2}{x^2}\mathrm{d}x\mathrm{d}y = \iint\limits_{D} \frac{r^2\sin^2\theta}{r^2\cos^2\theta}r\mathrm{d}r\mathrm{d}\theta$$

$$= \int_{-\frac{\pi}{2}}^{\frac{\pi}{2}}\mathrm{d}\theta\int_0^{2\cos\theta} \frac{\sin^2\theta}{\cos^2\theta}r\mathrm{d}r = \int_{-\frac{\pi}{2}}^{\frac{\pi}{2}} 2\sin^2\theta\mathrm{d}\theta = \pi.$$

例9.2.11 计算二重积分 $\iint\limits_{D} (x^2 + y^2)\mathrm{d}x\mathrm{d}y$,其中 D 为圆环域的一部分:$1 \leqslant x^2 + y^2 \leqslant 4, x \geqslant 0, y \geqslant 0$.

解 积分区域 D 如图 9–22 所示,圆 $x^2 + y^2 = 1$ 和 $x^2 + y^2 = 4$ 的极坐标方程为 $r = 1$ 和 $r = 2$,D 可表示为:$1 \leqslant r \leqslant 2, 0 \leqslant \theta \leqslant \dfrac{\pi}{2}$,则

$$\iint\limits_{D} (x^2 + y^2)\mathrm{d}x\mathrm{d}y = \iint\limits_{D} r^2 r\mathrm{d}r\mathrm{d}\theta = \int_0^{\frac{\pi}{2}}\mathrm{d}\theta\int_1^2 r^3\mathrm{d}r$$

$$= \int_0^{\frac{\pi}{2}} \Big[\frac{r^4}{4}\Big]_1^2\mathrm{d}\theta = \int_0^{\frac{\pi}{2}} \frac{15}{4}\mathrm{d}\theta = \frac{15}{8}\pi.$$

注意,在计算熟练后,可直接有

$$\int_0^{\frac{\pi}{2}} \mathrm{d}\theta \int_1^2 r^2 r \mathrm{d}r = \left(\int_0^{\frac{\pi}{2}} \mathrm{d}\theta \right) \left(\int_1^2 r^2 r \mathrm{d}r \right) = \frac{\pi}{2} \cdot \frac{15}{4} = \frac{15}{8}\pi.$$

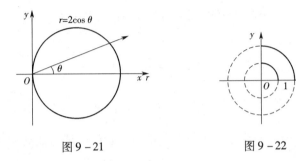

图 9 - 21　　　　　　　　　　图 9 - 22

例 9. 2. 12　计算二重积分 $\iint\limits_{D} \mathrm{e}^{-x^2-y^2} \mathrm{d}x\mathrm{d}y$,其中 D 是圆 $x^2 + y^2 \leqslant a^2$

在第 I 象限的部分,并由此证明:概率积分 $\displaystyle\int_0^{+\infty} \mathrm{e}^{-x^2}\mathrm{d}x = \frac{\sqrt{\pi}}{2}$.

解　区域 D 如图 9 - 23(a)所示. D 可表示为 $0 \leqslant \theta \leqslant \dfrac{\pi}{2}$,$0 \leqslant r \leqslant a$.

于是

$$\iint\limits_{D} \mathrm{e}^{-x^2-y^2} \mathrm{d}x\mathrm{d}y = \int_0^{\frac{\pi}{2}} \mathrm{d}\theta \int_0^a \mathrm{e}^{-r^2} \cdot r \mathrm{d}r$$

$$= \int_0^{\frac{\pi}{2}} \left[-\frac{1}{2}\mathrm{e}^{-r^2} \right] \Big|_0^a \mathrm{d}\theta = \frac{\pi}{4}(1 - \mathrm{e}^{-a^2}).$$

为了计算概率积分 $\displaystyle\int_0^{+\infty} \mathrm{e}^{-x^2}\mathrm{d}x$,令 $I(a) = \displaystyle\int_0^a \mathrm{e}^{-x^2}\mathrm{d}x$,于是

$$\int_0^{+\infty} \mathrm{e}^{-x^2}\mathrm{d}x = \lim_{a \to +\infty} I(a).$$

考虑图 9 - 23(b)中三个区域: D 为正方形 $\{0 \leqslant x \leqslant a, 0 \leqslant y \leqslant a\}$,

D_1 为圆 $x^2 + y^2 \leqslant a^2$ 的第 I 象限部分, D_2 为圆 $x^2 + y^2 \leqslant 2a^2$ 的第 I 象限

部分,因为 $\mathrm{e}^{-x^2-y^2} \geqslant 0$ 所以有

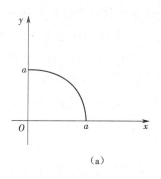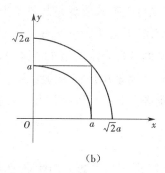

（a）　　　　　　　　　（b）

图 9 – 23

$$\iint\limits_{D_1} \mathrm{e}^{-x^2-y^2}\mathrm{d}x\mathrm{d}y \leqslant \iint\limits_{D} \mathrm{e}^{-x^2-y^2}\mathrm{d}x\mathrm{d}y \leqslant \iint\limits_{D_2} \mathrm{e}^{-x^2-y^2}\mathrm{d}x\mathrm{d}y.$$

易知

$$\iint\limits_{D} \mathrm{e}^{-x^2-y^2}\mathrm{d}x\mathrm{d}y = \int_0^a \mathrm{e}^{-x^2}\mathrm{d}x\int_0^a \mathrm{e}^{-y^2}\mathrm{d}y = \left[\,I(\,a\,)\,\right]^2,$$

$$\iint\limits_{D_1} \mathrm{e}^{-x^2-y^2}\mathrm{d}x\mathrm{d}y = \frac{\pi}{4}(1-\mathrm{e}^{-a^2})\,,\iint\limits_{D_2} \mathrm{e}^{-x^2-y^2}\mathrm{d}x\mathrm{d}y = \frac{\pi}{4}(1-\mathrm{e}^{-2a^2})\,,$$

于是

$$\frac{\pi}{4}(1-e^{-a^2}) \leqslant \left[\,I(\,a\,)\,\right]^2 \leqslant \frac{\pi}{4}(1-e^{-2a^2}).$$

当 $a \to +\infty$ 时, 上式两边的极限都是 $\dfrac{\pi}{4}$, 因此 $\lim\limits_{a\to+\infty} \left[\,I(\,a\,)\,\right]^2 = \dfrac{\pi}{4}$,

从而 $\lim\limits_{a\to+\infty} I(\,a\,) = \dfrac{\sqrt{\pi}}{2}$, 即 $\displaystyle\int_0^{+\infty} \mathrm{e}^{-x^2}\mathrm{d}x = \dfrac{\sqrt{\pi}}{2}$.

9.2.3　二重积分的换元法

　　计算二重积分时, 除了引用上面讲过的极坐标这一特殊变换外, 有时还需要作一般的变量替换. 在将二重积分的变量从直角坐标变换为极坐标时, 当时是将平面上同一个点, 既用直角坐标表示, 又用极坐标表示, 也即同一点采用不同坐标表示. 现在我们采用另一种观点解释,把坐标变换式看成是从直角坐标平面 $\rho O\theta$ 到直角坐标平面 xOy 的一种变换,即对于 $\rho O\theta$ 平面上的点通过变换变成 xOy 平面上的点,在两个平面各自限定的某个范围内,这种变化还是一对一的(也即一一映射).下面采用这种观点给出二重积分换元法的一般情形.

定理 9.2.4 设函数 $f(x,y)$ 在有界闭区域 D 上连续,作变换

$$x = x(u,v), y = y(u,v),$$

且满足

(1)把 uOv 平面上的闭区域 D' 一一对应地变到 xOy 平面上的区域 D;

(2)变换函数 $x(u,v), y(u,v)$ 在 D' 上连续,且有连续的一阶偏导数;

(3)雅可比行列式在 D' 上处处不等于 0,即

$$J(u,v) = \frac{\partial(x,y)}{\partial(u,v)} = \begin{vmatrix} \dfrac{\partial x}{\partial u} & \dfrac{\partial x}{\partial v} \\ \dfrac{\partial y}{\partial u} & \dfrac{\partial y}{\partial v} \end{vmatrix} \neq 0, \forall (u,v) \in D',$$

则有换元公式

$$\iint\limits_{D} f(x,y)\,\mathrm{d}x\mathrm{d}y = \iint\limits_{D'} f[x(u,v),y(u,v)]\,|J(u,v)|\,\mathrm{d}u\mathrm{d}v.$$

(证明参见同济大学应用数学系主编《高等数学》(下册),高等教育出版社,2007)

注 9.2.1 在定理中,假设变换的行列式 $\dfrac{\partial(x,y)}{\partial(u,v)}$ 在积分区域 D' 上非零. 但有时会遇到这样的情形,变换的行列式在区域 D' 内的个别点上等于零,或只在一条线上等于零而在其他点上非零,这时定理的结论仍然成立.

在上面的换元法则中,我们把方程组

$$x = x(u,v), y = y(u,v)$$

解释为 uOv 平面到 xOy 平面上的一个变换,在这个变换之下将 uOv 平

面上的区域 D' 变为 xOy 平面上的区域 D. 但也可以将这个变换看成同一平面上点的坐标变换, 这时, 在换元法则中有关的积分区域 D 仍旧是同一区域, 仅仅是用坐标来表示区域时, 所对应的两种表示法不同. 例如区域 D 为中心在原点半径为 a 的在第一象限内的圆, 用直角坐标表示为: $0 \leqslant y \leqslant \sqrt{a^2 - x^2}, 0 \leqslant x \leqslant a$ 而用极坐标来表示则为: $0 \leqslant r \leqslant a$, $0 \leqslant \theta \leqslant \dfrac{\pi}{2}$ 在这种情况下, 换元法则显然仍成立:

$$\iint\limits_{D} f(x, y) \, \mathrm{d}x\mathrm{d}y = \iint\limits_{D} f[x(u, v), y(u, v)] \left| \frac{\partial(x, y)}{\partial(u, v)} \right| \mathrm{d}u\mathrm{d}v.$$

我们称 $\left| \dfrac{\partial(x, y)}{\partial(u, v)} \right| \mathrm{d}u\mathrm{d}v$ 为面积元素.

作为一个特例, 我们考虑极坐标变换 $x = r\cos\theta, y = r\sin\theta$ 变换的雅可比式为

$$\frac{\partial(x, y)}{\partial(r, \theta)} = \begin{vmatrix} \cos\theta & -r\sin\theta \\ \sin\theta & r\cos\theta \end{vmatrix} = r.$$

仅仅在极点 ($r = 0$) 处雅可比式为零, 因而对任何不论是否包含极点的区域 D 成立

$$\iint\limits_{D} f(x, y) \, \mathrm{d}x\mathrm{d}y = \iint\limits_{D} f(r\cos\theta, r\sin\theta) r \mathrm{d}r\mathrm{d}\theta.$$

在各个具体问题中, 选择变换公式的依据有两条:

(1) 如同定积分那样使得经过变换后的函数容易积分;

(2) 使得积分限容易安排.

例 9.2.13　计算二重积分 $\iint\limits_{D} (x + y)^2 (x - y)^2 \mathrm{d}x\mathrm{d}y$, 其中 D 为 $x + y = 1, x + y = 3, x - y = -1, x - y = 1$ 所围成的区域.

解　作变换 $\begin{cases} u = x + y \\ v = x - y \end{cases}$, 即 $\begin{cases} x = \dfrac{1}{2}(u + v) \\ y = \dfrac{1}{2}(u - v) \end{cases}$. 则

$$\frac{\partial x}{\partial u} = \frac{1}{2}, \frac{\partial x}{\partial v} = \frac{1}{2}, \frac{\partial y}{\partial u} = \frac{1}{2}, \frac{\partial y}{\partial v} = \frac{1}{2},$$

$$J(u,v) = \begin{vmatrix} \dfrac{\partial x}{\partial u} & \dfrac{\partial x}{\partial v} \\[2mm] \dfrac{\partial y}{\partial u} & \dfrac{\partial y}{\partial v} \end{vmatrix} = -\frac{1}{2}$$

故

$$\iint\limits_{D} (x+y)^2 (x-y)^2 \mathrm{d}x\mathrm{d}y = \frac{1}{2} \iint\limits_{D_1} u^2 v^2 \mathrm{d}u\mathrm{d}v.$$

D_1 可表示为 $1 \leqslant u \leqslant 3$，$-1 \leqslant v \leqslant 1$，因此

$$\iint\limits_{D} u^2 v^2 \mathrm{d}u\mathrm{d}v = \int_1^3 \mathrm{d}u \int_{-1}^1 u^2 v^2 \mathrm{d}v = \frac{52}{9},$$

$$\iint\limits_{D} (x+y)^2 (x-y)^2 \mathrm{d}x\mathrm{d}y = \frac{26}{9}.$$

例 9.2.14 求椭球体的体积.

解 设椭球面方程为

$$\frac{x^2}{a^2} + \frac{y^2}{b^2} + \frac{z^2}{c^2} = 1.$$

由于对称性,只需求出椭球在第一卦限的体积,然后再乘以 8 即可.

作广义极坐标变换

$$x = ar\cos\theta, y = br\sin\theta.$$

(这里 $a > 0, b > 0, 0 < r < \infty, 0 < \theta < 2\pi$). 这时椭球面化为

$$z = c\sqrt{1 - \left[\frac{(ar\cos\theta)^2}{a^2} + \frac{(br\sin\theta)^2}{b^2}\right]} = c\sqrt{1 - r^2},$$

又

$$\frac{\partial(x,y)}{\partial(r,\theta)} = \begin{vmatrix} \dfrac{\partial x}{\partial r} & \dfrac{\partial x}{\partial \theta} \\[2mm] \dfrac{\partial y}{\partial r} & \dfrac{\partial y}{\partial \theta} \end{vmatrix} = \begin{vmatrix} a\cos\theta & -ar\sin\theta \\ b\sin\theta & -br\cos\theta \end{vmatrix} = abr,$$

于是

$$\frac{1}{8}V = \iint\limits_{D_{xy}} z(x,y)\,\mathrm{d}\sigma = \iint\limits_{D_{r\theta}} z(r,\theta)\left|\frac{\partial(x,y)}{\partial(r,\theta)}\right|\mathrm{d}r\mathrm{d}\theta = \int_0^{\frac{\pi}{2}}\mathrm{d}\theta\int_0^1 c\,\sqrt{1-r^2}\cdot abr\mathrm{d}r$$

$$= \frac{\pi}{2}abc\int_0^1 r\,\sqrt{1-r^2}\,\mathrm{d}r = \frac{\pi}{2}abc\int_0^1\left(-\frac{1}{2}\sqrt{1-r^2}\right)\mathrm{d}(1-r^2)$$

$$= -\frac{1}{2}\frac{\pi}{2}abc\left[\frac{2}{3}(1-r^2)^{\frac{3}{2}}\Big|_0^1\right] = \frac{\pi}{6}abc.$$

所以椭球体积

$$V = \frac{4\pi}{3}abc.$$

特别当 $a = b = c = R$ 时,得到以 R 为半径的球体积为 $\frac{4\pi}{3}R^3$.

例 9.2.15　求抛物线 $y^2 = mx$, $y^2 = nx$ 和直线 $y = \alpha x$, $y = \beta x$ 所围成区域 D 的面积 $A(D)$ $(0 < m < n, 0 < \alpha < \beta)$.

•**解**　区域 D 为图 9 - 24 中的阴影部分,其面积 $A(D) = \iint\limits_D \mathrm{d}x\mathrm{d}y$. 作变换 $x = \dfrac{u}{v^2}$, $y = \dfrac{u}{v}$, 则 $J(u,v) = \dfrac{u}{v^4}$. 因此

$$A(D) = \iint\limits_D \mathrm{d}x\mathrm{d}y = \iint\limits_D |J(u,v)|\,\mathrm{d}u\mathrm{d}v = \int_\alpha^\beta \mathrm{d}v\int_m^n \frac{u}{v^4}\mathrm{d}u$$

$$= \frac{(n^2 - m^2)(\beta^3 - \alpha^3)}{6\alpha^3\beta^3}.$$

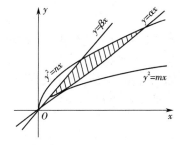

图 9 - 24

9.2.4　二重积分的应用

由前面的讨论知,曲顶柱体的体积、平面薄片的质量可用二重积分计算. 本节举例说明二重积分的几个应用.

1. 平面图形的面积

设 D 是 xOy 平面上的有界区域,用 S_D 表示它的面积,则 $S_D = \iint\limits_{D} d\sigma$ 其中 $d\sigma$ 表示面积元素. 在直角坐标系中,$S_D = \iint\limits_{D} dxdy$;在极坐标系中,$S_D = \iint\limits_{D} rdrd\theta$.

例 9.2.16　求双纽线 $(x^2 + y^2)^2 = 2a^2(x^2 - y^2)$ 所围成区域的面积.

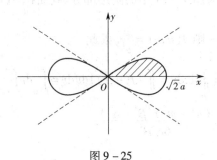

图 9 – 25

解　作极坐标变换 $x = r\cos\theta, y = r\sin\theta$. 双纽线的极坐标方程是
$$r^2 = 2a^2\cos 2\theta.$$
双纽线关于 x 轴与 y 轴都对称. 于是,双纽线所围成区域 D 的面积 S_D 是第 I 象限内那部分区域面积的四倍(图 9 – 25). 第 I 象限的部分区域是:
$$0 \leqslant \theta \leqslant \frac{\pi}{4}, 0 \leqslant r \leqslant a\sqrt{2\cos 2\theta}.$$
于是有

$$S_D = \iint\limits_{D} \mathrm{d}x\mathrm{d}y = 4\int_0^{\frac{\pi}{4}} \cos 2\theta \mathrm{d}\theta = 2a^2.$$

2. 空间曲面的面积

设有一空间曲面 Σ,其方程为 $z = f(x,y)$,该曲面在 xOy 平面上的投影为 D_{xy}(图 9 – 26(a)),函数 $f(x,y)$ 在 D_{xy} 上具有连续偏导数.下面计算曲面 Σ 的面积.

把区域 D_{xy} 任意分为 n 个小区域,以 $\mathrm{d}\sigma$ 作为小区域的代表,并记分法为 T. 在 $\mathrm{d}\sigma$ 上任取一点 $P(x,y)$,曲面 Σ 上相应地有点 $M(x,y,f(x,y))$ 与之对应,P 为 M 在 xOy 面上的投影. 过点 M 作曲面 Σ 的切平面 π(图 9 – 26(b)),它有法向量 $\boldsymbol{n} = \{-f_x', -f_y', 1\}$ 以 $\mathrm{d}\sigma$ 的边界为准线,作母线平行于 z 轴的柱面,截得曲面 Σ 的一小块曲面 ΔS,截得切平面 π 上相应于 ΔS 的曲面微元 $\mathrm{d}S$. 当分法 T 的最大直径 $\lambda(T) \to 0$ 时,若这些小切平面块的面积之和 $\Sigma \mathrm{d}S$ 有极限 A(A 的值不依赖于分法 T 及点 P 的取法),则称此极限值为曲面 Σ 的面积,即:

$$A = \lim_{\lambda(T) \to 0} \sum \mathrm{d}S.$$

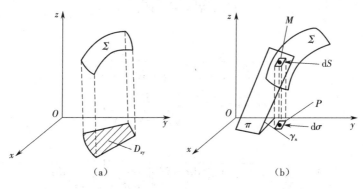

图 9 – 26

下面给出面积 A 的计算公式.

设 n 与 z 轴正向的夹角为 γ_n,切平面 π 与 xOy 面的夹角恰为 n 与

z 轴正向的夹角 γ_n, 因为 $\cos \gamma_n = \dfrac{1}{\sqrt{1 + f_x'^2 + f_y'^2}}$, 所以

$$\Delta S \approx \mathrm{d}S = \frac{\mathrm{d}\sigma}{\cos \gamma_n} = \sqrt{1 + (f_x')^2 + (f_y')^2}.$$

于是得到曲面的面积

$$A = \lim_{\lambda(T) \to 0} \sum \mathrm{d}S = \lim_{\lambda(T) \to 0} \sum \sqrt{1 + f_x'^2 + f_y'^2}\, \mathrm{d}\sigma.$$

即

$$A = \iint\limits_{D} \sqrt{1 + f_x'^2 + f_y'^2}\, \mathrm{d}\sigma = \iint\limits_{D} \sqrt{1 + f_x'^2 + f_y'^2}\, \mathrm{d}x\mathrm{d}y.$$

上式也可写成

$$A = \iint\limits_{D} \sqrt{1 + \left(\frac{\partial z}{\partial x}\right)^2 + \left(\frac{\partial z}{\partial y}\right)^2}\, \mathrm{d}x\mathrm{d}y.$$

例 9. 2. 17　证明:半径为 R 的球面的面积 $A = 4\pi R^2$.

证明　在直角坐标系中,取球心在原点半径为 R 的球面方程

$$x^2 + y^2 + z^2 = R^2,$$

只需求出上半球面的面积,再乘以 2 即可. 上半球面方程为

$$z = \sqrt{R^2 - x^2 - y^2},$$

从而

$$z_x' = \frac{-x}{\sqrt{R^2 - x^2 - y^2}},\ z_y' = \frac{-y}{\sqrt{R^2 - x^2 - y^2}}$$

$$\sqrt{1 + z_x'^2 + z_y'^2} = \frac{R}{\sqrt{R^2 - x^2 - y^2}}.$$

于是

$$A = 2\iint\limits_{D} \sqrt{1 + z_x'^2 + z_y'^2}\, \mathrm{d}\sigma = 2R\iint\limits_{D} \frac{1}{\sqrt{R^2 - x^2 - y^2}}\, \mathrm{d}\sigma$$

$$= 2R\int_0^{2\pi} \mathrm{d}\theta \int_0^R \frac{1}{\sqrt{R^2 - r^2}} r\mathrm{d}r = 4\pi R^2.$$

其中 $D\{(x,y) \mid x^2 + y^2 \leqslant R^2\}$.

例 9.2.18　计算球面 $x^2 + y^2 + z^2 = a^2$ 含在柱面 $x^2 + y^2 = ax(a > 0)$ 内部的那部分面积.

解　设含在圆柱面内部的那部分在第一卦线的曲面（图 $9-27$）的面积为 A_1, 所求面积为 A, 由球面与圆柱面的对称性可知 $A = 4A_1$, 而

$$A_1 = \iint_D \sqrt{1 + \left(\frac{\partial z}{\partial x}\right)^2 + \left(\frac{\partial z}{\partial y}\right)^2}\, dxdy = \iint_D \frac{a}{\sqrt{a^2 - x^2 - y^2}}\, dxdy$$

$$= \int_0^{\frac{\pi}{2}} d\theta \int_0^{a\cos\theta} \frac{a}{\sqrt{a^2 - r^2}}\, rdr = -a\int_0^{\frac{\pi}{2}} \left[\sqrt{a^2 - r^2}\right]_0^{a\cos\theta} d\theta$$

$$= a\int_0^{\frac{\pi}{2}} (a - a\sin\theta)\, d\theta = \left(\frac{\pi}{2} - 1\right)a^2.$$

于是 $A = 4A_1 = (2\pi - 4)a^2.$

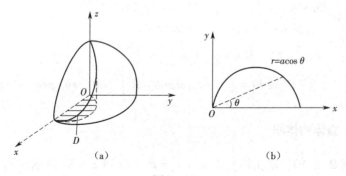

（a）　　　　　　　　（b）

图 $9-27$

若曲面 Σ 由参数方程

$$\begin{cases} x = x(u,v), \\ y = y(u,v), \\ z = z(u,v). \end{cases}$$

给出, 其中 D 是一个平面有界区域, 又 $x(u,v), y(u,v), z(u,v)$ 在 D 上具有连续的一阶偏导数, 且

$$\frac{\partial(x,y)}{\partial(u,v)}, \frac{\partial(y,z)}{\partial(u,v)}, \frac{\partial(z,x)}{\partial(u,v)}$$

不全为零,则曲面的面积

$$A = \iint\limits_{D} \sqrt{EG - F^2}\, du dv.$$

其中

$$E = x_u^2 + y_u^2 + z_u^2,$$
$$F = x_u \cdot x_v + y_u \cdot y_v + z_u \cdot z_v,$$
$$G = x_v^2 + y_v^3 + z_v^2.$$

下面我们用球面的参数方程按上面公式计算球面面积.

球面的参数方程为

$$\begin{cases} x = R\sin\varphi\cos\theta, \\ y = R\sin\varphi\sin\theta, \quad (\varphi,\theta) \in D_{\varphi\theta}. \\ z = R\cos\varphi, \end{cases}$$

这里 $D_{\varphi\theta} = \{(\varphi,\theta) \mid 0 \leqslant \varphi \leqslant \pi, 0 \leqslant \theta \leqslant 2\pi\}$.

由于 $\sqrt{EG - F^2} = R^2\sin\varphi$,于是

$$A = \iint\limits_{D_{\varphi\theta}} \sqrt{EG - F^2}\, d\varphi d\theta = \iint\limits_{D_{\varphi\theta}} R^2\sin\varphi d\varphi d\theta = R^2 \int_0^{2\pi} d\theta \int_0^{\pi} \sin\varphi d\varphi = 4\pi R^2.$$

3. 立体的体积

例 9.2.19　求由圆柱面 $x^2 + y^2 = R^2$ 与 $x^2 + z^2 = R^2$ 所围成的立体的体积.

解　如图 9 - 28(a),由于圆柱面 $x^2 + y^2 = R^2$,$x^2 + z^2 = R^2$ 围成的立体关于三个坐标面都对称,只要能求出立体在第一卦限内的部分的体积 V_1,然后乘以 8 即得所求体积 V.

$V_1 = \iint\limits_{D} \sqrt{R^2 - x^2}\, d\sigma$,其中 $D:0 \leqslant x \leqslant R, 0 \leqslant y \leqslant \sqrt{R^2 - x^2}$. 因此

$$V_1 = \int_0^R dx \int_0^{\sqrt{R^2-x^2}} \sqrt{R^2 - x^2}\, dy = \int_0^R \sqrt{R^2 - x^2}\, y \mid_{y=0}^{y=\sqrt{R^2-x^2}} dx$$

$$= \int_0^R (R^2 - x^2)\, dx = \frac{2}{3}R^3.$$

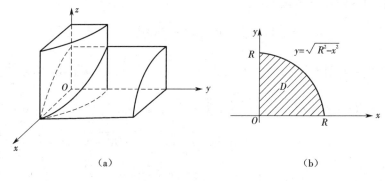

（a）　　　　　　　　　（b）

图 9 – 28

故所围立体得体积 $V = 8V_1 = \dfrac{16}{3}R^3$.

例 9.2.20　求球体 $x^2 + y^2 + z^2 \leqslant R^2$ 被圆柱 $x^2 + y^2 = Rx(R > 0)$ 所截得的那部分立体的体积.

解　从图形上看（图 9 – 29）,所截得的那部分立体关于 xOy 平面对称,也关于 xOz 平面对称,于是只要求出它在第一卦限内的体积,然后乘以 4 即可.

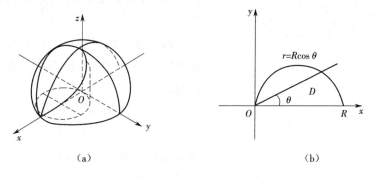

（a）　　　　　　　　　（b）

图 9 – 29

上半球面的方程为 $z = \sqrt{R^2 - x^2 - y^2}$. 设在第一卦限内的那部分立体在 xOy 坐标面上的投影为 D,则 $D: x^2 + y^2 \leqslant Rx$ 且 $y \geqslant 0$ 于是在第

一卦限内的部分体积 V_1 为

$$V_1 = \iint\limits_D \sqrt{R^2 - x^2 - y^2}\, \mathrm{d}x\mathrm{d}y.$$

采用极坐标计算上面的二重积分: $x = r\cos\theta, y = r\sin\theta, D: 0 \le \theta \le \dfrac{\pi}{2}$,

$0 \le r \le R\cos\theta$, $\sqrt{R^2 - x^2 - y^2} = \sqrt{R^2 - r^2}$, 于是

$$\begin{aligned}
V_1 &= \iint\limits_D \sqrt{R^2 - r^2}\, r\mathrm{d}r\mathrm{d}\theta = \int_0^{\frac{\pi}{2}} \mathrm{d}\theta \int_0^{R\cos\theta} \sqrt{R^2 - r^2}\, r\mathrm{d}r \\
&= \int_0^{\frac{\pi}{2}} \left[-\frac{1}{3}(R^2 - r^2)^{\frac{3}{2}} \right] \Bigg|_0^{R\cos\theta} \mathrm{d}\theta \\
&= \int_0^{\frac{\pi}{2}} \frac{1}{3}\left[R^3 - (R^2 - R^2\cos^2\theta)^{\frac{3}{2}} \right] \mathrm{d}\theta \\
&= \frac{1}{3}R^3 \int_0^{\frac{\pi}{2}} (1 - \sin^3\theta)\, \mathrm{d}\theta = \frac{1}{3}R^3 \left(\frac{\pi}{2} - \frac{2}{3} \right).
\end{aligned}$$

故所求立体的体积为 $4V_1 = \dfrac{4}{3}R^3 \left(\dfrac{\pi}{2} - \dfrac{2}{3} \right).$

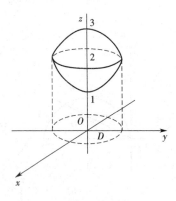

图 9 - 30

例 9. 2. 21 求曲面 $z = 3 - x^2 - y^2$ 与 $z = 1 + x^2 + y^2$ 所围立体的体积 V.

解 作出由所给曲面围成立体的草图如图 9 - 30 所示. 将此两曲面的交线

$$\begin{cases} z = 3 - x^2 - y^2, \\ z = 1 + x^2 + y^2 \end{cases}$$

投向 xOy 平面, 得到投影曲线

$$\begin{cases} z = 0, \\ 3 - x^2 - y^2 = 1 + x^2 + y^2. \end{cases}$$

即 $\begin{cases} z = 0 \\ x^2 + y^2 = 1 \end{cases}$，这正是此立体在 xOy 平面上投影域 D 的边界线，于是

$$V = \iint\limits_{D} [(3 - x^2 - y^2) - (1 + x^2 + y^2)] \, d\sigma = \iint\limits_{D} [2 - (x^2 + y^2)] \, d\sigma$$

$$= \int_0^{2\pi} d\theta \int_0^1 (2 - 2r^2) r dr = 2\pi \int_0^1 (1 - r^2) dr^2 = -\pi(1 - r^2)^2 \Big|_0^1 = \pi.$$

4. 平面薄片的质心

设有一平面薄片，占有 xOy 面上的闭区域 D，在点 (x,y) 处的面密度为 $\rho(x,y)$，假定 $\rho(x,y)$ 在 D 上连续，确定该薄片的质心坐标 $(\bar{x}, \bar{y})$。

在闭区域 D 上任取一直径很小的闭区域 $d\sigma$，(x,y) 是这小闭区域内的一点，由于 $d\sigma$ 的直径很小，且 $\rho(x,y)$ 在 D 上连续，所以薄片中相应于 $d\sigma$ 的部分的质量近似等于 $\rho(x,y) d\sigma$，于是静矩元素 dM_x，dM_y 为

$$M_x = \iint\limits_{D} y\rho(x,y) \, d\sigma \quad M_y = \iint\limits_{D} x\rho(x,y) \, d\sigma.$$

又平面薄片的总质量为 $m = \iint\limits_{D} \rho(x,y) \, d\sigma$，从而薄片的质心坐标为

$$\bar{x} = \frac{M_y}{m} = \frac{\iint\limits_{D} x\rho(x,y) \, d\sigma}{\iint\limits_{D} \rho(x,y) \, d\sigma}, \quad \bar{y} = \frac{M_x}{m} = \frac{\iint\limits_{D} y\rho(x,y) \, d\sigma}{\iint\limits_{D} \rho(x,y) \, d\sigma}.$$

特别地，如果薄片是均匀的，即面密度为常量，则

$$\bar{x} = \frac{1}{A} \iint\limits_{D} x \, d\sigma, \quad \bar{y} = \frac{1}{A} \iint\limits_{D} y \, d\sigma.$$

（A 为闭区域 D 的面积）。这时薄片的质心称为该平面薄片所占平面图形的形心。

例 9.2.22　求位于两圆 $r = 2\sin\theta$ 和 $r = 4\sin\theta$ 之间的均匀薄片的质心。

解 因为闭区域 D 对称于 y 轴,所以质心 $C(\bar{x},\bar{y})$ 必位于 y 轴上,于是 $\bar{x}=0$.

因为 $\iint\limits_{D} y \mathrm{d}\sigma = \iint\limits_{D} r^2 \sin\theta \mathrm{d}r\mathrm{d}\theta = \int_0^\pi \sin\theta \mathrm{d}\theta \int_{2\sin\theta}^{4\sin\theta} r^2 \mathrm{d}r = 7\pi,$

$$\iint\limits_{D} \mathrm{d}\sigma = \pi \cdot 2^2 - \pi \cdot 1^2 = 3\pi,$$

所以 $\bar{y} = \dfrac{\iint\limits_{D} y\mathrm{d}\sigma}{\iint\limits_{D} \mathrm{d}\sigma}.$ 所求质心是 $C\left(0, \dfrac{7}{3}\right).$

5. 平面薄片的转动惯量

(1) 平面质点系对坐标轴的转动惯量

设平面上有 n 个质点,它们分别位于点 (x_1,y_1), (x_2,y_2), $\cdots$, $(x_n y_n)$ 处,质量分别为 $m_1, m_2, \cdots, m_n$. 则质点系对于 x 轴以及对于 y 轴的转动惯量依次为

$$I_x = \sum_{i=1}^n y_i^2 m_i, \quad I_y = \sum_{i=1}^n x_i^2 m_i.$$

(2) 平面薄片对于坐标轴的转动惯量

设有一薄片,占有 xOy 面上的闭区域 D,在点 (x,y) 处的面密度为 $\rho(x,y)$,假定 $\rho(x,y)$ 在 D 上连续. 现求该薄片对于 x 轴、y 轴的转动惯量 I_x, I_y. 与平面薄片对坐标轴的力矩相类似,转动惯量元素为

$$\mathrm{d}I_x = y^2 \rho(x,y)\mathrm{d}\sigma, \quad \mathrm{d}I_y = x^2 \rho(x,y)\mathrm{d}\sigma.$$

以这些元素为被积表达式,在闭区域 D 上积分,便得

$$I_x = \iint\limits_{D} y^2 \rho(x,y)\mathrm{d}\sigma, \quad I_y = \iint\limits_{D} x^2 \rho(x,y)\mathrm{d}\sigma.$$

6. 平面薄片对质点的引力

设有一平面薄片,占有 xOy 面上的闭区域 D,在点 (x,y) 处的面密

度为 $\rho(x,y)$,假定 $\rho(x,y)$ 在 D 上连续,现计算该薄片对位于 z 轴上点 $M_0(0,0,1)$ 处的单位质量质点的引力.

在闭区域 D 上任取一个小的闭区域 $\mathrm{d}\sigma$,(x,y) 是 $\mathrm{d}\sigma$ 内的任一点,其质量近似等于 $\rho(x,y)\mathrm{d}\sigma$,于是小薄片对质点的引力近似值为 $\dfrac{k\rho(x,y)\mathrm{d}\sigma}{r^2}$,引力的方向与向量 $(x,y,0-1)$ 一致,其中 $r = \sqrt{x^2+y^2+1}$,k 为引力常数. 于是,薄片对质点的引力元素 $\mathrm{d}\bar{F}$ 在三个坐标轴上的分量 $\mathrm{d}F_x,\mathrm{d}F_y,\mathrm{d}F_z$ 为

$$\mathrm{d}F_x = \frac{k\rho(x,y)x\mathrm{d}\sigma}{r^3},\mathrm{d}F_y = \frac{k\rho(x,y)y\mathrm{d}\sigma}{r^3},\mathrm{d}F_z = \frac{k\rho(x,y)(0-1)\mathrm{d}\sigma}{r^3},$$

故

$$F_x = \iint\limits_D \frac{k\rho(x,y)x\mathrm{d}\sigma}{r^3},F_y = \iint\limits_D \frac{k\rho(x,y)y\mathrm{d}\sigma}{r^3},F_z = -\iint\limits_D \frac{k\rho(x,y)\mathrm{d}\sigma}{r^3}.$$

习题 9.2

(A)

1. 计算下列二重积分:

(1) $\iint\limits_D (x^2-1)\mathrm{d}\sigma$,其中 $D = \{(x,y) \mid 1 \leqslant x \leqslant 2, 1 \leqslant y \leqslant 2\}$;

(2) $\iint\limits_D (3x+2y)\mathrm{d}\sigma$,其中 D 是由两坐标轴及直线 $x+y=2$ 所围成的闭区域;

(3) $\iint\limits_D x\mathrm{e}^{x^2+y}\mathrm{d}x\mathrm{d}y$,其中 $D = \{(x,y) \mid 0 \leqslant x \leqslant 4, 1 \leqslant y \leqslant 3\}$;

(4) $\iint\limits_D (x^2+y)\mathrm{d}x\mathrm{d}y$,其中 D 是由 $y=x^2$ 及 $x=y^2$ 围成;

(5) $\iint\limits_D \dfrac{\sin x}{x}\mathrm{d}\sigma$,其中 D 是由 $y=x,y=\dfrac{x}{2},x=2$ 和围成;

(6) $\iint\limits_{D} xy^2 \mathrm{d}\sigma$, 其中 D 是由圆周 $x^2 + y^2 = 4$ 及 y 轴所围成的右半闭区域;

(7) $\iint\limits_{D} \dfrac{x}{y+1} \mathrm{d}\sigma$, 其中 D 是由 $y = x^2 + 1, y = 2x, x = 0$ 围成;

(8) $\iint\limits_{D} (|x| + |y|) \mathrm{d}\sigma$, 其中 $D = \{(x,y) \mid |x| + |y| \leqslant 1\}$;

(9) $\iint\limits_{D} \dfrac{x^2(1 + x^5 \sqrt{1+y})}{1 + x^6} \mathrm{d}\sigma$, 其中 $D = \{(x,y) \mid |x| \leqslant 1, 0 \leqslant y \leqslant 2\}$;

(10) $\iint\limits_{D} (1 + x + x^2) \arcsin \dfrac{y}{R} \mathrm{d}\sigma$, 其中 $D = \{(x,y) \mid (x - R)^2 + y^2 \leqslant R^2\}$.

2. 化二重积分 $\iint\limits_{D} f(x,y) \mathrm{d}\sigma$ 为二次积分(两种次序都要), 其中积分区域 D 是:

(1) 由直线 $y = x$ 及抛物线 $y^2 = 4x$ 所围成的闭区域;

(2) 由 $y = 1 - |1 - x|, y = 0$ 所围成闭区域;

(3) 由 $y = x^2, y = 4 - x^2$ 所围成;

(4) 由 $x^2 + y^2 = 2ax(a > 0)$ 所围成闭区域的上半部分;

(5) 由 $y = x, x = 2$ 及双曲线 $y = \dfrac{1}{x}(x > 0)$ 所围成的闭区域;

(6) 环形闭区域 $4 \leqslant x^2 + y^2 \leqslant 16$.

3. 设 $f(x,y)$ 在 D 上连续, 其中 D 是直线 $y = x, y = a$ 及 $x = b(b > a)$ 所围成的闭区域, 证明

$$\int_a^b \mathrm{d}x \int_a^x f(x,y) \mathrm{d}y = \int_a^b \mathrm{d}y \int_y^b f(x,y) \mathrm{d}x.$$

4. 改换下列二次积分的积分次序:

(1) $\int_0^1 \mathrm{d}x \int_x^{2-x^2} f(x,y) \mathrm{d}y$;

(2) $\int_0^1 \mathrm{d}y \int_0^{\sqrt{1-y^2}} f(x,y) \mathrm{d}x$;

$(3)\int_1^e dx\int_0^{\ln x} f(x,y)dy;$

$(4)\int_1^2 dx\int_{2-x}^{\sqrt{2x-x^2}} f(x,y)dy;$

$(5)\int_0^\pi dx\int_{-\sin\frac{x}{2}}^{\sin x} f(x,y)dy;$

$(6)\int_0^1 dx\int_0^{x^2} f(x,y)dy+\int_1^2 dx\int_0^{\sqrt{2x-x^2}} f(x,y)dy.$

5. 画出积分区域,把积分 $\iint\limits_D f(x,y)d\sigma$ 表示为极坐标形式的二次积分,其中积分区域 D 是:

$(1)\{(x,y)\mid x^2+y^2\leqslant a^2\}(a>0);$

$(2)\{(x,y)\mid x^2+y^2\leqslant 2x\};$

$(3)\{(x,y)\mid a^2\leqslant x^2+y^2\leqslant b^2\};$其中 $0<a<b;$

$(4)\{(x,y)\mid x^2+y\leqslant 1,-1\leqslant x\leqslant 1\}.$

6. 化下列二次积分为极坐标形式的二次积分:

$(1)\int_0^R dx\int_0^{\sqrt{R^2-x^2}} f(x^2+y^2)dy;$

$(2)\int_0^{2R} dy\int_0^{\sqrt{2Ry-y^2}} f(x,y)dx;$

$(3)\int_0^2 dx\int_x^{\sqrt{3}x} f(\sqrt{x^2+y^2})dy;$

$(4)\int_0^{\frac{R}{\sqrt{1+R^2}}} dx\int_0^{Rx} f\left(\frac{y}{x}\right)dy+\int_{\frac{R}{\sqrt{1+R^2}}}^R dx\int_0^{\sqrt{R^2-x^2}} f\left(\frac{y}{x}\right)dy.$

7. 把下列积分化为极坐标形式,并计算积分值:

$(1)\int_0^{2a} dx\int_0^{\sqrt{2ax-x^2}} (x^2+y^2)dy;$

$(2)\int_0^1 dx\int_{x^2}^x (x^2+y^2)^{-\frac{1}{2}}dy;$

$(3)\int_0^1 dx\int_0^x \sqrt{x^2+y^2}dy.$

8. 利用极坐标计算下列各题：

(1) $\iint\limits_{D} \sqrt{x^2 + y^2}\,\mathrm{d}x\mathrm{d}y, D$ 是由 $y = x, x = 2$ 及 x 轴所围成；

(2) $\iint\limits_{D} \ln(1 + x^2 + y^2)\,\mathrm{d}x\mathrm{d}y, D$ 为圆环 $1 \leqslant x^2 + y^2 \leqslant 2$；

(3) $\iint\limits_{D} \arctan \dfrac{y}{x}\,\mathrm{d}x\mathrm{d}y, D$ 是由圆周 $x^2 + y^2 = 4, x^2 + y^2 = 1$ 及直线 $y = 0, y = x$ 所围成的在第 I 象限内的闭区域；

(4) $\iint\limits_{D} \mathrm{e}^{-x^2 - y^2}\,\mathrm{d}x\mathrm{d}y, D: x^2 + y^2 \leqslant 1.$

9. 选用适当的坐标计算下列各题：

(1) $\iint\limits_{D} \dfrac{x^2}{y^2}\,\mathrm{d}\sigma$，其中 D 为 $x = 2, y = x, xy = 1$ 所围成的闭区域；

(2) $\iint\limits_{D} y\mathrm{e}^{xy}\,\mathrm{d}\sigma$，其中 D 为 $x = 1, x = 2, y = 2, xy = 1$ 所围成的闭区域；

(3) $\iint\limits_{D} \sqrt{\dfrac{1 - x^2 - y^2}{1 + x^2 + y^2}}\,\mathrm{d}\sigma$，其中 D 是由圆周 $x^2 + y^2 = 1$ 及坐标轴所围成的在第 I 象限内的闭区域；

(4) $\iint\limits_{D} (x^2 + y^2)\,\mathrm{d}\sigma$，其中 D 是由直线 $y = x, y = x + a, y = a, y = 3a$ $(a > 0)$ 所围成的闭区域；

(5) $\iint\limits_{D} y^2 \sqrt{R^2 - x^2}\,\mathrm{d}\sigma$，其中 D 为 $x^2 + y^2 \leqslant R^2$ 的上半部分.

10. 作适当的变换，计算下列二重积分：

(1) $\iint\limits_{D} (x - y)^2 \sin^2(x + y)\,\mathrm{d}x\mathrm{d}y$，其中 D 是平行四边形闭区域，它的四个顶点是 $(\pi, 0), (2\pi, \pi), (0, \pi)$ 和 $(\pi, 2\pi)$；

(2) $\iint\limits_{D} x^2 y^2\,\mathrm{d}x\mathrm{d}y$，其中 D 是由两条双曲线 $xy = 1$ 和 $xy = 2$，直线 $y = x$ 和 $y = 4x$ 所围成的在第 I 象限内的闭区域；

(3) $\iint\limits_{D} e^{\frac{y}{x+y}}dxdy$,其中 D 由 x 轴、y 轴和直线 $x + y = 1$ 所围成的闭区域;

(4) $\iint\limits_{D} \left(\frac{x^2}{a^2} + \frac{y^2}{b^2}\right)dxdy$,其中 $D = \left\{(x,y) \left| \frac{x^2}{a^2} + \frac{y^2}{b^2} \leqslant 1\right.\right\}$.

11. 利用二重积分计算下列平面区域 D 的面积.

(1) D 由曲线 $y = e^x$, $y = e^{-x}$ 及 $x = 1$ 围成;

(2) D 由曲线 $y = x^3$, $y = 4x^3$, $x = y^3$, $x = 4y^3$ 所围成的第 I 象限部分的闭区域;

(3) $D = \left\{(r\cos\theta, r\sin\theta) \left| \frac{1}{2} \leqslant r \leqslant 1 + \cos\theta\right.\right\}$.

12. 求下列空间曲面的面积.

(1) 求锥面 $z^2 = x^2 + y^2$ 界于平面 $z = 0$ 和 $z = h(h > 0)$ 之间的面积;

(2) 求平面 $\frac{x}{a} + \frac{y}{b} + \frac{z}{c} = 1$ 被三个坐标平面所截下的那部分平面的面积.

13. 利用二重积分求下列各题中立体 Ω 的体积:

(1) $\Omega = \{(x,y,z) \mid x^2 + y^2 \leqslant 1, 0 \leqslant z \leqslant 6 - 2x - 2y\}$;

(2) $\Omega = \{(x,y,z) \mid x^2 + y^2 \leqslant z \leqslant 1 + \sqrt{1 - x^2 - y^2}\}$;

(3) Ω 由曲面 $z = xy$, $x + y + z = 1$, $z = 0$ 所围成的立体.

14. 设平面薄片所占的闭区域 D 由螺线 $r = 2\theta$ 上一段弧 $\left(0 \leqslant \theta \leqslant \frac{\pi}{2}\right)$ 与直线 $\theta = \frac{\pi}{2}$ 所围成,它的面密度为 $\mu(x,y) = x^2 + y^2$,求这薄片的质量.

(B)

1. 证明:

(1) $\int_0^1 dy \int_0^{\sqrt{y}} e^y f(x) dx = \int_0^1 (e - e^{x^2}) f(x) dx$;

(2) $\int_a^b dy \int_a^y (y - x)^n f(x) dx = \int_a^b \frac{1}{n+1} f(x)(b - x)^{n+1} dx, (n \in N)$;

(3) 设函数 $f(x)$ 在 $[0,1]$ 上连续,则 $\int_0^1 \mathrm{d}x \int_x^1 f(x)f(y)\,\mathrm{d}y = \frac{1}{2}\left[\int_0^1 f(x)\,\mathrm{d}x\right]^2$

(4) 设函数 $f(x)$ 在 $[a,b]$ 上连续,则

$$\left[\int_a^b f(x)\,\mathrm{d}x\right]^2 \leqslant (b-a)\int_a^b f^2(x)\,\mathrm{d}x;$$

(5) 设 $f(x)$ 在 $[0,1]$ 上为单调减少且恒大于零的连续函数,则:

$$\frac{\int_0^1 xf^2(x)\,\mathrm{d}x}{\int_0^1 xf(x)\,\mathrm{d}x} \leqslant \frac{\int_0^1 f^2(x)\,\mathrm{d}x}{\int_0^1 f(x)\,\mathrm{d}x}.$$

(提示:考虑 $I = \int_0^1 xf(x)\,\mathrm{d}x\int_0^1 f^2(y)\,\mathrm{d}y - \int_0^1 yf^2(y)\,\mathrm{d}y\int_0^1 f(x)\,\mathrm{d}x.$)

2. 选择适当的变换,证明下列等式:

(1) $\iint\limits_D f(x+y)\,\mathrm{d}x\mathrm{d}y = \int_{-1}^1 f(u)\,\mathrm{d}u$,其中闭区域

$$D = \{(x,y)\mid |x|+|y|\leqslant 1\};$$

(2) $\iint\limits_D f(ax+by+c)\,\mathrm{d}x\mathrm{d}y = 2\int_{-1}^1 \sqrt{1-u^2}f(u\sqrt{a^2+b^2}+c)\,\mathrm{d}u$,其中闭区域

$$D = \{(x,y)\mid x^2+y^2\leqslant 1\}, \text{且 } a^2+b^2\neq 0.$$

3. 设函数 $f(x,y)$ 在 $D = \{(x,y)\mid x^2+y^2\leqslant 1\}$ 上有连续的偏导数,且在 D 的边界上取值均为零,试证

$$f(0,0) = \lim_{\varepsilon\to 0}\frac{-1}{2\pi}\iint\limits_{\sigma_\varepsilon}\frac{xf_x'(x,y)+yf_y'(x,y)}{x^2+y^2}\,\mathrm{d}x\mathrm{d}y,$$

其中 $\sigma_\varepsilon = \{(x,y)\mid \varepsilon^2\leqslant x^2+y^2\leqslant 1\}$.

4. 若函数 $f(x)$ 在 $[a,b]$ 是正值连续函数,证明:

(1) $\iint\limits_D \frac{f(x)}{f(y)}\,\mathrm{d}x\mathrm{d}y \geqslant (b-a)^2, D:\begin{cases} a\leqslant x\leqslant b \\ a\leqslant y\leqslant b \end{cases}.$

$$(2) \int_a^b f(x) \, \mathrm{d}x \cdot \int_a^b \frac{1}{f(x)} \, \mathrm{d}x \geqslant (b-a)^2.$$

9.3　三重积分

9.3.1　三重积分的概念

考虑非均匀密度空间物体的质量,可引出三重积分的概念. 设某物体占有空间区域 Ω,它在点 (x,y,z) 处的体密度函数为 $\rho(x,y,z)$,这里的 ρ 在 Ω 上非负连续,为考察物体的质量,可将 Ω 分割成至多只有公共界面的 n 个小立体 $\Delta V_1, \Delta V_2, \cdots, \Delta V_n$(也用 ΔV_i 表示第 i 个小立体的体积)之和:

$$\Omega = \Delta V_1 \cup \Delta V_2 \cup \Delta V_3 \cup \cdots \cup \Delta V_n.$$

若在每个小立体 ΔV_i 上任取一点 (ξ_i, η_i, ζ_i),则各小立体的质量之和 M 就近似地等于

$$\sum_{i=1}^n \rho(\xi_i, \eta_i, \zeta_i) \Delta V_i,$$

记 n 个小体积的最大直径为 λ,于是,在极限

$$\lim_{\lambda \to 0} \sum_{i=1}^n \rho(\xi_i, \eta_i, \zeta_i) \Delta V_i$$

存在时,可合理地把这个极限值规定为立体 V 的质量 M,即

$$M = \lim_{\lambda \to 0} \sum_{i=1}^n \rho(\xi_i, \eta_i, \zeta_i) \Delta V_i.$$

不少实际问题都归结为上述类型的和的极限,抽去实际意义,在数学上建立三重积分的概念.

定义 9.3.1　设三元函数 $f(x,y,z)$ 在空间有界闭区域 Ω 上有定义,将 Ω 任意地划分成除边界外没有公共部分的 n 个小闭区域 $\Delta V_i (i=1,2,\cdots,n)$,

$$\Omega = \bigcup_{i=1}^n \Delta V_i.$$

在每个小闭区域 ΔV_i 中任取一点 (ξ_i, η_i, ζ_i)，形成积分和式

$$\sum_{i=1}^{n} f(\xi_i, \eta_i, \zeta_i) \Delta V_i.$$

若记各个小闭区域直径的最大值为 λ，则当极限

$$\lim_{\lambda \to 0} \sum_{i=1}^{n} f(\xi_i, \eta_i, \zeta_i) \Delta V_i$$

存在且其值与 Ω 的划分法及 $(\xi_i, \eta_i, \zeta_i) \in \Delta V_i$ 的选取法无关时，称函数 $f(x,y,z)$ 在 Ω 上可积，并称此极限为函数 $f(x,y,z)$ 在空间区域 Ω 上的**三重积分**，记作 $\iiint\limits_{\Omega} f(x,y,z) \, dV$，即

$$\iiint\limits_{\Omega} f(x,y,z) \, dV = \lim_{\lambda \to 0} \sum_{i=1}^{n} f(\xi_i, \eta_i, \zeta_i) \Delta V_i.$$

其中 $f(x,y,z)$ 称为被积函数，Ω 称为积分区域，dV 称为体积元素. 由三重积分的定义知，空间物体的质量 M 等于体密度的三重积分，即

$$M = \iiint\limits_{\Omega} \rho(x,y,z) \, dV.$$

当 $f(x,y,z) \equiv 1$ 时，三重积分 $\iiint\limits_{\Omega} dV$ 的值等于区域 Ω 的体积.

可以证明，有界闭区域 Ω 上的连续函数或分块连续函数在 Ω 上是可积的.

在空间直角坐标系 $O\text{-}xyz$ 中，常用分别平行于三个坐标面的三组平面去分割区域 Ω，于是 $\Delta V_i = \Delta x \Delta y \Delta z$，因此直角坐标系中的体积元素为

$$dV = dx \, dy \, dz,$$

三重积分可写为 $\iiint\limits_{\Omega} f(x,y,z) \, dx \, dy \, dz$.

三重积分的性质也与二重积分的性质类似，这里不再重复.

9.3.2　三重积分的计算

计算三重积分的方法是将三重积分化为三次积分（即累次积分）

来计算. 下面针对不同的坐标系来分别讨论如何将三重积分化为三次积分.

1. 在直角坐标系下计算三重积分

设函数 $f(x,y,z)$ 在空间区域 Ω 上连续, 平行于 z 轴的任何直线与区域 Ω 的边界曲面 S 的交点不多于两个. 把区域 Ω 投影到 xOy 平面上得一平面区域 D_{xy}, 见图 9 – 31. 以 D_{xy} 的边界为准线作母线平行于 z 轴的柱面, 曲面 S 与此柱面的交线把 S 分为两部分, 其方程分别为:

$$S_1 : z = z_1(x,y),$$
$$S_2 : z = z_2(x,y),$$

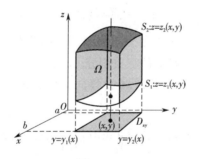

图 9 – 31

$z_1(x,y), z_2(x,y)$ 均是 D_{xy} 上的连续函数, 并且 $z_1(x,y), z_2(x,y)$ 可积, 则有

$$\iiint\limits_{\Omega} f(x,y,z)\,\mathrm{d}V = \iint\limits_{D} \mathrm{d}x\mathrm{d}y \int_{z_1(x,y)}^{z_2(x,y)} f(x,y,z)\,\mathrm{d}z.$$

又若 xOy 平面上的区域 D_{xy} 是由曲线所围成 (图 9 – 32), 再按化二重积分为二次积分的步骤, 得三重积分计算公式

$$y = y_1(x), y = y_2(x)\ (a \leqslant x \leqslant b)$$

$$\iiint\limits_{\Omega} f(x,y,z)\,\mathrm{d}V = \iint\limits_{D_{xy}} \mathrm{d}x\mathrm{d}y \int_{z_1(x,y)}^{z_2(x,y)} f(x,y,z)\,\mathrm{d}z$$

$$= \int_a^b \mathrm{d}x \int_{y_1(x)}^{y_2(x)} \mathrm{d}y \int_{z_1(x,y)}^{z_2(x,y)} f(x,y,z)\,\mathrm{d}z.$$

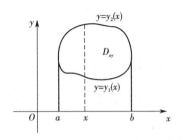

图 9 – 32

公式可以这样理解:先在 D_{xy} 上固定一点 (x,y) 函数沿 $z_1(x,y)$ 轴的正方向从点 $z_1(x,y)$ 到点 $z_2(x,y)$ 的线段上积分,得到内层积分

$$\int_{z_1(x,y)}^{z_2(x,y)} f(x,y,z)\,\mathrm{d}z.$$

它是变量 x,y 的二元函数,然后再将该二元函数在区域 D_{xy} 上积分,就得到在整个空间区域 Ω 上的三重积分.

有时为了计算方便,将区域 Ω 投向 xOz 平面或 yOz 平面,可分别得到相应的计算公式:

$$\iiint\limits_{\Omega} f(x,y,z)\,\mathrm{d}V = \iint\limits_{D} \mathrm{d}z\mathrm{d}x \int_{y_1(x,y)}^{y_2(x,y)} f(x,y,z)\,\mathrm{d}y$$

及

$$\iiint\limits_{\Omega} f(x,y,z)\,\mathrm{d}V = \iint\limits_{D} \mathrm{d}y\mathrm{d}z \int_{x_1(x,y)}^{x_2(x,y)} f(x,y,z)\,\mathrm{d}x.$$

例 9.3.1 计算三重积分 $\iiint\limits_{\Omega} y\mathrm{d}x\mathrm{d}y\mathrm{d}z$,其中 Ω 是由三个坐标平面及平面 $x+y+2z=2$ 所围成的区域.

解 Ω 的图形如图 9 – 33 所示,区域 Ω 的上方边界面为 $z=1-\dfrac{1}{2}(x+y)$,下方边界面为 $z=0$. Ω 在 xOy 平面上的投影区域为由直线 $x=0$,$y=0$ 及 $x+y=2$ 所围成的三角形区域 D_{xy},于是

$$\iiint\limits_{\Omega} y\mathrm{d}x\mathrm{d}y\mathrm{d}z = \iint\limits_{D_{xy}} \mathrm{d}x\mathrm{d}y \int_{0}^{1-\frac{1}{2}(x+y)} y\mathrm{d}z = \iint\limits_{D} \left[1-\frac{1}{2}(x+y)\right] y\mathrm{d}x\mathrm{d}y$$

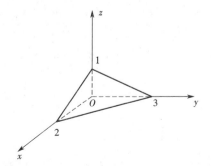

图 9 – 33

$$= \int_0^2 \mathrm{d}x \int_0^{2-x} \left[1 - \frac{1}{2}(x+y) \right] y \mathrm{d}y = \frac{1}{3}.$$

例 9.3.2　计算由抛物面 $x^2 + y^2 = 6 - z$，坐标面 xOz, yOz 以及平面 $y = 4z, x = 1, y = 2$ 所围成的立体的体积. 如图 9 – 34 所示.

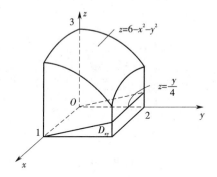

图 9 – 34

解　区域 Ω 的上边界面为 $z = 6 - x^2 - y^2$，下边界面为 $z = \frac{1}{4}y$，区域 Ω 在 xOy 平面上的投影区域 D_{xy} 是由 x 轴，y 轴及直线 $y = 1, y = 2$ 所围成的矩形域，即

$$D_{xy} : 0 \leqslant x \leqslant 1, 0 \leqslant y \leqslant 2,$$

于是

$$V = \iiint\limits_{\Omega} dV = \iint\limits_{D_{xy}} dxdy \int_{\frac{y}{4}}^{6-x^2-y^2} dz = \int_0^1 dx \int_0^2 dy \int_{\frac{y}{4}}^{6-x^2-y^2} dz$$

$$= \int_0^1 dx \int_0^2 z \Big|_{\frac{y}{4}}^{6-x^2-y^2} dy = \int_0^1 dx \int_0^2 \left(6 - x^2 - y^2 - \frac{y}{4}\right) dy$$

$$= \int_0^1 \left[6y - x^2 y - \frac{1}{3}y^3 - \frac{y^2}{8}\right]_0^2 dx = \int_0^1 \left(\frac{53}{6} - 2x^2\right) dx$$

$$= \left[\frac{53}{6}x - \frac{2}{3}x^3\right]_0^1 = \frac{49}{6}.$$

化三重积分为累次积分时,除了可以先求定积分再求二重积分(先单后重)外,有时也可以先求二重积分,再求定积分(先重后单).

设空间区域 Ω 夹在二平面 $z = c$ 及 $z = d$ 之间(图 9 – 35).过区间 $[c, d]$ 上任一点 z 作垂直于 z 轴的平面,截 Ω 得平面区域 D_z. 若函数 $f(x, y, z)$ 在 Ω 上连续,则

$$\iiint\limits_{\Omega} f(x, y, z) dxdydz = \int_c^d dz \iint\limits_{D} f(x, y, z) dxdy.$$

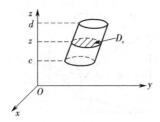

图 9 – 35

例 9.3.3　求 $\iiint\limits_{\Omega} e^{|z|} dxdydz$,其中 Ω 为 $x^2 + y^2 + z^2 \leq 1$ 所围成的区域.

分析　注意到被积函数 $f(x, y, z) = e^{|z|}$ 只依赖于一个变元 z,且用 z 等于常量的平面与球体 Ω 相截,其截面为圆 $x^2 + y^2 \leq 1 - z^2$ 其面积为 $\pi(1 - z^2)$. 因此这类问题转化为先计算二重积分再计算定积分比较简单.

解

$$\iiint\limits_{\Omega} e^{|z|} dxdydz = \int_{-1}^{1} e^{|z|} dz \iint\limits_{D} dxdy$$

$$= \int_{-1}^{1} e^{|z|} \pi(1-z^2) dz = 2\int_{0}^{1} e^{z} \pi(1-z^2) dz = 2\pi.$$

例 9.3.4　求三重积分 $I = \iiint\limits_{\Omega} xyz dV$,其中 Ω 为单位球 $x^2 + y^2 + z^2 \leqslant 1$ 在第一卦限的部分.

解　因 Ω 在 z 轴上的投影为闭区间 $[0,1]$,而对于 $z_0 \in [0,1]$,用平面 $z = z_0$ 截 Ω 得到的平面区域是 $D_{z_0} = \{(x,y,z_0) \mid x^2 + y^2 \leqslant 1 - z_0^2, x\geqslant 0, y\geqslant 0\}$ 故有(积分过程中将 z_0 写成 z):

$$I = \int_{0}^{1} dz \iint\limits_{D_z} xyz dxdy = \int_{0}^{1} dz \int_{0}^{\frac{\pi}{2}} d\theta \int_{0}^{\sqrt{1-z^2}} zr^3 \sin\theta\cos\theta dr$$

$$= \frac{1}{2}\sin^2\theta \mid_{0}^{\frac{\pi}{2}} \cdot \int_{0}^{1} \frac{1}{4} z(1-z^2)^2 dz$$

$$= \frac{1}{8} \int_{0}^{1} (z^5 - 2z^3 + z) dz = \frac{1}{48}.$$

2. 在柱面坐标系下计算三重积分

现在讨论三重积分在柱面坐标系下的计算.

设 $M(x,y,z)$ 为空间一点,在 xOy 平面上的投影点为 P(图 9-36),且点 $P(x,y)$ 在极坐标系下为 $P(r,\theta)$,则三元有序数组 (r,θ,z) 为点 M 的柱面坐标.

点 M 的直角坐标 (x,y,z) 与柱坐标 (r, θ,z) 之间有关系式

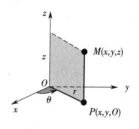

图 9-36

$$\begin{cases} x = r\cos\theta, \\ y = r\sin\theta, \\ z = z, \end{cases} \quad \begin{cases} r = \sqrt{x^2 + y^2}, \\ \tan\theta = \dfrac{y}{x}, \\ z = z. \end{cases}$$

当 M 取遍空间一切点,r, θ, z 的取值范围是 $0 \leqslant r \leqslant +\infty$,$0 \leqslant \theta < 2\pi$,$-\infty < z < +\infty$.

在柱面坐标系中,三组坐标面为:

$r =$ 常数,是以 z 轴为中心轴,r 为半径的圆柱面;

$\theta =$ 常数,是过 z 轴的半平面,它和 xOz 面的夹角为 θ;

$z =$ 常数,是平行于 xOy 面的平面.

在柱面坐标系下计算三重积分时,需要写出体积元素 $\mathrm{d}V$ 在柱面坐标系下的表达式. 为此,我们用柱面坐标系的三组坐标面去分割积分区域 Ω. 设 ΔV 是由圆柱面 $r = r, r = r + \mathrm{d}r$. 半平面 $\theta = \theta, \theta = \theta + \mathrm{d}\theta$,以及平面 $z = z, z = z + \mathrm{d}z$ 围成的小区域,如图 $9-37$ 所示.

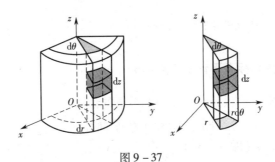

图 $9-37$

当 $\mathrm{d}r, \mathrm{d}\theta, \mathrm{d}z$ 都很小时,该小区域近似一个长方体,从而可取体积元素为

$$\mathrm{d}V = r\mathrm{d}r\mathrm{d}\theta\mathrm{d}z.$$

于是三重积分化为

$$\iiint\limits_{\Omega} f(x, y, z)\,\mathrm{d}V = \iiint\limits_{\Omega} r(r\cos\theta, r\sin\theta, z)\,r\mathrm{d}r\mathrm{d}\theta\mathrm{d}z,$$

其中 Ω' 为 Ω 的柱面坐标变化域,此即三重积分由直角坐标化为柱面坐标的公式.

如果包围 Ω 的上、下表面可用柱坐标表示为 $z = z_2(r,\theta)$, $z = z_1(r,\theta)$ 且 Ω 在 xOy 面上的投影 $D_{r\theta}$ 可用极坐标不等式表示为 $\alpha \leqslant \theta \leqslant \beta$, $r_1(\theta) \leqslant r \leqslant r_2(\theta)$,那么,在柱面坐标系下,三重积分化为三次积分的计算公式为

$$\iiint\limits_{\Omega} f(x,y,z)\,\mathrm{d}V = \iint\limits_{D_{r\theta}} r\mathrm{d}r\mathrm{d}\theta \int_{z_1(r,\theta)}^{z_2(r,\theta)} f(r\cos\theta,r\sin\theta,z)\,\mathrm{d}z$$

$$= \int_{\alpha}^{\beta}\mathrm{d}\theta\int_{r_1(\theta)}^{r_2(\theta)} r\mathrm{d}r\int_{z_1(r,\theta)}^{z_2(r,\theta)} f(r\cos\theta,r\sin\theta,z)\,\mathrm{d}z.$$

对区域 Ω 的不同情形,三重积分在柱面坐标系下化为三次积分还有其他不同的积分次序.

一般地,当 Ω 为圆柱体区域,或 Ω 的投影域 $D_{r\theta}$ 是以原点为心的圆环、圆扇形,被积函数为 $x^2 + y^2$ 与 z 的函数时,用柱面坐标可能较方便.

例 9.3.5　计算 $I = \iiint\limits_{\Omega} z\sqrt{x^2 + y^2}\,\mathrm{d}V$,其中 Ω 由圆锥面 $x^2 + y^2 = z^2$ 和平面 $z = 1$ 所围成.

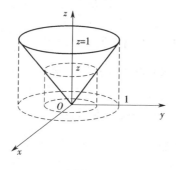

图 9 – 38

解　如图 9–38,采用柱面坐标,锥面方程化为 $r = z$,Ω 在 xOy 面上投影区域为圆. $\Omega: 0 \leqslant \theta \leqslant 2\pi, 0 \leqslant r \leqslant 1, r \leqslant z \leqslant 1.$

$$I = \int_0^{2\pi} d\theta \int_0^1 r^2 dr \int_r^1 z dz = 2\pi \int_0^1 \frac{1}{2} r^2 (1 - r^2) dr = \frac{2}{15} \pi.$$

若将区域 Ω 表为:$0 \leqslant z \leqslant 1, 0 \leqslant \theta \leqslant 2\pi, 0 \leqslant r \leqslant z$. 本题也可改变积分次序计算:

$$I = \iiint\limits_{\Omega} z r^2 dr d\theta dz = \int_0^1 z dz \int_0^{2\pi} d\theta \int_0^z r^2 dr = 2\pi \int_0^1 \frac{1}{3} z^4 dz = \frac{2}{15} \pi.$$

例 9.3.6　计算三重积分 $\iiint\limits_{\Omega} z dx dy dz$,其中 Ω 由上半球 $x^2 + y^2 + z^2 = 4 (z \geqslant 0)$ 与抛物面 $z = \frac{1}{2}(x^2 + y^2)$ 所围成(如图 9-39).

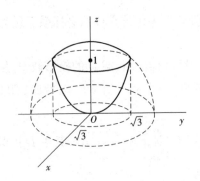

图 9-39

解　围成区域 Ω 上、下曲面分别是 $z = \sqrt{4 - x^2 - y^2}$ 与 $z = \frac{1}{3}(x^2 + y^2)$. 这两个曲面的交线(联立方程组的解):$z = 1, x^2 + y^2 = 3$,即平面 $z = 1$ 上的圆 $x^2 + y^2 = 3$. 于是,区域 Ω 在 xOy 平面上的投影区域为一圆域. 采用柱面坐标,球面、抛物面和圆 $x^2 + y^2 = 3$ 的方程分别是 $z = \sqrt{4 - r^2}, z = \frac{a^2}{3}$,于是

$$0 \leqslant \theta \leqslant 2\pi, 0 \leqslant r \leqslant \sqrt{3}, \frac{r^2}{3} \leqslant z \leqslant \sqrt{4 - r^2},$$

$$\iiint\limits_{\Omega} z dx dy dz = \int_0^{2\pi} d\theta \int_0^{\sqrt{3}} dr \int_{\frac{a^2}{3}}^{\sqrt{4 - r^2}} z r dz = \frac{13}{4} \pi.$$

3. 在球面坐标系下计算三重积分

设 $M(x,y,z)$ 为空间一点,在 xOy 平面上的投影点为 P,称三元有序数组 (ρ,θ,φ) 为点 M 的球面坐标,如图 9 - 40 所示. 其中 ρ 为点 M 到原点的距离,φ 为有向线段 $\overline{OM}$ 与 z 轴正向的夹角,θ 与柱坐标系下的含义相同,即从正 z 轴按逆时针方向转到 $\overline{OP}$ 的角度.

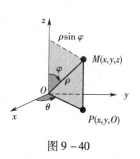

图 9 - 40

点 M 的直角坐标 (x,y,z) 与球面坐标之间有关系式

$$\begin{cases} x = \rho\sin\varphi\cos\theta, \\ y = \rho\sin\varphi\cos\theta, \\ z = \rho\cos\varphi, \end{cases} \qquad \begin{cases} \rho = \sqrt{x^2 + y^2 + z^2}, \\ \tan\theta = \dfrac{y}{x}, \\ \cos\varphi = \dfrac{z}{\sqrt{x^2 + y^2 + z^2}}. \end{cases}$$

当 M 取遍空间一切点时,ρ,θ,φ 的取值范围为

$$0 \leqslant \rho \leqslant +\infty, 0 \leqslant \theta \leqslant 2\pi, 0 \leqslant \varphi \leqslant \pi.$$

在球坐标系下,三组坐标面为:

ρ = 常数,是以原点为心,ρ 为半径的球面;

θ = 常数,是以 z 轴为边缘的半平面;

φ = 常数,是以原点为顶点,z 轴为中心轴,半顶角为 φ 的圆锥面.

为了在球面坐标系下计算三重积分,应写出体积元素 dV 在球面坐标系下的表达式. 为此,我们用球面坐标系的三组坐标面去分割积分区域 Ω. 设 dV 是由球面 $\rho = \rho,\rho = \rho + d\rho$,半圆锥面 $\varphi = \varphi,\varphi = \varphi + d\varphi$ 以及半平面 $\theta = \theta,\theta = \theta + d\theta$ 围成的小区域,如图 9 - 41 所示. 当 $d\rho$, $d\varphi,d\theta$ 都很小时,该小区域近似于一个长方体,三条棱长分别近似于 $d\rho,\rho\sin\varphi d\theta,\rho d\varphi$. 所以一般地说,用 ρ = 常数,θ = 常数,φ = 常数的曲

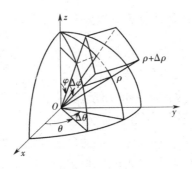

图 9 - 41

面族分割立体 Ω 时,可取体积元素 $\mathrm{d}V = \rho^2 \sin\varphi \mathrm{d}\rho \mathrm{d}\varphi \mathrm{d}\theta$. 于是

$$\iiint\limits_{\Omega} f(x,y,z)\mathrm{d}V = \iiint\limits_{\Omega'} f(\rho\sin\varphi\cos\theta,\rho\sin\varphi\sin\theta,\rho\cos\varphi)\rho^2\sin\varphi\mathrm{d}\rho\mathrm{d}\varphi\mathrm{d}\theta.$$

其中 Ω' 为 Ω 的球面坐标变化域. 此即三重积分由直角坐标化为球面坐标的公式.

要计算球面坐标系下的三重积分,希望将它化为 ρ, φ, θ 的三次积分. 一种常用的方法是,先看 Ω 夹在哪两个半平面 $\theta = \alpha, \theta = \beta$ 之间,即 $\alpha \le \theta \le \beta$;然后任意取一个 $\theta \in (\alpha, \beta)$,作以 z 轴为棱,极角为 θ 的半平面截 Ω 得截面 D_θ. 在这个半平面上以原点 O 为极点,以 z 轴为极轴建立极坐标系,如果 D_θ 的极坐标(ρ, φ)可表示为 $\varphi = \varphi_1(\theta), \varphi = \varphi_2(\theta)$, $\rho = \rho_1(\varphi, \theta), \rho = \rho_2(\varphi, \theta)$,则

$$\iiint\limits_{\Omega} f(x,y,z)\,\mathrm{d}V$$
$$= \int_{\alpha}^{\beta} \mathrm{d}\theta \int_{\varphi_1(\theta)}^{\varphi_2(\theta)} \sin\varphi \mathrm{d}\varphi \int_{\rho_1(\varphi,Q)}^{\rho_2(\varphi,Q)} f(\rho\sin\varphi\cos\theta,\rho\sin\varphi\sin\theta,\rho\cos\varphi)\rho^2\mathrm{d}\rho.$$

一般地,当积分区域 Ω 为球形区域时,用球面坐标较方便. 特别地,当 Ω 由球面 $\rho = R$ 所围成. 令 $f = 1$,则得球的体积:

$$V = \iiint\limits_{\Omega} \mathrm{d}V = \int_0^\pi \mathrm{d}\varphi \iint\limits_{\Omega} {}_0^{2\pi} \mathrm{d}\theta \iint\limits_{\Omega} {}_0^R \rho^2 \sin\varphi\mathrm{d}\rho = \frac{4}{3}\pi R^3$$

例 9.3.7 计算三重积分 $\iiint\limits_{\Omega} \sqrt{x^2 + y^2 + z^2}\,\mathrm{d}x\mathrm{d}y\mathrm{d}z$,其中 Ω 为 $x^2 +$

$y^2 + (z-1)^2 \le 1$ 所确定的区域.

解 采用球面坐标系计算. 在球面坐标系下 Ω 的边界面表达式为 $\rho = 2\cos\varphi$, Ω 可表示为:

$$0 \le \theta \le 2\pi, 0 \le \varphi \le \frac{\pi}{2}, 0 \le \rho \le 2\cos\varphi.$$

因此

$$\iiint\limits_{\Omega} \sqrt{x^2 + y^2 + z^2}\,\mathrm{d}x\mathrm{d}y\mathrm{d}z = \int_0^{2\pi}\mathrm{d}\theta\int_0^{\frac{\pi}{2}}\mathrm{d}\varphi\int_0^{2\cos\varphi} \rho \cdot \rho^2 \sin\varphi\mathrm{d}\rho = \frac{8}{5}\pi.$$

例 9.3.8 计算 $\displaystyle\iiint\limits_{\Omega} \frac{z\ln(x^2 + y^2 + z^2 + 1)}{x^2 + y^2 + 1}\,\mathrm{d}x\mathrm{d}y\mathrm{d}z$, 其中 $\Omega: x^2 + y^2 + z^2 \le 1$.

解

$$\text{原式} = \int_0^{2\pi}\mathrm{d}\theta\int_0^{\pi}\mathrm{d}\varphi\int_0^1 \frac{\rho\cos\varphi\ln(\rho^2 + 1)}{\rho^2 + 1}\rho^2\sin\varphi\mathrm{d}\rho$$

$$\int_0^{2\pi}\mathrm{d}\theta\int_0^{\pi}\sin\varphi\cos\varphi\mathrm{d}\varphi\int_0^1 \frac{\rho^3\ln(\rho^2 + 1)}{r^2 + 1}\mathrm{d}\rho.$$

由于第二个积分值为零, 故原式 $= 0$.

4. 三重积分的换元法

对各种积分来说, 变量替换都是简化积分计算的一种方法. 三重积分也有与二重积分类似的换元公式.

定理 9.3.1 设函数 $f(x,y,z)$ 在有界闭区域 Ω 上连续. 作变换

$$\begin{cases} x = x(u,v,w), \\ y = y(u,v,w), \\ z = z(u,v,w), \end{cases}$$

使其满足

(1) 把 $O\text{-}uvw$ 空间中的区域 Ω' ——对应地变到 $O\text{-}xyz$ 空间中的区域 Ω;

(2) 变换函数 $x(u,v,w), y(u,v,w), z(u,v,w)$ 在 Ω' 上连续, 且有

连续的一阶偏导数；

(3)雅可比行列式

$$J(u,v,w) = \frac{\partial(x,y,z)}{\partial(u,v,w)} = \begin{vmatrix} \dfrac{\partial x}{\partial u} & \dfrac{\partial x}{\partial v} & \dfrac{\partial x}{\partial w} \\ \dfrac{\partial y}{\partial u} & \dfrac{\partial y}{\partial v} & \dfrac{\partial y}{\partial w} \\ \dfrac{\partial z}{\partial u} & \dfrac{\partial z}{\partial v} & \dfrac{\partial z}{\partial w} \end{vmatrix}$$

则有换元公式

$$\iiint\limits_{\Omega} f(x,y,z)\,\mathrm{d}x\mathrm{d}y\mathrm{d}z = \iiint\limits_{\Omega} f[x(u,v,w),y(u,v,w),z(u,v,w)]\,|J|\mathrm{d}u\mathrm{d}v\mathrm{d}w.$$

(证明从略).

对于柱面坐标变换
$$\begin{cases} x = r\cos\theta, \\ y = r\sin\theta, \\ z = z, \end{cases}$$

$$\frac{\partial(x,y,z)}{\partial(r,Q,z)} = \begin{vmatrix} \cos\theta & -r\sin\theta & 0 \\ \sin\theta & -r\cos\theta & 0 \\ 0 & 0 & 1 \end{vmatrix} = r,\ \mathrm{d}V = r\mathrm{d}r\mathrm{d}\theta\mathrm{d}z,$$

对于球面坐标变换
$$\begin{cases} x = \rho\sin\varphi\cos\theta, \\ y = \rho\sin\varphi\sin\theta, \\ z = \rho\cos\varphi, \end{cases}$$

$$\frac{\partial(x,y,z)}{\partial(r,Q,z)} = \begin{vmatrix} \sin\varphi\cos\theta & \rho\cos\varphi\cos\theta & -\rho\sin\varphi\sin\theta \\ \sin\varphi\sin\theta & \rho\cos\varphi\sin\theta & \rho\sin\varphi\cos\theta \\ \cos\varphi & -\rho\sin\varphi & 0 \end{vmatrix} = \rho^2\sin\varphi,$$

$\mathrm{d}V = \rho^2\sin\varphi\mathrm{d}\rho\mathrm{d}\varphi\mathrm{d}\theta$ 均与前面分析得出的结果一致.

例9.3.9 求椭球面$\dfrac{x^2}{a^2} + \dfrac{y^2}{b^2} + \dfrac{z^2}{c^2} = 1$围成立体$\Omega$的体积$V(a>0,$

$b>0,c>0)$.

解法1 $V = \iiint\limits_{\Omega} \mathrm{d}x\mathrm{d}y\mathrm{d}z.$ 显然,若将Ω变换成单位球体,计算将简

单些. 为此, 考虑 $\begin{cases} u = \dfrac{x}{a}, \\ v = \dfrac{y}{b}, w = \dfrac{z}{c}, \end{cases}$ 即 $\begin{cases} x = au, \\ y = bv, \\ z = cw, \end{cases}$ 则

$$\frac{\partial(x,y,z)}{\partial(u,v,w)} = \begin{vmatrix} a & 0 & 0 \\ 0 & b & 0 \\ 0 & 0 & c \end{vmatrix}.$$

于是

$$V = \iiint\limits_{\Omega} \mathrm{d}x\mathrm{d}y\mathrm{d}z = \iiint\limits_{\Omega} abc\,\mathrm{d}u\mathrm{d}v\mathrm{d}w = \frac{4}{3}\pi abc.$$

解法 2　作广义球面坐标变换

$$\begin{cases} x = a\rho\sin\varphi\cos\theta, \\ y = b\rho\sin\varphi\sin\theta, \\ z = c\rho\cos\varphi, \end{cases}$$

则椭球面的广义球面坐标方程为 $\rho = 1$, 且 $J = abc\rho^2\sin\varphi$, 于是

$$V = \iiint\limits_{\Omega} \mathrm{d}x\mathrm{d}y\mathrm{d}z = \iiint\limits_{\Omega} abc\rho^2\sin\varphi\mathrm{d}\rho\mathrm{d}\theta\mathrm{d}\varphi$$

$$= abc\int_0^{2\pi}\mathrm{d}\theta\int_0^{\pi}\sin\varphi\mathrm{d}\varphi\int_0^1\rho^2\mathrm{d}\rho = \frac{4}{3}\pi abc.$$

9.3.3　三重积分的简单应用

1. 空间立体的体积

根据三重积分的几何意义, $V = \iiint\limits_{\Omega} \mathrm{d}V$, 其中 Ω 为立体所占的空间区域.

2. 不均匀物体的质量

空间物体的质量 M 等于物体密度函数 $\rho(x,y,z)$ 的三重积分, 即

$$M = \iiint\limits_{\Omega} \rho(x,y,z)\,\mathrm{d}V.$$

3. 物体的重心

设物体占有空间区域 Ω,其密度函数为 $\rho(x,y,z)$,将空间物体分割成 n 个小立体,将每一小立体看成是质量集中在某一点的质点,则由质点组重心坐标公式,令小立体的最大直径 $\lambda \to 0$,得物体的重心坐标为

$$\bar{x} = \frac{1}{M}\iiint\limits_{\Omega} x\rho\,\mathrm{d}V, \quad \bar{y} = \frac{1}{M}\iiint\limits_{\Omega} y\rho\,\mathrm{d}V, \quad \bar{z} = \frac{1}{M}\iiint\limits_{\Omega} z\rho\,\mathrm{d}V,$$

其中 M 是物体的质量.

特别地,如果物体是均匀的(ρ 为常数),则上式可简化为:

$$\bar{x} = \frac{1}{V}\iiint\limits_{\Omega} x\,\mathrm{d}V, \quad \bar{y} = \frac{1}{V}\iiint\limits_{\Omega} y\,\mathrm{d}V, \quad \bar{z} = \frac{1}{V}\iiint\limits_{\Omega} z\,\mathrm{d}V.$$

这里,V 是物体体积.

例 9.3.10　设密度均匀的物体占有空间区域 Ω,Ω 为球体 $x^2 + y^2 + z^2 \leqslant 2Rz(R > 0)$ 在锥面 $z = \sqrt{x^2 + y^2}$ 上方的部分(图 9 - 42),试求其重心坐标.

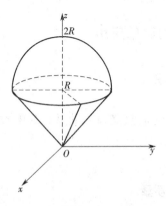

图 9 - 42

解 首先,根据图形的对称性可知 $\bar{x} = \bar{y} = 0, \bar{z} = \dfrac{\iiint\limits_{\Omega} z\mathrm{d}V}{\iiint\limits_{\Omega} \mathrm{d}V}$. 采用球面

坐标,锥面方程为 $\rho\cos\varphi = \rho\sin\varphi$ 即 $\varphi = \dfrac{\pi}{4}$. 球面边界的方程为 $\rho^2 = 2R\rho\cos\varphi$, 即 $\rho = 2R\cos\varphi$. 于是

$$V = \iiint\limits_{\Omega} \mathrm{d}V = \int_0^{2\pi} \mathrm{d}\theta \int_0^{\frac{\pi}{4}} \mathrm{d}\varphi \int_0^{2R\cos\varphi} \rho^2 \sin\varphi \mathrm{d}\rho$$

$$= \frac{16}{3}\pi R^3 \int_0^{\frac{\pi}{4}} \cos^3\varphi\sin\varphi\mathrm{d}\varphi = \pi R^3.$$

及

$$V = \iiint\limits_{\Omega} z\mathrm{d}V = \int_0^{2\pi} \mathrm{d}\theta \int_0^{\frac{\pi}{4}} \mathrm{d}\varphi \int_0^{2R\cos\varphi} \rho^3 \sin\varphi\cos\varphi\mathrm{d}\rho$$

$$= 8\pi R^4 \int_0^{\frac{\pi}{4}} \sin\varphi\cos^5\varphi\mathrm{d}\varphi = \frac{7}{6}\pi R^4.$$

从而 $\bar{z} = \dfrac{\dfrac{7}{6}\pi R^4}{\pi R^3} = \dfrac{7}{6}R$, 重心为 $\left(0, 0, \dfrac{7}{6}R\right)$.

4. 物体的转动惯量

设物体占有空间区域 Ω, 其密度函数为 $\rho(x, y, z)$, 则它对固定轴 u 的转动惯量为

$$J = \iiint\limits_{\Omega} r^2(x, y, z)\rho(x, y, z)\mathrm{d}V,$$

其中 $r(x, y, z)$ 为 Ω 中任一点 (x, y, z) 到 u 轴的距离.

特别地,物体对 x, y, z 轴的转动惯量分别为

$$\begin{cases} I_x = \iiint\limits_{\Omega} (y^2 + z^2)\rho(x,y,z)\,\mathrm{d}V, \\[2mm] I_y = \iiint\limits_{\Omega} (z^2 + x^2)\rho(x,y,z)\,\mathrm{d}V, \\[2mm] I_z = \iiint\limits_{\Omega} (x^2 + y^2)\rho(x,y,z)\,\mathrm{d}V. \end{cases}$$

类似地,物体对三个坐标面的转动惯量分别为

$$\begin{cases} I_{xy} = \iiint\limits_{\Omega} z^2\rho(x,y,z)\,\mathrm{d}V, \\[2mm] I_{yz} = \iiint\limits_{\Omega} x^2\rho(x,y,z)\,\mathrm{d}V, \\[2mm] I_{zx} = \iiint\limits_{\Omega} y^2\rho(x,y,z)\,\mathrm{d}V. \end{cases}$$

物体对原点的转动惯量为

$$I_0 = \iiint\limits_{\Omega} (x^2 + y^2 + z^2)\rho(x,y,z)\,\mathrm{d}V.$$

例 9.3.11 求密度为 1 的均匀球体 $\Omega: x^2 + y^2 + z^3 \leqslant 1$ 对坐标轴的转动惯量.

解 $I_x = \iiint\limits_{\Omega} (y^2 + z^2)\,\mathrm{d}V, I_y = \iiint\limits_{\Omega} (z^2 + x^2)\,\mathrm{d}V, I_z = \iiint\limits_{\Omega} (x^2 + y^2)\,\mathrm{d}V.$

由于对称性 $I_x = I_y = I_z = I.$ 将上三式相加,可得

$$3I = \iiint\limits_{\Omega} 2(x^2 + y^2 + z^2)\,\mathrm{d}V.$$

采用球面坐标

$$I = \frac{2}{3} \iiint\limits_{\Omega} \rho^2 \cdot \rho^2 \sin\varphi\,\mathrm{d}\rho\mathrm{d}\theta\mathrm{d}\varphi = \frac{2}{3} \int_0^{2\pi} \mathrm{d}\theta \int_0^{\pi} \sin\varphi\,\mathrm{d}\varphi \int_0^1 \rho^4\,\mathrm{d}\rho$$

$$= \frac{2}{3} \cdot 2\pi \cdot \frac{1}{5} \int_0^{\pi} \sin\varphi\,\mathrm{d}\varphi = \frac{8}{15}\pi.$$

5. 引力

考虑求密度为 $\rho(x,y,z)$ 的立体对立体外一质量为 1 的质点 A 的万有引力.

设 A 的坐标为 (ξ,η,ζ), V 中点的坐标用 (x,y,z) 表示. 我们用微元法来求 V 对 A 的引力, V 中质量微元 $\mathrm{d}m = \rho\mathrm{d}V$ 对 A 的引力在坐标轴上的投影为

$$\mathrm{d}F_x = k\frac{x-\xi}{r^3}\rho\mathrm{d}V, \mathrm{d}F_y = k\frac{y-\eta}{r^3}\rho\mathrm{d}V, \mathrm{d}F_z = k\frac{z-\zeta}{r^3}\rho\mathrm{d}V,$$

其中 k 为引力系数, $r = \sqrt{(x-\xi)^2 + (y-\eta)^2 + (z-\zeta)^2}$ 是到 A 的距离. 于是力 $\boldsymbol{F}$ 在三个坐标轴上的投影分别为

$$F_x = k\iiint_V \frac{x-\xi}{r^3}\rho\mathrm{d}V, F_y = k\iiint_V \frac{y-\eta}{r^3}\rho\mathrm{d}V, F_z = k\iiint_V \frac{z-\zeta}{r^3}\rho\mathrm{d}V,$$

所以 $\boldsymbol{F} = F_x\boldsymbol{i} + F_y\boldsymbol{j} + F_z\boldsymbol{k}$.

例 9.3.12 设球体 V 具有均匀密度 ρ, 求对球外一点 A (质量为 1)的引力(引力系数为 k).

解 设球体由式 $x^2 + y^2 + z^2 \leqslant R^2$ 表示, 球外一点 A 的坐标为 $(0,0,a)(R<a)$, 由对称性 $F_x = F_y = 0$.

$$F_z = k\iiint_V \frac{z-\zeta}{r^3}\rho\mathrm{d}V = k\iiint_V \frac{z-a}{(\sqrt{x^2+y^2+(z-a)^2})^3}\rho\mathrm{d}V = -\frac{4\pi R^3}{3a^2}\rho k.$$

习题 9.3

(A)

1. 化三重积分 $I = \iiint_\Omega f(x,y,z)\mathrm{d}x\mathrm{d}y\mathrm{d}z$ 为三次积分, 其中积分区域 Ω 分别是:

(1) 由曲面 $z = 3^2 + y^2$ 及 $z = 1 - x^2$ 所围成的闭区域;

(2) 由曲面 $z = x^2 + y^2$，$y = x^2$ 和平面 $y = 1$ 及 $z = 0$ 所围成；

(3) 由曲面 $\dfrac{x^2}{a^2} + \dfrac{y^2}{a^2} - \dfrac{z^2}{a^2} = 1$ 和平面 $z = 0$ 及 $z = 1$ 所围成.

2. 将下列三次积分改变积分次序为先 x 后 y 再 z 的三次积分：

(1) $\displaystyle\int_0^1 \mathrm{d}x \int_0^{1-x} \mathrm{d}y \int_0^{x+y} f(x,y,z)\,\mathrm{d}z$；

(2) $\displaystyle\int_{-1}^1 \mathrm{d}x \int_{-\sqrt{1-x^2}}^{\sqrt{1-x^2}} \mathrm{d}y \int_{\sqrt{x^2+y^2}}^1 f(x,y,z)\,\mathrm{d}z$.

3. 计算下列三重积分：

(1) $\displaystyle\iiint\limits_{\Omega} \dfrac{\mathrm{d}x\mathrm{d}y\mathrm{d}z}{(1+x+y+z)^3}$ 其中 Ω 为平面 $x=0,y=0,z=0,x+y+z=1$ 所围成的四面体；

(2) $\displaystyle\iiint\limits_{\Omega} y\cos(z+x)\,\mathrm{d}x\mathrm{d}y\mathrm{d}z$，其中 Ω 是由抛物柱面 $y = \sqrt{x}$ 以及平面 $y=0,z=0,x+z=\dfrac{\pi}{2}$ 所围成的闭区域；

(3) $\displaystyle\iiint\limits_{\Omega} z\mathrm{d}x\mathrm{d}y\mathrm{d}z$，其中 Ω 为锥面 $z = \dfrac{h}{R}\sqrt{x^2+y^2}$ 与平面 $z = h(R > 0, h > 0)$ 所围成的闭区域.

4. 利用柱坐标计算下列三重积分：

(1) $\displaystyle\iiint\limits_{\Omega} z\mathrm{d}V$，其中 Ω 是由圆柱面 $x^2 + y^2 = 2y$ 和平面 $z=0,z=y$ 所围成的闭区域；

(2) $\displaystyle\iiint\limits_{\Omega} xy\mathrm{d}V$，其中 Ω 是由柱面 $x^2 + y^2 = 1$ 和平面 $z=0,z=1,x=0,y=0$ 所围成的在第一卦限内的区域；

(3) $\displaystyle\iiint\limits_{\Omega} (x^2+y^2)\mathrm{d}V$，其中 Ω 是由曲面 $x^2+y^2 = 2z$ 和平面 $z=2$ 所围成的闭区域.

5. 利用球面坐标计算下列三重积分：

(1) $\iiint\limits_{\Omega} z\mathrm{d}V$,其中闭区域 Ω 由不等式 $x^2 + y^2 + (z - a)^2 \leqslant a^2, x^2 + y^2 \leqslant z^2$ 所确定;

(2) $\iiint\limits_{\Omega} xyz\mathrm{d}V$,其中 Ω 是由球面 $x^2 + y^2 + z^2 = 1$ 及平面 $x = 0, y = 0,$ $z = 0$ 所围成的在第一卦限内的区域;

(3) $\iiint\limits_{\Omega} \dfrac{1}{1 + x^2 + y^2}\mathrm{d}V$,其中 Ω 是由曲面 $z = \sqrt{x^2 + y^2}$ 及平面 $z = 1$ 围成的闭区域.

6. 选用适当的坐标计算下列三重积分:

(1) $\iiint\limits_{\Omega} (x^2 + y^2 + z^2)\mathrm{d}V$,其中 $\Omega = \left\{(x, y, z) \,\middle|\, \dfrac{x^2 + y^2}{3} \leqslant z \leqslant 3\right\}$;

(2) $\iiint\limits_{\Omega} (x^2 + y^2)z^2\mathrm{d}V$,其中 $\Omega = \left\{(x, y, z) \,\middle|\, \dfrac{\sqrt{x^2 + y^2}}{3} \leqslant z \leqslant \sqrt{3}\right\}$;

(3) $\iiint\limits_{\Omega} \mathrm{e}^{\sqrt{x^2 + y^2 + z^2}}\mathrm{d}V$,其中 Ω 是单位球 $x^2 + y^2 + z^2 \leqslant 1$ 内满足 $z \geqslant \sqrt{x^2 + y^2}$ 的部分;

(4) $\iiint\limits_{\Omega} \sqrt{x^2 + y^2 + z^2}\mathrm{d}V$,其中 Ω 是由球面 $x^2 + y^2 + z^2 = z$ 所围成的闭区域.

7. 利用三重积分计算下列立体 Ω 的体积:

(1) Ω 由曲面 $z = 6 - (x^2 + y^2)$ 和 $z = \sqrt{x^2 + y^2}$ 围成;

(2) Ω 由曲面 $z = \sqrt{x^2 + y^2}$ 和 $z = x^2 + y^2$ 围成;

(3) Ω 由曲面 $z = \sqrt{5 - x^2 - y^2}$ 和 $x^2 + y^2 = 4z$ 围成.

(B)

1. 一均匀物体(密度 ρ 为常量)占有的闭区域 Ω 由曲面 $z = x^2 + y^2$ 和平面 $z = 0, |x| = a, |y| = a$ 所围成,求:

(1) 物体的体积;

(2)物体的质心;

(3)物体关于 z 轴的转动惯量.

2. 计算 $\iiint\limits_{\frac{x^2}{a^2}+\frac{y^2}{b^2}+\frac{z^2}{c^2}\leqslant 1} \left(1-\frac{x^2}{a^2}-\frac{y^2}{b^2}-\frac{z^2}{c^2}\right)\mathrm{d}x\mathrm{d}y\mathrm{d}z.$

3. 计算 $\iiint\limits_{\Omega}(y^2+z^2)\mathrm{d}V$,其中 Ω 是由平面上曲线 $y^2=2x$ 绕 x 轴旋转而成的曲面与平面 $x=5$ 所围成的闭区域.

3. 设 $f(u)$ 连续, $F(t)=\iiint\limits_{x^2+y^2+z^2\leqslant t^2} f(x^2+y^2+z^2)\mathrm{d}x\mathrm{d}y\mathrm{d}z$,求 $F'(t)$.

4. 设 $f(t)$ 连续,证明:

$$\int_0^x \mathrm{d}v \int_0^v \mathrm{d}u \int_0^u f(t)\mathrm{d}t = \frac{1}{2}\int_0^x f(t)(x-t)^2\mathrm{d}t.$$

5. 设在 xOy 面上有一质量为 M 的均匀半圆形薄片,占有平面闭区域 $D\{(x,y)\mid x^2+y^2\leqslant R^2,y\geqslant 0\}$,过圆心 O 垂直于薄片的直线上有一质量为 m 的质点 P, $OP=a$,求半圆形薄片对质点 P 的引力.

第10章 第一型曲线积分和曲面积分

本章讨论第一型曲线积分和曲面积分的背景、概念和计算.

10.1 第一型曲线积分

10.1.1 第一型曲线积分的定义和性质

这里重点讨论空间的第一型曲线积分,平面上的第一型曲线积分可以看作空间第一型曲线积分的特例. 设在空间中有一质量分布不均匀的弧形物质,其对应的曲线段记为 L,该物质的质量密度函数是曲线段 L 上的函数,记为 $\rho(x,y,z)$. 为计算曲线段 L 的质量 m,仍然沿用前面多次接触过的微元法的思想,即先对 L 进行分割并做局部的近似处理,然后求和,最后取极限得到质量的精确值. 将曲线段 L 分为 n 小段:$\Delta l_1,\Delta l_2,\cdots,\Delta l_n$,约定 Δl_i 也表示第 i 小段的弧长,由于每一小段足够短,近似地认为在每一小段上质量分布是均匀的,设 Δl_i 的质量密度为 $\rho(\xi_i,\eta_i,\zeta_i)$,其中 $M_i(\xi_i,\eta_i,\zeta_i) \in \Delta l_i$ 是 Δl_i 上的任意一点,则该小段的质量近似为 $\rho(\xi_i,\eta_i,\zeta_i)\Delta l_i$,将 n 个小段的质量近似值相加,得曲线段 L 的质量近似值:

$$\sum_{i=1}^{n} \rho(\xi_i,\eta_i,\zeta_i)\Delta l_i,$$

记 $d = \max_{1 \leq i \leq n}\{\Delta l_i\}$,当 $d \to 0$ 时,上面的近似值趋向精确值,即有

$$\lim_{d \to 0}\sum_{i=1}^{n} \rho(\xi_i,\eta_i,\zeta_i)\Delta l_i = m.$$

如果不考虑上述例子的具体背景,对其做形式化的概括,得到下

面空间第一型曲线积分的定义：

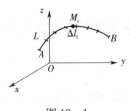

图 10 - 1

定义 10.1.1　设 L 是一空间曲线段，$f(x,y,z)$ 是定义在 L 上的函数，将 L 分为 n 小段：$\Delta l_1,\Delta l_2,\cdots,\Delta l_n$，约定 Δl_i 表示第 i 小段的弧长，在 Δl_i 上任取一点 (ξ_i,η_i,ζ_i) $(i=1,2,\cdots,n)$，作和式

$$\sum_{i=1}^{n} f(\xi_i,\eta_i,\zeta_i)\Delta l_i,$$

如果无论 L 怎样分割，(ξ_i,η_i,ζ_i) 怎样选取，当 $d=\max\limits_{1\leqslant i\leqslant n}\{\Delta l_i\}\to 0$ 时，上述和式总存在极限 I，即

$$I=\lim_{d\to 0}\sum_{i=1}^{n} f(\xi_i,\eta_i,\zeta_i)\Delta l_i,$$

则称此极限为函数 $f(x,y,z)$ 在 L 上的第一型曲线积分，记为

$$\int_{L} f(x,y,z)\,\mathrm{d}s.$$

$f(x,y,z)$ 称为被积函数，L 称为积分路径.

注 10.1.1　后面的第二型曲线积分涉及曲线的方向，但是通过上述定义可以看出，第一型曲线积分与方向无关，在前面的例子中也反映出这一特点，即质量是标量，与方向无关.

注 10.1.2　设曲线段 L 有参数表达式 $x=x(t),y=y(t),z=z(t),\alpha\leqslant t\leqslant\beta$，其中 $x'(t),y'(t),z'(t)$ 在 $[\alpha,\beta]$ 只有有限个第一类间断点，则称曲线段 L 是逐段光滑的. 如果曲线段 L 是逐段光滑的，且被积函数 $f(x,y,z)$ 连续，可以证明第一型曲线积分存在. 容易验证第一型曲线积分有与重积分相似的性质，即关于被积函数的线性性、关于曲线的可加性及关于被积函数的单调性.

注 10.1.3　如果曲线段 L 是 xOy 上的曲线，则被积函数可以表示为 $f(x,y,0)$，或简单记为 $g(x,y)$，在这个意义上空间第一型曲线积分可以看成平面上的第一型曲线积分，记为 $\int_{L} g(x,y)\,\mathrm{d}s$.

10.1.2 第一型曲线积分的计算

1. 曲线弧长的计算公式

如果曲线 L 是 xOy 坐标面上的平面曲线,且其参数表达式由 x 的一元函数 $y = f(x)$ $(a \leqslant x \leqslant b)$ 给出,根据第六章定积分的内容可知,其弧长(仍用 L 表示)由下面的定积分给出

$$L = \int_a^b \sqrt{1 + (y')^2} \, dx.$$

现在讨论曲线具有一般参数表达式 $x = \varphi(t), y = \psi(t)$ $(\alpha \leqslant t \leqslant \beta)$ 的情况. 当 $t = \alpha$ 和 $t = \beta$ 时对应 L 端点,为简单计,设 $x = \varphi(t), y = \psi(t)$ 在 $[\alpha, \beta]$ 上一阶连续可导,且切向量 $\boldsymbol{T} = \{\varphi'(t), \psi'(t)\}$ 处处不为零,在区间 $[\alpha, \beta]$ 上引进分划 $\alpha = t_0 < t_1 < \cdots < t_n = \beta$,当每个小区间 $[t_{i-1}, t_i]$ 的长度足够小时 $(1 \leqslant i \leqslant n)$,在 $[t_{i-1}, t_i]$ 上有 $\varphi'(t) \neq 0$ 或 $\psi'(t) \neq 0$. 不妨设 $\varphi'(t) \neq 0$,例如 $\varphi'(t) > 0$,结合前面的公式和定积分换元公式,注意 $y' = \dfrac{\psi'(t)}{\varphi'(t)}$,因此有

$$\Delta l_i = \int_{t_{i-1}}^{t} \sqrt{1 + \left(\frac{\psi'(t)}{\varphi'(t)}\right)^2} \, \varphi'(t) \, dt = \int_{t_{i-1}}^{t} \sqrt{(\varphi'(t))^2 + (\psi'(t))^2} \, dt,$$

其中 Δl_i 表示对应小弧段的弧长. 最后可得

$$L = \int_\alpha^\beta \sqrt{(\varphi'(t))^2 + (\psi'(t))^2} \, dt.$$

空间曲线的弧长有类似的公式,设其参数表达式为 $x = x(t), y = y(t)$, $z = z(t)$ $(\alpha \leqslant t \leqslant \beta)$,则弧长公式为

$$L = \int_\alpha^\beta \sqrt{x'^2 + y'^2 + z'^2} \, dt.$$

注 10.1.4 在前面的推导中并未指定 $(\varphi(\alpha), \psi(\alpha))$ 对应曲线 L 的哪个端点,因此弧长计算公式与方向无关.

注 10.1.5 在上面弧长公式中定积分的上限大于下限.

注 10.1.6 在曲线的参数表达式中总可以选择弧长作为参数, 事实上, 以平面曲线为例, 记 s 为曲线 L 上一点 $(\varphi(t),\psi(t))$ 到端点 $(\varphi(\alpha),\psi(\alpha))$ 之间的弧长, 则有

$$s(t) = \int_\alpha^t \sqrt{\varphi'^2(\tau) + \psi'^2(\tau)}\,\mathrm{d}\tau,$$

因此, $s'(t) = \sqrt{\varphi'^2(t) + \psi'^2(t)} > 0, t \in (\alpha,\beta)$, 故有反函数 $t = t(s)$, 代入前面的参数表达式可得以弧长为参数的参数表达式 $x = x(s) = \varphi(t(s)), y = y(s) = \psi(t(s))$, 显然 $x'^2(s) + y'^2(s) = 1$.

2. 第一型曲线积分的计算公式

考虑第一型曲线积分

$$\int_L f(x,y,z)\,\mathrm{d}s.$$

其中 L 逐段光滑, 被积函数 $f(x,y,z)$ 连续, 设曲线段 L 有参数表达式 $x = x(t), y = y(t), z = z(t)$ $(\alpha \leqslant t \leqslant \beta)$, 在区间 $[\alpha,\beta]$ 上引进分划 $\alpha = t_0 < t_1 < \cdots < t_n = \beta$. 这相当于在曲线段 L 引入 $n-1$ 个分点, 将其分割为 n 个小弧段, 则第 i 个小弧段 Δl_i 的弧长(仍用 Δl_i 表示)为

$$\Delta l_i = \int_{t_{i-1}}^{t_i} \sqrt{x'^2 + y'^2 + z'^2}\,\mathrm{d}t = \sqrt{x'^2(\tau_i) + y'^2(\tau_i) + z'^2(\tau_2)}\,\Delta t_i,$$

$$\Delta t_i = t_i - t_{i-1}, t_{i-1} \leqslant \tau_i \leqslant t_i,$$

$i = 1,2,\cdots,n$, 记 $\xi_i = x(\tau_i), \eta_i = y(\tau_i), \zeta_i = z(\tau_i)$, 可得如下积分和

$$\sum_{i=1}^n f(\xi_i,\eta_i,\zeta_i)\Delta l_i = \sum_{i=1}^n f(\xi_i,\eta_i,\zeta_i)\sqrt{x'^2(\tau_i) + y'^2(\tau_i) + z'^2(\tau_i)}\,\Delta t_i,$$

显然当 $|\Delta| = \max\limits_{1 \leqslant i \leqslant n}\{\Delta t_i\} \to 0$ 时, 有 $d = \max\limits_{1 \leqslant i \leqslant n}\{\Delta t_i\} \to 0$, 令 $|\Delta| \to 0$, 有

$$\int_L f(x,y,z)\,\mathrm{d}s = \int_\alpha^\beta f(x(t),y(t),z(t))\sqrt{x'^2(t) + y'^2(t) + z'^2(t)}\,\mathrm{d}t,$$

此即第一型曲线积分的计算公式.

当曲线 L 是 xOy 坐标面上的平面曲线时, 有

$$\int_L f(x,y)\,\mathrm{d}s = \int_\alpha^\beta f(\varphi(t),\psi(t))\,\sqrt{\varphi'^2(t)+\psi'^2(t)}\,\mathrm{d}t.$$

如果 L 的参数表达式由 x 的一元函数 $y=y(x)(a\leqslant x\leqslant b)$ 给出,则有

$$\int_L f(x,y)\,\mathrm{d}s = \int_a^b f(x,y(x))\,\sqrt{1+y'^2(x)}\,\mathrm{d}x.$$

注 10.1.7 在上面第一型曲线积分的计算公式中定积分的上限大于下限.

例 10.1.1 计算曲线积分 $\int_L x\mathrm{d}s$,其中 L 如图 $10-2$ 所示:(1)抛物线 $y=x^2$ 上的弧段 $L(OA)$;(2)折线 $L(OAB)$.

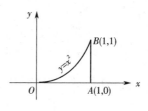

图 $10-2$

解 (1) $L:y=x^2,x\in[0,1]$,弧微分为

$$\mathrm{d}s = \sqrt{1+y'^2}\,\mathrm{d}x = \sqrt{1+4x^2}\,\mathrm{d}x.$$

由第一型曲线积分的计算公式有

$$\int_L x\mathrm{d}s \int_0^1 x\,\sqrt{1+4x^2}\,\mathrm{d}x = \frac{1}{2}\int_0^1 \sqrt{1+4u}\,\mathrm{d}u = \frac{1}{12}(1+4u)^{3/2}\,\Big|_0^1$$

$$= \frac{1}{12}(\sqrt{125}-1).$$

(2)折线 $L(OAB)$ 可分为 $L_1=L(OA)$ 和 $L_2=L(AB)$ 两个直线段,在 L_1 上取 x 为参数,在 L_2 上取 y 为参数.则有

$$\int_L x\mathrm{d}s = \int_{L_1} x\mathrm{d}s + \int_{L_2} x\mathrm{d}s = \int_0^1 x\mathrm{d}x + \int_0^1 \mathrm{d}y = \frac{3}{2}.$$

例 10.1.2 设 L 为椭圆 $\dfrac{x^2}{a^2}+\dfrac{y^2}{b^2}=1$ 位于第 I 象限的部分,计算积分 $I=\int_L xy\mathrm{d}s$.

解 广义极坐标 $x=a\cos\theta,y=b\sin\theta\left(0\leqslant\theta\leqslant\dfrac{\pi}{2}\right)$ 给出曲线 L 的参数表达式,因此有

$$I = \int_0^{\pi/2} ab\sin\theta\cos\theta\ \sqrt{a^2\sin^2\theta + b^2\cos^2\theta}\,d\theta$$

$$= \frac{ab}{2}\int_0^{\pi/2} \sin 2\theta\ \sqrt{\frac{a^2}{2}(1-\cos 2\theta) + \frac{b^2}{2}(1+\cos 2\theta)}\,d\theta.$$

令 $u = \cos 2\theta$, 则有 $\sin 2\theta\,d\theta = -\dfrac{1}{2}du$, 且有

$$I = \frac{ab}{4}\int_{-1}^1 \sqrt{\frac{b^2-a^2}{2}u + \frac{b^2+a^2}{2}}\,du$$

$$= \frac{ab}{4}\cdot\frac{2}{b^2-a^2}\cdot\frac{2}{3}\left(\frac{a^2+b^2}{2} + \frac{b^2-a^2}{2}u\right)^{3/2}\Bigg|_{-1}^1 = \frac{ab}{3}\cdot\frac{a^2+ab+b^2}{a+b}.$$

例 10.1.3　计算积分 $I = \displaystyle\int_L xyz\,ds$, 其中 L 是曲线 $x = t, y = \dfrac{1}{3}\sqrt{8t^3}, z = \dfrac{1}{2}t^2$ 在点 $t = 0$ 及 $t = 1$ 之间的弧.

解　$ds = \sqrt{x'^2 + y'^2 + z'^2}\,dt = (1+t)\,dt$, 所以

$$I = \frac{\sqrt{2}}{3}\int_0^1 t^{9/2}(1+6)\,dt = \frac{16\sqrt{2}}{143}.$$

习题 10.1

1. 计算下列第一型曲线积分:

$(1)\displaystyle\int_L (x+y)\,ds$, L 是以 $(0,0)$, $(1,0)$ 和 $(0,2)$ 为顶点的三角形;

$(2)\displaystyle\int_L y\,ds$, L 是抛物线 $y^2 = 2x$ 上从点 $(0,0)$ 到点 $(2,2)$ 的一段弧;

$(3)\displaystyle\int_L (x^2+y^2)\,ds$, $L:\begin{cases} x = a(\cos t + t\sin t) \\ y = a(\sin t - t\cos t) \end{cases} 0 \leqslant t \leqslant 2\pi$;

$(4)\displaystyle\int_L (x^2+y^2+z^2)\,ds$, $L: x = a\cos t, y = a\sin t, z = bt, 0 \leqslant t \leqslant 2\pi$;

$(5) \int\limits_{L} (x^{4/3} + y^{4/3}) \mathrm{d}s$，$L$ 是内摆线 $x^{2/3} + y^{2/3} = a^{2/3}$ ($a > 0$) 的一拱；

$(6) \int\limits_{L} x^2 \mathrm{d}s$，其中 L 是圆周 $\begin{cases} x^2 + y^2 + z^2 = a^2 \\ x + y + z = 0 \end{cases}$.

2. 求曲线弧段 $x = at, y = \dfrac{a}{2} t^2, z = \dfrac{a}{3} t^3$ ($0 \leqslant t \leqslant 1, a > 0$) 的质量，其

线密度函数为 $\rho = \sqrt{\dfrac{2y}{a}}$.

10.2　第一型曲面积分

10.2.1　第一型曲面积分的定义

如果曲面 S 的参数表达式连续可微，则称曲面 S 是光滑曲面，如果用分段光滑曲线将曲面 S 分割为有限个部分，且每个部分是光滑的，则称曲面 S 是分片光滑的，后面将以此为前提展开讨论. 先讨论计算曲面质量的问题. 设 S 为一物质曲面，其质量分布密度为 $\rho(x, y, z)$，求曲面 S 的质量. 遵循微元法的思想，将 S 任意分割成 n 个小曲面 S_1，$S_2, \cdots, S_n$，S_i 的面积记为 ΔS_i，如果 S_i 的直径 $d(S_i)$ 足够小（$d(S_i)$ 理解为 $\bar{S}_i$ 上任意两点距离的最大值），则可以近似地认为在 S_i 上质量分布是均匀的，在 S_i 上任取一点 (ξ_i, η_i, ζ_i)，以 $\rho(\xi_i, \eta_i, \zeta_i)$ 近似 S_i 上的密度，可得 S_i 的质量近似值 $\rho(\xi_i, \eta_i, \zeta_i) \Delta S_i$. 求和得曲面 S 的质量的近似值

$$\sum_{i=1}^{n} \rho(\xi_i, \eta_i, \zeta_i) \Delta S_i,$$

当 $d = \max\limits_{1 \leqslant i \leqslant n} \{d(S_i)\} \to 0$ 时，曲面 S 的质量为

$$\lim_{d \to 0} \sum_{i=1}^{n} \rho(\xi_i, \eta_i, \zeta_i) \Delta S_i.$$

注 10.2.1　设 A, B 是 $\bar{S}_i$ 的任意两点，则距离 $|AB|$ 是 $\bar{S}_i \times \bar{S}_i$ 上的

连续函数,因此可以取到最大值 $d(S_i)$.

如果不考虑问题的具体背景,对上述讨论做形式化处理,有如下定义:

定义 10.2.1　设 S 是三维空间中的分片光滑曲面,函数 $f(x,y,z)$ 定义在曲面 S 上,将 S 任意分割成 n 个小曲面 $S_1,S_2,\cdots,S_n,S_i$ 的面积记为 ΔS_i,在 S_i 上任取一点 $(\xi_i,\eta_i,\zeta_i)(i=1,2,\cdots,n)$,作和式

$$\sum_{i=1}^{n} f(\xi_i,\eta_i,\zeta_i)\Delta S_i.$$

如果当 $d=\max\limits_{1\leqslant i\leqslant n}\{d(S_i)\}\to 0$ 时,极限 $\lim\limits_{d\to 0}\sum\limits_{i=1}^{n} f(\xi_i,\eta_i,\zeta_i)\Delta S_i$ 存在,且该极限与曲面 S 的分割方法及点 (ξ_i,η_i,ζ_i) 的取法无关,则称该极限为函数 $f(x,y,z)$ 在曲面 S 上的第一型曲面积分,记为

$$\lim_{d\to 0}\sum_{i=1}^{n} f(\xi_i,\eta_i,\zeta_i)\Delta S_i = \iint\limits_{S} f(x,y,z)\,\mathrm{d}S,$$

其中 $\mathrm{d}S$ 称为面积元素.

注 10.2.2　后面的第二型曲面积分涉及曲面的方向,但是通过上述定义可以看出第一型曲面积分与方向无关,在前面的例子中也反映出这一特点,即质量是标量,与方向无关.

注 10.2.3　如果曲面 S 是逐片光滑的,且被积函数 $f(x,y,z)$ 连续,可以证明第一型曲面积分存在. 容易验证第一型曲面积分有与重积分相似的性质,即关于被积函数的线性性、关于曲面的可加性及关于被积函数的单调性.

10.2.2　第一型曲面积分的计算

设曲面 S 可由函数 $z=z(x,y)$ 表示,且该函数连续可微,被积函数 $f(x,y,z)$ 连续,曲面 S 在 xOy 平面的投影形成平面区域 D_{xy}. 将 S 分割成 n 个小曲面 $S_1,S_2,\cdots,S_n,S_i$ 在 xOy 平面的投影记为 $\Delta\sigma_i(\Delta\sigma_i$ 同时表示对应的面积),由二重积分的内容可知

$$\Delta S_i = \iint\limits_{\Delta\sigma_i} \sqrt{1 + z_x'^2 + z_y'^2}\,dxdy = \sqrt{1 + z_x'^2(\xi_i,\eta_i) + z_y'^2(\xi_i,\eta_i)}\,\Delta\sigma_i,$$

其中 $(\xi_i,\eta_i) \in \Delta\sigma_i$. 由此可得积分和

$$\sum_{i=1}^{n} f(\xi_i,\eta_i,z(\xi_i,\eta_i))\sqrt{1 + z_x'^2(\xi_i,\eta_i) + z_y'^2(\xi_i,\eta_i)}\,\Delta\sigma_i.$$

当 $d = \max\limits_{1\leq i\leq n}\{d(S_i)\} \to 0$ 时，显然 $|\Delta| = \max\limits_{1\leq i\leq n}\{\Delta\sigma_i\} \to 0$，则有

$$\iint\limits_{S} f(x,y,z)\,dS = \iint\limits_{D_{xy}} f(x,y,z(x,y))\sqrt{1 + z_x'^2 + z_y'^2}\,dxdy.$$

此即第一型曲面积分的计算公式，通常记 $dS = \sqrt{1 + z_x'^2 + z_y'^2}\,dxdy$，称为面积元. 当曲面 S 可由函数 $x = x(y,z)$ 或者 $y = y(x,z)$ 表示时，有类似的公式.

例 10.2.1　计算曲面积分 $I = \iint\limits_{S} \dfrac{dS}{z}$，其中 S 是球面 $x^2 + y^2 + z^2 = a^2, 0 < h \leq z \leq a$.

解　该曲面属于上半球面，解出 $z = \sqrt{a^2 - x^2 - y^2}$，其中 $(x,y) \in D, D: x^2 + y^2 \leq a^2 - h^2$. 下面计算面积元

$$z_x' = -\frac{x}{z}, z_y' = -\frac{y}{z}, dS = \sqrt{1 + \frac{x^2}{z^2} + \frac{y^2}{z^2}}\,dxdy = \frac{a}{z}\,dxdy.$$

因此有

$$I = \iint\limits_{D} \frac{1}{z} \cdot \frac{a}{z}\,dxdy = a\iint\limits_{D} \frac{1}{z^2}\,dxdy = a\iint\limits_{D} \frac{dxdy}{a^2 - x^2 - y^2}$$

$$= a\int_0^{2\pi} d\theta \int_0^{\sqrt{a^2 - h^2}} \frac{rdr}{a^2 - r^2} = 2\pi a\ln\frac{a}{h}.$$

例 10.2.2　计算积分 $I = \iint\limits_{S} (y^2z^2 + z^2x^2 + x^2y^2)\,dS$，其中 S 是锥面 $z = k\sqrt{x^2 + y^2}$ 被柱面 $x^2 + y^2 = 2ax$ 所截的部分 $(a, k > 0)$.

解　经计算可得 $dS = \sqrt{1 + k^2}\,dxdy$，$S$ 在 xOy 平面的投影区域为 $D: x^2 + y^2 \leq 2ax$，因此

$$I = \sqrt{1+k^2} \iint\limits_{D} \left[k^2 (x^2 + y^2)^2 + x^2 y^2 \right] \mathrm{d}x\mathrm{d}y$$

$$= \sqrt{1+k^2} \int_{-\frac{\pi}{2}}^{\frac{\pi}{2}} \mathrm{d}\theta \int_{0}^{2a\cos\theta} (k^2 r^4 + r^4 \sin^2\theta\cos^2\theta) r\mathrm{d}r$$

$$= \frac{1}{24}(80k^2 + 7)\pi a^6 \sqrt{1+k^2}.$$

习题 10.2

1. 计算下列第一型曲面积分:

(1) $\iint\limits_{S} (x+y+z)\mathrm{d}S$, S 是上半球: $x^2 + y^2 + z^2 = a^2$, $z \geqslant 0$;

(2) $\iint\limits_{S} \dfrac{\mathrm{d}S}{(1+x+y)^2}$, S 是四面体: $x+y+z \leqslant 1$, $x \geqslant 0$, $y \geqslant 0$, $z \geqslant 0$ 的边界;

(3) $\iint\limits_{S} x\mathrm{d}S$, S 是螺旋面: $x = u\cos v$, $y = u\sin v$, $z = cv$ $(0 \leqslant u \leqslant a, 0 \leqslant v \leqslant 2\pi, c > 0)$;

(4) $\iint\limits_{S} f(x,y,z)\mathrm{d}S$, 其中 S 是球面: $x^2 + y^2 + z^2 = 4$,

$$f(x,y,z) = \begin{cases} x^2 + y^2 & z \geqslant \sqrt{x^2+y^2} \\ 0 & z < \sqrt{x^2+y^2} \end{cases}.$$

2. 求抛物面 $z = \dfrac{1}{2}(x^2+y^2)$ $(0 \leqslant z \leqslant 1)$ 的质量, 面密度为 $\rho = z$.

第11章 第二型曲线积分和曲面积分

11.1 第二型曲线积分

11.1.1 第二型曲线积分的定义和性质

1. 力场做功的问题

和上一节一样,重点讨论空间的第二型曲线积分. 平面上的第二型曲线积分可以看作空间第二型曲线积分的特例. 先从一个力学问题出发,考虑一质点在空间连续力场 $F = \{P(x,y,z), Q(x,y,z), R(x,y,z)\}$ 作用下,沿某一光滑曲线 $L(AB)$ 移动时所作的功 W,这里质点从端点 A 出发向端点 B 方向移动. 仍遵循微元法的思想,为此在 L 上依次引入分点 $A_i(x_i, y_i, z_i)$ $(i = 0,1,2,\cdots,n)$,其中 $A_0(x_0, y_0, z_0)$ 对应点 A,$A_n(x_n, y_n, z_n)$ 对应点 B,这些分点将曲线段 L 分成 n 个小弧段 Δl_i $(i = 1,2,\cdots,n)$. 在每个小弧段 Δl_i 上质点从 A_{i-1} 移动到 A_i,为确定质点通过 Δl_i 时的功 ΔW_i,做如下近似处理. 用向量 $\overrightarrow{A_{i-1}A_i} = \{x_i - x_{i-1}, y_i - y_{i-1}, z_i - z_{i-1}\} = \{\Delta x_i, \Delta y_i, \Delta z_i\}$ 表示连接 Δl_i 的两个端点的弦,近似地以弦 $\overrightarrow{A_{i-1}A_i}$ 代替 Δl_i. 另外在小弧段 Δl_i 上近似地设力 F 的大小和方向不变,记为 F_i,设 $M_i(\xi_i, \eta_i, \zeta_i)$ 是 Δl_i 上任一点,可取 $F_i = F(\xi_i, \eta_i, \zeta_i)$ (图 11-1). 因此

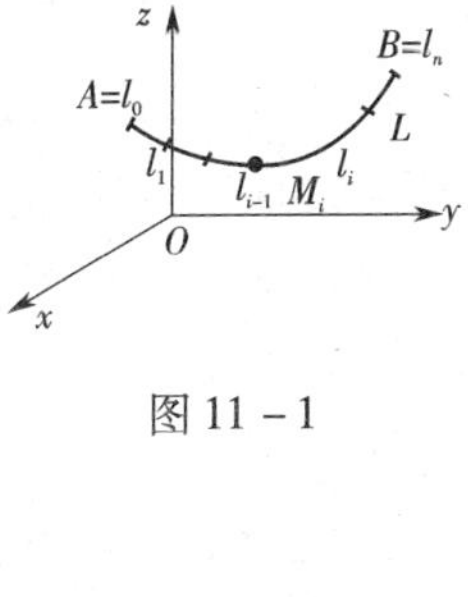

图 11-1

$$\Delta W_i \approx F_i \cdot \overrightarrow{A_{i-1}A_i} = P(\xi_i, \eta_i, \zeta_i)\Delta x_i + Q(\xi_i, \eta_i, \zeta_i)\Delta y_i + R(\xi_i, \eta_i, \zeta_i)\Delta z_i.$$

在小弧段 Δl_i 上可以选择另一个方案做近似处理,在点 $M_i(\xi_i,\eta_i,$ $\zeta_i)$ 取单位切向量 $\boldsymbol{\tau}_i$,其方向与质点的运动方向一致,则有

$$\Delta W_i \approx \boldsymbol{F}_i \cdot \boldsymbol{\tau}_i \Delta l_i.$$

其中 Δl_i 也表示弧长,分别求和得

$$W \approx \sum_{i=1}^{n} \left[P(\xi_i,\eta_i,\zeta_i)\Delta x_i + Q(\xi_i,\eta_i,\zeta_i)\Delta y_i + R(\xi_i,\eta_i,\zeta_i)\Delta z_i \right],$$

和

$$W \approx \sum_{i=1}^{n} \boldsymbol{F}_i \cdot \boldsymbol{\tau}_i \Delta l_i.$$

令 $d = \max_{1 \leqslant i \leqslant n} \{\Delta l_i\} \to 0$,有

$$W = \lim_{d \to 0} \sum_{i=1}^{n} \left[P(\xi_i,\eta_i,\zeta_i)\Delta x_i + Q(\xi_i,\eta_i,\zeta_i)\Delta y_i + R(\xi_i,\eta_i,\zeta_i)\Delta z_i \right]$$

$$= \int_L \boldsymbol{F} \cdot \boldsymbol{\tau} \mathrm{d}s = \int_L \left[P\cos\alpha + Q\cos\beta + R\cos\gamma \right] \mathrm{d}s.$$

其中 $\boldsymbol{\tau} = \{\cos\alpha,\cos\beta,\cos\gamma\}$ 是曲线段 $L(AB)$ 上的单位切向量,方向与质点运动的方向一致.

2. 曲线的定向

（1）曲线定向直观描述

在上面的例子中,由于力场是向量,因此质点运动的方向是不能忽略的因素. 显然如果质点从端点 B 出发向端点 A 方向移动,力场所作的功变号,这个问题与曲线的定向有关. 在现实生活中类似的例子有很多,典型的例子是高速公路,在封闭的高速公路上车辆只能沿规定的方向行驶. 可定向是曲线固有的属性,曲线的定向可以有两个选择,通常借助观察者的位置描述曲线定向,例如规定曲线段的起点和终点,或者从某个指定位置观察封闭曲线,利用顺时针或逆时针来区分不同的方向.

（2）切向量与曲线定向

当面对复杂曲线时上述方法有局限性,描述曲线定向的内蕴方式

是利用切向量标识定向. 以光滑曲线为例, 在曲线的每一点处的切向量只有两个方向, 在曲线的某一点处选定一个切向量, 意味着选定了曲线的一个定向.

(3) 参数表达式的作用

以平面曲线为例, 设有一平面光滑曲线 $L(AB)$, $L(AB)$ 以 A 为起点, B 为终点, 其参数表达式为 $x = x(t)$, $y = y(t)$ ($\alpha \leqslant t \leqslant \beta$). 利用参数表达式可计算出切向量 $T = \{x'(t), y'(t)\}$, 这里可以借助参数 t 判断 T 的方向是否与 $L(AB)$ 的定向一致. 由导数定义可知切向量 T 的方向与参数 t 增加的方向一致, 确切地说与参数增加时曲线上点的移动方向一致, 因此借助参数表达式, 可以利用参数描述曲线的定向. 如果当参数增加时点从 A 移动到 B, 即有 $A = (x(\alpha), y(\alpha))$, 则 T 的方向与 $L(AB)$ 的定向一致, 否则相反.

3. 第二型曲线积分的定义

定义 11.1.1　设 $L(AB)$ 是空间一有向曲线 (起点为 A, 终点为 B), 函数 $P(x,y,z)$, $Q(x,y,z)$, $R(x,y,z)$ 在 L 上有定义, 在 L 上从起点 A 出发依次引入分点 $A = A_0, A_1, \cdots, A_n = B$, 将曲线段 L 分成 n 个小弧段 Δl_i, 分点坐标为 $A_i(x_i, y_i, z_i)$ ($i = 0, 1, \cdots, n$), 在 Δl_i 上选取一点 M_i (ξ_i, η_i, ζ_i) ($i = 1, 2, \cdots, n$), 当 $d = \max\limits_{1 \leqslant i \leqslant n} \{\Delta l_i\} \to 0$ 时, 和式

$$\sum_{i=1}^{n} \left[P(\xi_i, \eta_i, \zeta_i)\Delta x_i + Q(\xi_i, \eta_i, \zeta_i)\Delta y_i + R(\xi_i, \eta_i, \zeta_i)\Delta z_i \right]$$

有极限 I, 且极限与曲线段 L 的分割方法及 $M_i(\xi_i, \eta_i, \zeta_i)$ 的选择无关, 这一极限称为函数 $P(x,y,z)$, $Q(x,y,z)$, $R(x,y,z)$ 沿 L 的第二型曲线积分, 记为

$$I = \int_{L(AB)} P(x,y,z)\,\mathrm{d}x + Q(x,y,z)\,\mathrm{d}y + R(x,y,z)\,\mathrm{d}z.$$

如果引入向量符号

$$\boldsymbol{F} = \{P(x,y,z), Q(x,y,z), R(x,y,z)\}$$

$$= P(x,y,z)\boldsymbol{i} + Q(x,y,z)\boldsymbol{j} + R(x.y.z)\boldsymbol{k},$$

$$\boldsymbol{r} = x\boldsymbol{i} + y\boldsymbol{j} + z\boldsymbol{k}, \mathrm{d}\boldsymbol{r} = \mathrm{d}x\boldsymbol{i} + \mathrm{d}y\boldsymbol{j} + \mathrm{d}z\boldsymbol{l},$$

则第二型曲线积分可表示为

$$I = \int_{L(AB)} \boldsymbol{F} \cdot \mathrm{d}\boldsymbol{r}.$$

$\boldsymbol{F} = \{P(x,y,z), Q(x,y,z), R(x,y,z)\}$ 是向量值函数,也称为向量场,第二型曲线积分是向量场沿曲线的积分.

注 11.1.1　在上述定义中如果改变曲线 L 的定向,即以 B 为起点,A 为终点,根据定义 11.1.1,曲线 L 上的分点的顺序将改变,设新的分点为 $B_i = A_{n-i}(i = 0,1,\cdots,n)$,则在积分和式中的 Δx_i,Δy_i,Δz_i 将变号,因此有

$$\int_{L(AB)} P(x,y,z)\mathrm{d}x + Q(x,y,z)\mathrm{d}y + R(x,y,z)\mathrm{d}z$$

$$= -\int_{L(BA)} P(x,y,z)\mathrm{d}x + Q(x,y,z)\mathrm{d}y + R(x,y,z)\mathrm{d}z.$$

注 11.1.2　类似第一型曲线积分的情况,如果曲线段 L 是逐段光滑的,且被积函数 $P(x,y,z)$,$Q(x,y,z)$,$R(x.y.z)$ 连续,可以证明第二型曲线积分存在.

4. 第二型曲线积分的性质

从定义出发容易验证第二型曲线积分有以下性质:

(1)关于被积函数的线性性:

$$\int_L (a\boldsymbol{F}_1 + b\boldsymbol{F}_2) \cdot \mathrm{d}\boldsymbol{r} = a\int_L \boldsymbol{F}_1 \cdot \mathrm{d}\boldsymbol{r} + b\int_L \boldsymbol{F}_2 \cdot \mathrm{d}\boldsymbol{r},$$

其中 $\boldsymbol{F}_1$,$\boldsymbol{F}_2$ 是两个向量值函数,$a,b \in \boldsymbol{R}$;

(2)关于曲线的可加性:

$$\int_L \boldsymbol{F} \cdot \mathrm{d}\boldsymbol{r} = \int_{L_1} \boldsymbol{F} \cdot \mathrm{d}\boldsymbol{r} + \int_{L_2} \boldsymbol{F} \cdot \mathrm{d}\boldsymbol{r},$$

其中 $L = L_1 \cup L_2$,L_1 与 L_2 最多只在端点相交,且 L_1,L_2 的定向与 L 的定

向一致.

（3）

$$\int_L \boldsymbol{F} \cdot \mathrm{d}\boldsymbol{r} = -\int_{L^-} \boldsymbol{F}\mathrm{d}\boldsymbol{r},$$

其中 L^- 与 L 是同一条曲线,但是定向相反.

关于被积函数的单调性不再成立.

由于向量值函数 $\boldsymbol{F} = \{P(x,y,z),Q(x,y,z),R(x,y,z)\}$ 可以表示为

$$\boldsymbol{F} = \{P(x,y,z),0,0+0,Q(x,y,z),0+0,0,R(x,y,z)\},$$

由前面的性质（2）有

$$\int_{L(AB)} P(x,y,z)\,\mathrm{d}x + Q(x,y,z)\,\mathrm{d}y + R(x,y,z)\,\mathrm{d}z$$

$$= \int_{L(AB)} P(x,y,z)\,\mathrm{d}x + \int_{L(AB)} Q(x,y,z)\,\mathrm{d}y + \int_{L(AB)} R(x,y,z)\,\mathrm{d}z.$$

注 11.1.3　对平面曲线 $L(AB)$ 的情况,可以类似定义平面上的第二型曲线积分

$$\int_{L(AB)} P(x,y)\,\mathrm{d}x + Q(x,y)\,\mathrm{d}y.$$

注 11.1.4　一元函数的定积分是第二型曲线积分.

11.1.2　第二型曲线积分的计算公式

设空间有向曲线 $L(AB)$（起点为 A,终点为 B）有参数表达式 $x = x(t),y = y(t),z = z(t)$ $(\alpha \leqslant t \leqslant \beta)$,这里 $x = x(t),y = y(t),z = z(t)$ 在区间 $[\alpha,\beta]$ 上有一阶连续导数. 在区间 $[\alpha,\beta]$ 上引进分划 $\alpha = t_0 < t_1 < \cdots < t_n = \beta$,则点 $A_i(x(t_i),y_i(t_i),z_i(t_i))$ $(i = 0,1,\cdots,n)$ 是 $L(AB)$ 上的分点,如果当参数 t 增加时 $L(AB)$ 上的点的移动方向与定向一致,上述分点的顺序与定向一致,否则上述分点的顺序与定向相反. 不妨设参数 t 增加的方向与 $L(AB)$ 的定向一致,此时有 $A_0 = A$,由微分中值定理,$\Delta x_i = x'(\tau_i)\Delta t_i(\Delta t_i = t_i - t_{i-1},t_{i-1} < \tau_i < t_i)$,因此有

$$\sum_{i=1}^{n} P(x(\tau_i),y(\tau_i),z(\tau_i))\Delta x_i = \sum_{i=1}^{n} P(x(\tau_i),y(\tau_i),z(\tau_i))x'(\tau_i)\Delta t_i.$$

显然当 $|\Delta| = \max_{1 \leq i \leq n} \{\Delta t_i\} \to 0$ 时,有 $d = \max_{1 \leq i \leq n} \{\Delta_i\} \to 0$,令 $|\Delta| \to 0$,有

$$\int_{L(AB)} P(x,y,z)\,\mathrm{d}x = \int_{\alpha}^{\beta} P(x(t),y(t),z(t))x'(t)\,\mathrm{d}t,$$

类似地有

$$\int_{L(AB)} Q(x,y,z)\,\mathrm{d}y = \int_{\alpha}^{\beta} Q(x(t),y(t),z(t))y'(t)\,\mathrm{d}t,$$

$$\int_{L(AB)} R(x,y,z)\,\mathrm{d}z = \int_{\alpha}^{\beta} R(x(t),y(t),z(t))z'(t)\,\mathrm{d}t.$$

综合起来有

$$\int_{L} P\mathrm{d}x + Q\mathrm{d}y + R\mathrm{d}z = \int_{\alpha}^{\beta} \big[P(x(t),y(t),z(t))x'(t) +$$

$$Q(x(t),y(t),z(t))y'(t) + R(x(t),y(t),z(t))z'(t) \big]\mathrm{d}t$$

此即第二型曲线积分的计算公式.

注 11.1.5 从上面的讨论可知,如果当参数 t 增加时 $L(AB)$ 上的点的移动方向与定向相反,有

$$\int_{L} P\mathrm{d}x + Q\mathrm{d}y + R\mathrm{d}z$$

$$= -\int_{\alpha}^{\beta} \big[P(x(t),y(t),z(t))x'(t) + Q(x(t),y(t),z(t))y'(t)$$

$$+ R(x(t),y(t),z(t))z'(t) \big]\mathrm{d}t.$$

在本小节开始以力场做功问题作为第二型曲面积分的物理背景,这里结合计算公式从另一个角度讨论这个问题.

例 11.1.1 力场做功问题.

解 设有力场 $\boldsymbol{F} = \{P(x,y,z),Q(x,y,z),R(x,y,z)\}$ 如前,在力场的作用下质点沿曲线 $L(AB)$ 移动的位置函数为

$$\boldsymbol{r}(t) = x(t)\boldsymbol{i} + y(t)\boldsymbol{j} + z(t)\boldsymbol{k},$$

其中取时间 t 作为自变量,当 $t=0$ 时质点位于 A 点,当 $t=T$ 时质点位

于 B 点,则速率(velocily)函数是

$$v(t) = r'(t) = x'(t)i + y'(t)j + z'(t)k,$$

速度(speed)函数是 $v(t) = |v(t)| = \sqrt{v(t) \cdot v(t)}$,加速度(acceleration)为

$$a(t) = r''(t) = x''(t)i + y''(t)j + z''(t)k.$$

由牛顿第二定律有 $F = ma$,另外质点的动能是 $K = \dfrac{1}{2}mv^2 = \dfrac{1}{2}mv(t) \cdot v(t)$,

其中 m 是质点的质量. 对动能函数求导数得

$$\frac{\mathrm{d}K}{\mathrm{d}t} = \frac{m}{2}\frac{\mathrm{d}}{\mathrm{d}t}(v(t) \cdot v(t)).$$

注意:

$$\frac{\mathrm{d}}{\mathrm{d}t}(v(t) \cdot v(t)) = \frac{\mathrm{d}}{\mathrm{d}t}(x'^2 + y'^2 + z'^2) = 2(x''x' + y''y' + z''z') = 2a \cdot v.$$

因此

$$\frac{\mathrm{d}K}{\mathrm{d}t} = ma \cdot v = F \cdot v.$$

由于功是能量的差,所以有

$$W = K(T) - K(0) = \int_0^T \frac{\mathrm{d}K}{\mathrm{d}t}\mathrm{d}t = \int_0^T F \cdot v\mathrm{d}t = \int_0^T (Px' + Qy' + Rz')\,\mathrm{d}t.$$

上式可以理解为第二型曲线积分计算公式的物理意义.

例 11.1.2　设有引力场

$$F(x,y,z) = \frac{-1}{(x^2 + y^2 + z^2)^{3/2}}(xi + yj + zk),$$

证明当质点在引力场作用下从点 (x_1,y_1,z_1) 移动到点 (x_2,y_2,z_2) 时,引力场所做的功只与 $R_1 = \sqrt{x_1^2 + y_1^2 + z_1^2}$,$R_2 = \sqrt{x_2^2 + y_2^2 + z_2^2}$ 有关.

证明　设质点沿路径 L 移动,其位置函数为

$$r(t) = x(t)i + y(t)j + z(t)k,$$

则有

$$W = \int_0^T \frac{-1}{(x^2 + y^2 + z^2)^{3/2}}(xi + yj + zk) \cdot (x'(t)i + y'(t)j + z'(t)k)\,\mathrm{d}t$$

$$= -\int_0^T \frac{xx' + yy' + zz'}{(x^2 + y^2 + z^2)^{3/2}} dt = -1/2 \int_0^T \frac{d(x^2 + y^2 + z^2)}{(x^2 + y^2 + z^2)^{3/2}}$$

$$= (x^2 + y^2 + z^2)^{-\frac{1}{2}} \Big|_0^T = \frac{1}{R_2} - \frac{1}{R_1}.$$

例 11.1.3 计算曲线积分 $I = \int_L x\mathrm{d}y - y\mathrm{d}x$,其中 L 是

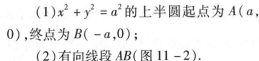

(1)$x^2 + y^2 = a^2$ 的上半圆起点为 $A(a, 0)$,终点为 $B(-a,0)$;

(2)有向线段 AB(图 11 − 2).

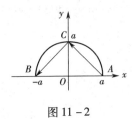

图 11 − 2

解 (1)L 的参数表达式为 $x = a\cos t$, $y = a\sin t(0 \leqslant t \leqslant \pi)$,参数 t 增加的方向与曲线定向一致,由第二型曲线积分的计算公式有

$$I = \int_0^\pi [a\cos t a\cos t - a\sin t(-a\sin t)]\mathrm{d}t = a^2 \int_0^\pi \mathrm{d}t = a^2 \pi;$$

(2)L 的方程为 $y = 0$, $-a \leqslant x \leqslant a$,参数 x 增加的方向与曲线定向相反,因此

$$I = -\int_{-a}^a x \cdot 0\mathrm{d}x - 0\mathrm{d}x = 0.$$

例 11.1.4 计算积分 $I = \int_L \frac{x^2\mathrm{d}y - y^2\mathrm{d}x}{x^{5/3} + y^{5/3}}$,其中 L 是星形线 $x = a\cos^3 t$, $y = a\sin^3 t$,起点为 $A(a,0)$,终点为 $B(0,a)$ 的一段.

解 参数 t 增加的方向与曲线定向一致,由第二型曲线积分的计算公式有

$$I = 3a^{4/3} \int_0^{\pi/2} \sin^2 t\cos^2 t\mathrm{d}t = \frac{3}{16}\pi a^{4/3}.$$

11.1.3 两类曲线积分的关系

设 L 是空间光滑定向曲线,如前面讨论,在其参数表达式里总可以选择弧长 s 为参数,设其参数表达式为 $x = x(s)$, $y = y(s)$, $z = z(s)$

$(0 \le s \le S)$, 且 s 增加的方向与曲线定向一致, 则其切向量 $\boldsymbol{\tau} = \{ x'(s),$
$y'(s), z'(s) \}$ 是单位向量, 方向与曲线定向一致. 由于 $\boldsymbol{\tau}$ 是单位向量,
因此 $\boldsymbol{\tau} = \{ \cos\alpha, \cos\beta, \cos\gamma \}$, 根据第一、二型曲线积分的计算公式有

$$\int_L P(x,y,z)\,\mathrm{d}x = \int_0^S P(x(s),y(s),z(s))x'(s)\,\mathrm{d}s = \int_L P(x,y,z)\cos\alpha\,\mathrm{d}s.$$

同理可得一般公式如下:

$$\int_L P\mathrm{d}x + Q\mathrm{d}y + R\mathrm{d}z = \int_L (P\cos\alpha + Q\cos\beta + R\cos\gamma)\,\mathrm{d}s = \int_L \boldsymbol{F} \cdot \boldsymbol{\tau}\mathrm{d}s.$$

在上面的公式中切向量 $\boldsymbol{\tau}$ 携带了曲线定向的信息.

例 11.1.5　设 $L(AB)$ 是空间有向光滑曲线 (起点为 A, 终点为

B), 函数 $f(x,y,z)$ 可微, 计算曲线积分 $I = \int_L \mathrm{grad}f \cdot \boldsymbol{\tau}\mathrm{d}s$, 其中 $\boldsymbol{\tau}$ 是 L 的

单位切向量, 且 $\boldsymbol{\tau}$ 的方向与曲线定向一致.

解　设 L 的参数表达式以弧长 s 为参数, $x = x(s), y = y(s), z =$
$z(s)(0 \le s \le S)$, 且 s 增加的方向与曲线定向一致, 则单位切向量 $\boldsymbol{\tau}$ 可
表示为 $\boldsymbol{\tau} = x'(s), y'(s), z'(s)$,
由方向导数的计算公式有

$$\frac{\partial f}{\partial \boldsymbol{\tau}} = \mathrm{grad}f \cdot \boldsymbol{\tau},$$

再由链式法则有

$$\frac{\mathrm{d}}{\mathrm{d}s}f(x(s),y(s),z(s)) = \frac{\partial f}{\partial x}x'(s) + \frac{\partial f}{\partial y}y'(s) + \frac{\partial f}{\partial z}z'(s) = \mathrm{grad}f \cdot \boldsymbol{\tau},$$

根据前面公式有

$$I = \int_0^S \frac{\mathrm{d}}{\mathrm{d}s}f(x(s),y(s),z(s))\,\mathrm{d}s = f(x(s),y(s),z(s)) \big|_0^S = f(x,y,z) \big|_A^B.$$

上式是牛顿—莱布尼兹公式的推广.

习题 11.1

计算下列第二型曲线积分:

（1）$\oint_L (x^2 + y^2)\mathrm{d}x$，$L$ 由直线 $x = 1, y = 1, x = 3, y = 5$ 围成的回路，按逆时针方向.

（2）$\int_L \sin y\mathrm{d}x + \sin x\mathrm{d}y$，$L$ 是从点 $(0, \pi)$ 到点 $(\pi, 0)$ 的有向线段.

（3）$\int_L (y^2 - z^2)\mathrm{d}x + 2yz\mathrm{d}y - x^2\mathrm{d}z$，$L$：$\begin{cases} y = x^2 \\ z = x^3 \end{cases}$，$0 \leqslant x \leqslant 1$，点 $A(0, 0, 0)$ 为起点，$B(1, 1, 1)$ 为终点.

（4）$\int_L \dfrac{(x + y)\mathrm{d}x - (x - y)\mathrm{d}y}{x^2 + y^2}$，$L$ 是逆时针方向的圆周 $x^2 + y^2 = a^2$.

（5）$\oint_L \arctan \dfrac{y}{x}\mathrm{d}y - \mathrm{d}x$，$L$ 是由抛物线 $y = x^2$ 与直线 $y = x$ 围成的逆时针方向的闭路.

（6）$\oint_L (y - x)\mathrm{d}x + (z - x)\mathrm{d}y + (x - y)\mathrm{d}z$，$L$ 是平面 $y = x$ 截球面 $x^2 + y^2 + z^2 = a^2$ 得到的圆，从 x 轴正向看是逆时针方向.

（7）$\int_L (x^2 + y^2)\mathrm{d}x + (x^2 - y^2)\mathrm{d}y$，$L$ 是折线 $y = 1 - |1 - x|$，x 从 0 变化到 2 的一段.

11.2　第二型曲面积分

11.2.1　第二型曲面积分的定义和性质

1. 曲面的定向

在日常生活中的纸张、衣服都是曲面，而且经常需要区分它们的反正面，这就是所谓曲面的定向问题. 从数学上看三维空间中的曲面的定向问题是区分曲面的侧，通常借助一个观察者描述曲面的定向，内蕴的讨论方式是用法向量标识曲面的侧或者判别曲面是否可定向.

设 S 是一空间光滑曲面,该曲面是封闭曲面或者其边界由分段光滑曲线构成,在 S 上取定一点 M_0,并在点 M_0 处取一法向量,在 S 上任取一从 M_0 出发的封闭曲线,该封闭曲线不能越过 S 的边界. 法向量沿曲线移动一周回到点 M_0,如果法向量的方向不变,则称曲面 S 是双侧曲面(可定向的),否则称 S 是单侧曲面(不可定向的). 从上述定义可以看出,可定向曲面的方向有两个选择,在曲面上任一点处选定一个单位法向量,相当于选定了曲面的一个方向(一侧),方向相反的单位法向量对应另一个方向.

不可定向曲面的著名例子是莫比乌斯带(图 11-3).

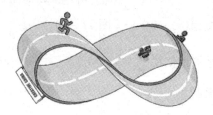

图 11-3

图中的小人代表法向量,当小人跑完一周回到原处时,头的朝向变了.

2. 流量问题

考虑一个不可压缩定常流在单位时间内通过有向曲面 S 的流量问题,所谓不可压缩流是指流体的密度不变,定常流是指流体的流动速度不随时间改变. 设流体的流速(速率 velocity)为

$$v(x,y,z) = \{P(x,y,z), Q(x,y,z), R(x,y,z)\},$$

流体的密度为1,曲面 S 是光滑双侧曲面. 流量问题意味着流体从曲面的一侧穿过曲面到另一侧,因此双侧曲面的前提是必要的. 为计算流量仍遵循微元法的思想,将 S 任意分割成 n 个小曲面 $S_1, S_2, \cdots, S_n, S_i$ 的面积记为 ΔS_i,在 S_i 上任取一点 $M_i(\xi_i, \eta_i, \zeta_i)$,$n_i$ 为该点处的单位法

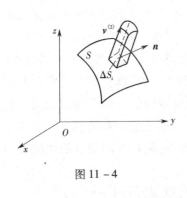

图 11 – 4

向量(n_i 的方向与曲面 S 的定向一致),如果 S_i 的直径 $d(S_i)$ 足够小,则可近似地将 S_i 等同于过点 M_i 的切平面上的平面区域(例如 S_i 在切平面上的投影),同时近似地认为流体通过 S_i 的流速是恒定的. 设流速为 $v_i = v(\xi_i, \eta_i, \zeta_i)$ $(i = 1, 2, \cdots, n)$. 则流速 v_i 沿法向量 n_i 方向的分量(投影)为 $(v_i \cdot n_i)n_i$,进而单位时间内流体通过 S_i 的流量可近似为 $(v_i \cdot n_i)\Delta S_i$(图 11 – 4).

求和得总流量的近似值 $\displaystyle\sum_{i=1}^{n} (v_i \cdot n_i)\Delta S_i$. 令 $d = \max_{1 \leqslant i \leqslant n} \{d(S_i)\} \to 0$,可得总流量的精确值为

$$\iint\limits_{S} (v \cdot n)\,\mathrm{d}S.$$

上面积分在形式上是第一型曲面积分.

另一方面设 $n_i = \{\cos \alpha_i, \cos \beta_i, \cos \gamma_i\}$,则有

$(v_i \cdot n_i)\Delta S_i$

$= (P(\xi_i, \eta_i, \zeta_i)\cos \alpha_i + Q(\xi_i, \eta_i, \zeta_i)\cos \beta_i + R(\xi_i, \eta_i, \zeta_i)\cos \gamma_i)\Delta S_i$

$\approx P(\xi_i, \eta_i, \zeta_i)\Delta \sigma_{yz}^{(i)} + Q(\xi_i, \eta_i, \zeta_i)\Delta \sigma_{zx}^{(i)} + R(\xi_i, \eta_i, \zeta_i)\Delta \sigma_{xy}^{(i)}.$

其中 $\Delta \sigma_{yz}^{(i)}, \Delta \sigma_{zx}^{(i)}, \Delta \sigma_{xy}^{(i)}$ 分别为 S_i 在 $O\text{-}yz, O\text{-}zx, O\text{-}xy$ 坐标面上的投影的面积,这里做了近似处理 $\cos \alpha_i \Delta S_i \approx \Delta \sigma_{yz}^{(i)}$,$\cos \beta_i \Delta S_i \approx \Delta \sigma_{zx}^{(i)}$,$\cos \gamma_i \Delta S_i \approx \Delta \sigma_{xy}^{(i)}$. 求和得总流量的近似值的另一个近似值

$$\sum_{i=1}^{n} \left[P(\xi_i, \eta_i, \zeta_i)\Delta \sigma_{yz}^{(i)} + Q(\xi_i, \eta_i, \zeta_i)\Delta \sigma_{zx}^{(i)} + R(\xi_i, \eta_i, \zeta_i)\Delta \sigma_{xy}^{(i)} \right].$$

令 $d = \max_{1 \leqslant i \leqslant n} \{d(S_i)\} \to 0$,其极限为总流量的精确值.

3. 第二型曲面积分的定义

剥离上面关于流量问题讨论的具体背景,从数学上做形式化的概括,可得如下第二型曲面积分的定义.

定义 11.2.1　设 S 为三维空间的有界光滑可定向曲面,选定其一侧为证,n 是曲面 S 上的单位法向量,方向与 S 的定向一致,$v(x,y,z) = \{P(x,y,z),Q(x,y,z),R(x,y,z)\}$ 是定义在曲面 S 上的向量值函数. 将 S 任意分割成 n 个小曲面 $S_1,S_2,\cdots,S_n$,S_i 的面积记为 ΔS_i,在 S_i 上任取一点 $M_i(\xi_i,\eta_i,\zeta_i)$ 及该点处的单位法向量 n_i,作和

$$\sum_{i=1}^{n} (v_i(\xi_i,\eta_i,\zeta_i) \cdot n_i)\Delta S_i = \sum_{i=1}^{n} (v_i \cdot n_i)\Delta S_i.$$

如果当 $d = \max\limits_{1 \leqslant i \leqslant n}\{d(S_i)\} \to 0$ 时($d(S_i)$ 是小曲面 S_i 的直径),极限

$$\lim_{d \to 0} \sum_{i=1}^{n} (v_i \cdot n_i)\Delta S_i$$

存在,称此极限为向量值函数 $v(x,y,z) = \{P(x,y,z),Q(x,y,z),R(x,y,z)\}$ 沿曲面 S 的第二型曲面积分,记为

$$\iint_S v \cdot n \mathrm{d}S.$$

由定义 11.2.1 显然有

$$\iint_S v \cdot n_+ \mathrm{d}S = -\iint_S v \cdot n_- \mathrm{d}S,$$

其中单位法向量 n_+,n_- 分别对应曲面 S 的两个定向($n_- = -n_+$).

如果向量值函数 $v(x,y,z) = \{P(x,y,z),Q(x,y,z),R(x,y,z)\}$ 在曲面 S 上连续,即函数 $P(x,y,z),Q(x,y,z),R(x,y,z)$ 在曲面 S 上连续,可以证明第二型曲面积分积分存在.

4. 两类曲面积分之间的关系

由于 S 是光滑曲面,可以证明当 $d = \max\limits_{1 \leqslant i \leqslant n}\{d(S_i)\} \to 0$ 时,定义 11.2.1 中的和式与下面和式

$$\sum_{i=1}^{n} \left[P(\xi_i, \eta_i, \zeta_i) \Delta\sigma_{yz}^{(i)} + Q(\xi_i, \eta_i, \zeta_i) \Delta\sigma_{zx}^{(i)} + R(\xi_i, \eta_i, \zeta_i) \Delta\sigma_{xy}^{(i)} \right]$$

有相同的极限,其中 $\Delta\sigma_{yz}^{(i)}, \Delta\sigma_{zx}^{(i)}, \Delta\sigma_{xy}^{(i)}$ 分别为 S_i 在 $O\text{-}yz, O\text{-}zx, O\text{-}xy$ 坐标面上的投影的面积. 因此,向量值函数 $v(x,y,z) = \{P(x,y,z), Q(x, y,z), R(x,y,z)\}$ 沿曲面 S 的第二型曲面积分还可以表示为

$$\iint_S P(x,y,z)\,dydz + Q(x,y,z)\,dzdx + R(x,y,z)\,dxdy.$$

上式是第二型曲面积分的标准的表达方式,显然两种表达方式相等,即

$$\iint_S v \cdot n dS = \iint_S P(x,y,z)\,dydz + Q(x,y,z)\,dzdx + R(x,y,z)\,dxdy.$$

上面等式的左端积分在形式上是第一型曲面积分. 该等式体现了第一型曲面积分与第二型曲面积分的关系,即第二型曲面积分可以表示成第一型曲面积分,其中法向量 n 包含曲面定向的信息.

5. 第二型曲面积分的性质

第二型曲面积分与向量值函数的线性运算相容,即有

性质 11. 2. 1

$$\iint_S (\alpha v_1(x,y,z) + \beta v_2(x,y,z)) \cdot n \cdot dS$$

$$= \alpha \iint_S v_1(x,y,z) \cdot n dS + \beta \iint_S v_2(x,y,z) \cdot n dS$$

其中 α, β 是两个常数,$v_1(x,y,z), v_2(x,y,z)$ 是曲面 S 上的向量值函数.

第二型曲面积分关于曲面有可加性,即有

性质 11. 2. 2 设 $S = S_1 \cup S_2$,其中 S, S_1, S_2 分别是光滑可定向曲面,如果 S_1, S_2 相交,则交于一空间曲线,且 S_1, S_2 的定向与 S 的定向一致,此时有

$$\iint_S v \cdot n dS = \iint_{S_1} v \cdot n dS + \iint_{S_2} v \cdot n dS.$$

性质 11.2.3

$$\iint_{S^+} \boldsymbol{v} \cdot \boldsymbol{n} \mathrm{d}S = - \iint_{S^-} \boldsymbol{v} \cdot \boldsymbol{n} \mathrm{d}S.$$

其中 S^+, S^- 代表曲面 S 的两个定向.

上述性质可以直接从定义 11.2.1 推出.

由于向量值函数 $\boldsymbol{v} = P(x,y,z), Q(x,y,z), R(x,y,z)$ 可以表示为

$$\boldsymbol{v} = P(x,y,z), 0, 0 + 0, Q(x,y,z), 0 + 0, 0, R(x,y,z),$$

结合上述性质 11.2.1 可知

$$\iint_S \boldsymbol{v} \cdot \boldsymbol{n} \mathrm{d}S = \iint_S \{P(x,y,z), 0, 0\} \cdot \boldsymbol{n} \mathrm{d}S + \iint_S \{0, Q(x,y,z), 0\} \cdot \boldsymbol{n} \mathrm{d}S$$

$$+ \iint_S \{0, 0, R(x,y,z)\} \cdot \boldsymbol{n} \mathrm{d}S.$$

结合两类曲面积分之间的关系, 有

$$\iint_S \{P(x,y,z), 0, 0\} \cdot \boldsymbol{n} \mathrm{d}S = \iint_S P(x,y,z) \mathrm{d}y \mathrm{d}z,$$

$$\iint_S \{0, Q(x,y,z), 0\} \cdot \boldsymbol{n} \mathrm{d}S = \iint_S Q(x,y,z) \mathrm{d}y \mathrm{d}z,$$

$$\iint_S \{0, 0, R(x,y,z)\} \cdot \boldsymbol{n} \mathrm{d}S = \iint_S R(x,y,z) \mathrm{d}y \mathrm{d}z,$$

最后得如下等式

$$\iint_S \boldsymbol{v} \cdot \boldsymbol{n} \mathrm{d}S = \iint_S P(x,y,z) \mathrm{d}y \mathrm{d}z + Q(x,y,z) \mathrm{d}z \mathrm{d}x + R(x,y,z) \mathrm{d}x \mathrm{d}y$$

$$= \iint_S P(x,y,z) \mathrm{d}y \mathrm{d}z + \iint_S Q(x,y,z) \mathrm{d}y \mathrm{d}z + \iint_S R(x,y,z) \mathrm{d}y \mathrm{d}z.$$

11.2.2　第二型曲面积分的计算

空间曲面一般会很复杂, 这里讨论相对简单的情况, 即曲面是一个二元函数的图像的情况.

1. 曲面 S 由二元函数 $z = f(x,y)$ 给出的情况

设曲面 S 由二元函数 $z = f(x,y)$ 给出, $(x,y) \in D_{xy}$, D_{xy} 是 $O\text{-}xy$ 上

的平面区域,区域 D_{xy} 可以看成曲面 S 在 $O\text{-}xy$ 上的投影,$f(x,y)$ 有连续偏导数,直观上该曲面可分为上下两侧.

先讨论法向量与曲面 S 的定向的关系,经计算可得曲面 S 的两个单位法向量

$$n = \pm\left\{\frac{z_x}{\sqrt{1+z_x^2+z_y^2}}, \frac{z_y}{\sqrt{1+z_x^2+z_y^2}}, \frac{-1}{\sqrt{1+z_x^2+z_y^2}}\right\},$$

这两个法向量分别对应曲面 S 的两个方向(两侧),在负号的情况下,

$\cos\gamma = \dfrac{1}{\sqrt{1+z_x^2+z_y^2}} > 0$,$n$ 与 z 轴正向的夹角 γ 是锐角,此时 n 的指向

朝上,对应曲面 S 的上侧;同理,在正号的情况下 $\cos\gamma = \dfrac{1}{\sqrt{1+z_x^2+z_y^2}} <$

0,n 与 z 轴正向的夹角 γ 是钝角,此时 n 的指向朝下,对应曲面 S 的下侧.

考虑第二型曲面积分

$$\iint_S v\cdot n\,\mathrm{d}S = \iint_S P(x,y,z)\,\mathrm{d}y\mathrm{d}z + Q(x,y,z)\,\mathrm{d}z\mathrm{d}x + R(x,y,z)\,\mathrm{d}x\mathrm{d}y.$$

这里不妨选定曲面 S 的上侧为正向. 回忆第一型曲面积分的计算公式有

$$\iint_S v\cdot n\,\mathrm{d}S = \iint_{D_{xy}} v\cdot n\,\sqrt{1+z_x^2+z_y^2}\,\mathrm{d}x\mathrm{d}y.$$

由前面关于法向量的讨论可知,与 S 的定向一致的单位法向量 n 应选为

$$n = -\left\{\frac{z_x}{\sqrt{1+z_x^2+z_y^2}}, \frac{z_y}{\sqrt{1+z_x^2+z_y^2}}, \frac{-1}{\sqrt{1+z_x^2+z_y^2}}\right\},$$

所以上面二重积分的被积函数为

$$v\cdot n\,\sqrt{1+z_x^2+z_y^2} = -(P(x,y,f(x,y))z_x + Q(x,y,f(x,y))z_y$$
$$- R(x,y,f(x,y))),$$

代入积分得如下公式

$$\iint_S \boldsymbol{v} \cdot \boldsymbol{n}\,\mathrm{d}S = -\iint_{D_{xy}} (P(x,y,f(x,y))z_x + Q(x,y,f(x,y))z_y$$
$$-R(x,y,f(x,y)))\,\mathrm{d}x\mathrm{d}y,$$

或者

$$\iint_S P(x,y,z)\,\mathrm{d}y\mathrm{d}z + Q(x,y,z)\,\mathrm{d}z\mathrm{d}x + R(x,y,z)\,\mathrm{d}x\mathrm{d}y$$

$$= -\iint_{D_{xy}} (P(x,y,f(x,y))z_x + Q(x,y,f(x,y))z_y - R(x,y,f(x,y)))\,\mathrm{d}x\mathrm{d}y.$$

当选定曲面 S 的下侧为正向时,上面的二重积分变号. 前面的讨论可以简单地归纳为下面的公式

$$\iint_S P(x,y,z)\,\mathrm{d}y\mathrm{d}z + Q(x,y,z)\,\mathrm{d}z\mathrm{d}x + R(x,y,z)\,\mathrm{d}x\mathrm{d}y$$

$$= \pm\iint_{D_{xy}} (P(x,y,f(x,y))z_x + Q(x,y,f(x,y))z_y - R(x,y,f(x,y)))\,\mathrm{d}x\mathrm{d}y.$$

在上式中,二重积分前面的正负号反映了曲面 S 定向的情况,正负号的选择方式如下:**当曲面 S 的上侧为正向时取负号,当曲面 S 的下侧为正向时取正号**. 上述计算公式将第二型曲面积分转化为二重积分进行计算.

特别地,当 $\boldsymbol{v} = \{P(x,y,z),0,0\}$ 时有

$$\iint_S \boldsymbol{v} \cdot \boldsymbol{n}\,\mathrm{d}S = \pm\iint_{D_{xy}} P(x,y,f(x,y))z_x\,\mathrm{d}x\mathrm{d}y,$$

另一方面

$$\iint_S \{P(x,y,z),0,0\} \cdot \boldsymbol{n}\,\mathrm{d}S = \iint_S P(x,y,z)\,\mathrm{d}y\mathrm{d}z.$$

因此有

$$\iint_S P(x,y,z)\,\mathrm{d}y\mathrm{d}z = \pm\iint_{D_{xy}} P(x,y,f(x,y))z_x\,\mathrm{d}x\mathrm{d}y,$$

同理有

$$\iint_S Q(x,y,z)\,\mathrm{d}z\mathrm{d}x = \pm\iint_{D_{xy}} Q(x,y,f(x,y))z_y\,\mathrm{d}x\mathrm{d}y,$$

$$\iint_S R(x,y,z)\,\mathrm{d}x\mathrm{d}y = \mp\iint_{D_{xy}} P(x,y,f(x,y))\,\mathrm{d}x\mathrm{d}y.$$

2. 曲面 S 由二元函数 $x = g(y,z)$ 给出的情况

如果曲面 S 由函数 $x = g(y,z)$ 给出,则该曲面可以分为前后两侧,设 D_{yz} 是 S 在 $O\text{-}yz$ 坐标面的投影,通过类似前面的讨论可得如下公式

$$\iint_S P(x,y,z)\mathrm{d}y\mathrm{d}z + Q(x,y,z)\mathrm{d}z\mathrm{d}x + R(x,y,z)\mathrm{d}x\mathrm{d}y$$

$$= \pm \iint_{D_{yz}} (-P(g(y,z),y,z) + Q(g(y,z),y,z)g_y + R(g(y,z),y,z)g_z)\mathrm{d}y\mathrm{d}z.$$

在上式中,当选 S 的前侧为正向时取负号,当选 S 的后侧为正向时取正号.

3. 曲面 S 由二元函数 $y = h(x,z)$ 给出的情况

如果曲面由函数 $y = h(x,z)$ 给出,则该曲面可以分为左右两侧,设 D_{zx} 是 S 在 $O\text{-}zx$ 坐标面的投影,通过类似前面的讨论可得如下公式

$$\iint_S P(x,y,z)\mathrm{d}y\mathrm{d}z + Q(x,y,z)\mathrm{d}z\mathrm{d}x + R(x,y,z)\mathrm{d}x\mathrm{d}y$$

$$= \pm \iint_{D_{zx}} (P(x,h(x,z),z)h_x - Q(x,h(x,z),z) + R(x,h(x,z),z)h_z)\mathrm{d}z\mathrm{d}x.$$

在上式中,当选 S 的右侧为正向时取负号,当选 S 的左侧为正向时取正号.

例 11.2.1 计算 $I = \iint_S (x+1)\mathrm{d}y\mathrm{d}z + y\mathrm{d}z\mathrm{d}x + \mathrm{d}x\mathrm{d}y$,$S$ 是三个坐标面与平面 $x + y + z = 1$ 所围四面体表面的外侧(图 11-5).

解 四面体的表面由四个平面构成,需要分别在四个平面上计算曲面积分然后求和.

$O\text{-}xy$ 坐标面: 平面 S_1 的方程为 $z = 0$,$x,y \geqslant 0$,$x + y \leqslant 1$,此时方向是下侧,法向量取为 $\boldsymbol{n} = \{0,0,-1\}$,由前面的计算公式有

$$\iint_{S_1} (x+1)\mathrm{d}y\mathrm{d}z + y\mathrm{d}z\mathrm{d}x + \mathrm{d}x\mathrm{d}y = -\iint_{D_{xy}} \mathrm{d}x\mathrm{d}y = -\frac{1}{2}.$$

其中 D_{xy} 是 $O\text{-}xy$ 坐标面上的平面区域:$x,y \geqslant 0$,$x + y \leqslant 1$.

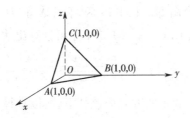

图 11 - 5

O-yz 坐标面：平面 S_2 的方程为 $x = 0, z, y \geq 0, z + y \leq 1$，此时方向是后侧，法向量取为 $\boldsymbol{n} = \{-1, 0, 0\}$，于是有

$$\iint_{S_2} (x + 1) \mathrm{d}y\mathrm{d}z + y\mathrm{d}z\mathrm{d}x + \mathrm{d}x\mathrm{d}y = -\iint_{D_{yz}} \mathrm{d}y\mathrm{d}z = -\frac{1}{2}.$$

其中 D_{yz} 是 O-yz 坐标面上的平面区域：$z, y \geq 0, z + y \leq 1$.

O-zx 坐标面：平面 S_3 的方程为 $y = 0, x, z \geq 0, x + z \leq 1$，此时方向是左侧，法向量取为 $\boldsymbol{n} = \{0, -1, 0\}$，于是有

$$\iint_{S_3} (x + 1) \mathrm{d}y\mathrm{d}z + y\mathrm{d}z\mathrm{d}x + \mathrm{d}x\mathrm{d}y = -\iint_{D_{zx}} 0 \cdot \mathrm{d}z\mathrm{d}x = 0.$$

其中 D_{zx} 是 O-zx 坐标面上的平面区域：$x, z \geq 0, x + z \leq 1$.

平面 $S_4: x + y + z = 1$：此时方向是上侧，单位法向量为 $\boldsymbol{n} = \left\{\dfrac{1}{\sqrt{3}}, \dfrac{1}{\sqrt{3}}, \dfrac{1}{\sqrt{3}}\right\}$. 为方便起见，平面表示为函数 $z = 1 - x + y, x, y \geq 0$，$x + y \leq 1$，由计算公式有

$$\iint_{S_4} (x + 1) \mathrm{d}y\mathrm{d}z + y\mathrm{d}z\mathrm{d}x + \mathrm{d}x\mathrm{d}y$$

$$= \iint_{D_{xy}} \left[(x + 1) + y + 1 \right] \mathrm{d}x\mathrm{d}y = \frac{4}{3}.$$

综合上面的四个积分得 $I = \dfrac{1}{3}$.

例 11.2.2　计算积分 $I = \displaystyle\iint_S x^2 y\mathrm{d}z\mathrm{d}x$，其中 S 是球面 $x^2 + y^2 + z^2 = 1$ 上半部分的下侧.

解　先讨论法向量,上半球面可以表示为 $z = \sqrt{1 - x^2 - y^2}$,
$(x, y) \in D_{xy} = \{(x, y) \mid x^2 + y^2 \leqslant 1\}$. 于是可计算出法向量

$$\boldsymbol{n} = \pm\{-z'_x, -z'_y, 1\} = \pm\left\{\frac{x}{\sqrt{1 - x^2 - y^2}}, \frac{y}{\sqrt{1 - x^2 - y^2}}, 1\right\}.$$

因为 S 取下侧,法向量 $\boldsymbol{n}$ 的方向应该朝下,所以选择 $\boldsymbol{n} = \{z'_x, z'_y, -1\}$,
由计算公式有

$$I = \iint_S x^2 y \mathrm{d}z \mathrm{d}x = \iint_{D_{xy}} x^2 y z'_y \mathrm{d}x \mathrm{d}y = -\iint_{D_{xy}} \frac{x^2 y^2}{\sqrt{1 - x^2 - y^2}} \mathrm{d}x \mathrm{d}y.$$

取极坐标 $x = r\cos\theta, y = r\sin\theta$,有

$$I = -\iint_{r \leqslant 1} \frac{r^5 \sin^2\theta\cos^2\theta}{\sqrt{1 - r^2}} \mathrm{d}r \mathrm{d}\theta$$

$$= -\int_0^{2\pi} \sin^2\theta\cos^2\theta \mathrm{d}\theta \int_0^1 \frac{r^5}{\sqrt{1 - r^2}} \mathrm{d}r$$

$$= -\frac{2}{15}\pi.$$

例 11.2.3　计算积分 $I = \iint_S zx\mathrm{d}y\mathrm{d}z + xy\mathrm{d}z\mathrm{d}x + yz\mathrm{d}x\mathrm{d}y$,其中 S 是
柱面 $x^2 + y^2 = 1$ 在第一卦限中 $0 \leqslant z \leqslant 1$ 的部分的前侧.

解　解出 $x = \sqrt{1 - y^2}$,由于曲面的定向是柱面的前侧,应取法向
量为 $\boldsymbol{n} = \{1, -x'_y, -x'_z\} = \left\{1, \dfrac{y}{x}, 0\right\}$,该法向量与 x 轴正向的夹角为锐
角. 曲面 S 在 $O\text{-}yz$ 坐标面的投影是区域 $D: 0 \leqslant y \leqslant 1, 0 \leqslant z \leqslant 1$. 由计算
公式有

$$I = \iint_D (z\sqrt{1 - y^2} + y^2) \mathrm{d}y\mathrm{d}z$$

$$= \int_0^1 z\mathrm{d}z \int_0^1 \sqrt{1 - y^2} \mathrm{d}y + \int_0^1 y^2 \mathrm{d}y$$

$$= \frac{\pi}{8} + \frac{1}{3}.$$

习题 11. 2

计算下列第二型曲面积分：

(1) $\iint\limits_{S} x\mathrm{d}y\mathrm{d}z + y\mathrm{d}z\mathrm{d}x + z\mathrm{d}x\mathrm{d}y$, S 是长方体：$0 \leqslant x \leqslant a$, $0 \leqslant y \leqslant b$, $0 \leqslant z \leqslant c$ 的外表面.

(2) $\iint\limits_{S} (x^2 + y^2)\mathrm{d}x\mathrm{d}y$, S 是 $O\text{-}xy$ 平面上圆：$x^2 + y^2 \leqslant R^2$ 的下侧.

(3) $\iint\limits_{S} (y - z)\mathrm{d}y\mathrm{d}z + (z - x)\mathrm{d}z\mathrm{d}x + (x - y)\mathrm{d}x\mathrm{d}y$, S 是圆锥面：$x^2 + y^2 = z^2 (0 \leqslant z \leqslant 1)$ 的外表面.

(4) $\iint\limits_{S} xyz\mathrm{d}x\mathrm{d}y$, S 是球面 $x^2 + y^2 + z^2 = 1$ 满足 $x \geqslant 0$, $y \geqslant 0$ 部分的外侧.

(5) $\iint\limits_{S} x^2\mathrm{d}y\mathrm{d}z + y^2\mathrm{d}z\mathrm{d}x + z^2\mathrm{d}x\mathrm{d}y$, S 是上半球面 $x^2 + y^2 + z^2 = 1$ 位于柱面 $x^2 + y^2 = x$ 内部分的外侧.

(6) $\iint\limits_{S} \dfrac{\mathrm{e}^z}{\sqrt{x^2 + y^2}}\mathrm{d}x\mathrm{d}y$, S 是圆锥面：$x^2 + y^2 = z^2 (1 \leqslant z \leqslant 2)$ 的外表面.

第 12 章　格林公式、高斯公式和斯托克斯公式

本章讨论三个重要积分公式,格林公式、高斯公式和斯托克斯公式. 另外结合三个公式简单地介绍场论的一些知识.

12.1　格林公式

12.1.1　格林公式

定理 12.1.1(格林公式)　设 D 是以逐段光滑曲线 L 为边界的平面区域,函数 $P(x,y)$,$Q(x,y)$ 及其一阶偏导数在 $\overline{D}$ 上连续,则成立公式

$$\oint_L P\mathrm{d}x + Q\mathrm{d}y = \iint_D \left(\frac{\partial Q}{\partial x} - \frac{\partial P}{\partial y}\right)\mathrm{d}x\mathrm{d}y.$$

积分曲线 L 的方向选择如下:当观察者沿曲线行进时,区域 D 总是在左边.

证明　这里针对简单的区域 $D:a\leqslant x\leqslant b,\alpha(x)\leqslant y\leqslant\beta(x)$ 的情况证明(图 12-1),复杂的区域通过适当分割区域可以归结到这个简单的情况. 此时边界 L 的方向是逆时针方向,L 分为 AB,BC,CD,DA 四条曲线,因此

$$\iint_D \frac{\partial P}{\partial y}\mathrm{d}x\mathrm{d}y = \int_a^b \mathrm{d}x\int_{\alpha(x)}^{\beta(x)} \frac{\partial P}{\partial y}\mathrm{d}y$$

$$= \int_a^b P(x,\beta(x))\mathrm{d}x - \int_a^b P(x,\alpha(x))\mathrm{d}x$$

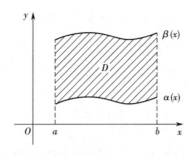

图 12 - 1

$$= - \int_{DA} P \mathrm{d}x - \int_{BC} P \mathrm{d}x,$$

显然有

$$\int_{AB} P \mathrm{d}x = 0, \int_{CD} P \mathrm{d}x = 0,$$

综合起来有

$$\iint_D \frac{\partial P}{\partial y} \mathrm{d}x \mathrm{d}y = - \oint_L P \mathrm{d}x.$$

类似地可以证明

$$\iint_D \frac{\partial Q}{\partial x} \mathrm{d}x \mathrm{d}y = \oint_L Q \mathrm{d}y.$$

将上面两式结合起来即可得到格林公式.

注 12.1.1　格林公式是一元微积分中牛顿—莱布尼兹公式的推广,如果取区域 $D : a \leqslant x \leqslant b, c \leqslant y \leqslant d, P(x,y) = 0, Q(x,y) = f(x)$,则有

$$\iint_D \frac{\partial Q}{\partial x} \mathrm{d}x \mathrm{d}y = \iint_D f'(x) \mathrm{d}x \mathrm{d}y = (d-c) \int_a^b f'(x) \mathrm{d}x,$$

$$\int_{\partial D} Q \mathrm{d}y \int_{\partial D} f(x) \mathrm{d}y = (d-c)(f(b) - f(a)).$$

综合起来可得牛顿—莱布尼兹公式.

注 12.1.2　利用格林公式可以计算平面区域的面积,事实上取 $P(x,y) = -y, Q(x,y) = x$,有

$$\frac{1}{2}\oint_L -y\mathrm{d}x + x\mathrm{d}y = \iint_D 1 \cdot \mathrm{d}x\mathrm{d}y = S.$$

S 表示平面区域 D 的面积,或者

$$\oint_L -y\mathrm{d}x = \iint_D 1 \cdot \mathrm{d}x\mathrm{d}y = S,$$

$$\oint_L x\mathrm{d}y = \iint_D 1 \cdot \mathrm{d}x\mathrm{d}y = S.$$

例 12.1.1 计算椭圆 $L:\dfrac{x^2}{a^2} + \dfrac{y^2}{b^2} = 1$ 所围区域的面积.

解 为应用格林公式,选择椭圆 L 的定向为逆时针,椭圆 L 的参数方程为 $x = a\cos t, y = b\sin t, 0 \leqslant t \leqslant 2\pi$. 由注 12.1.2 可知椭圆所围区域的面积等于下面的曲线积分

$$\frac{1}{2}\oint_L -y\mathrm{d}x + x\mathrm{d}y = \frac{1}{2}\int_0^{2\pi}\left[-b\sin t(-a\sin t) + a\cos t(b\cos t)\right]\mathrm{d}t = ab\pi.$$

例 12.1.2 计算积分 $I = \oint_L \dfrac{x\mathrm{d}x + y\mathrm{d}y}{x^2 + y^2}$,其中 L 为一不过原点且不包围原点的光滑封闭曲线,方向为逆时针.

解 设 L 所围区域为 D,显然被积函数 $P = \dfrac{x}{x^2 + y^2}$,$Q = \dfrac{y}{x^2 + y^2}$ 满足格林公式的条件,进一步有

$$\frac{\partial P}{\partial y} = \frac{\partial Q}{\partial x} = -\frac{2xy}{x^2 + y^2)^2}.$$

根据格林公式有

$$\oint_L \frac{x\mathrm{d}x + y\mathrm{d}y}{x^2 + y^2} = \iint_D 0 \cdot \mathrm{d}x\mathrm{d}y = 0.$$

例 12.1.3 计算积分 $I = \oint_L \dfrac{-y\mathrm{d}x + x\mathrm{d}y}{x^2 + y^2}$,其中

(1) L 是逆时针方向的椭圆 $\dfrac{x^2}{a^2} + \dfrac{y^2}{b^2} = 1$,

(2) $L:y = \dfrac{\pi}{2}\cos x, 0 \leqslant x \leqslant \dfrac{\pi}{2}$,点 $A\left(0, \dfrac{\pi}{2}\right)$ 为起点,$B\left(\dfrac{\pi}{2}, 0\right)$ 为终点.

解　(1)直接利用椭圆的参数方程 $x = a\cos\theta, y = b\sin\theta$ 及第二型曲线积分的计算公式计算比较复杂,这里用格林公式计算比较简单.

此时平面区域是 $D: \dfrac{x^2}{a^2} + \dfrac{y^2}{b^2} < 1$,令

$$P = \frac{-y}{x^2 + y^2}, Q = \frac{x}{x^2 + y^2}.$$

显然函数 P, Q 在原点不连续,因此不满足格林公式的条件,为此在 D 内作一个以原点为圆心的小圆 $c: x^2 + y^2 = \varepsilon^2$,其中 ε 足够小,椭圆 L 和圆 c 围成一个区域 D'.

在 D' 内可以应用格林公式,注意根据格林公式中边界的定向,圆 c 的方向应为顺时针方向,因而有

$$\oint_L \frac{-y\mathrm{d}x + x\mathrm{d}y}{x^2 + y^2} + \oint_c \frac{-y\mathrm{d}x + x\mathrm{d}y}{x^2 + y^2} = 0,$$

$$\iint_{D'} \left[\frac{\partial}{\partial x}\left(\frac{x}{x^2 + y^2} \right) - \frac{\partial}{\partial y}\left(\frac{-y}{x^2 + y^2} \right) \right] \mathrm{d}x\mathrm{d}y = 0.$$

所以

$$\oint_L \frac{-y\mathrm{d}x + x\mathrm{d}y}{x^2 + y^2} = -\oint_c \frac{-y\mathrm{d}x + x\mathrm{d}y}{x^2 + y^2} = \oint_{c^-} \frac{-y\mathrm{d}x + x\mathrm{d}y}{\varepsilon^2}.$$

其中 c^- 表示取逆时针方向的小圆. 由注 12.1.2 中的讨论可知

$$\int_{c^-} -y\mathrm{d}x + x\mathrm{d}y = 2\pi\varepsilon^2.$$

最后得 $I = 2\pi$. 第一小题所用的方法称为"挖洞法".

(2)与第(1)小题一样,直接计算比较复杂,取以 $\dfrac{\pi}{2}$ 为半径中心在原点的圆位于第 I 象限的部分,记为 c, c 与 L 在点 $A\left(0, \dfrac{\pi}{2}\right), B\left(\dfrac{\pi}{2}, 0\right)$ 处相交,L 位于 c 的下方,两者围成一个区域,类似前面的讨论,应用格林公式有

$$\int_L \frac{-y\mathrm{d}x + x\mathrm{d}y}{x^2 + y^2} = \int_c \frac{-y\mathrm{d}x + x\mathrm{d}y}{x^2 + y^2} = -\frac{\pi}{2}.$$

其中 c 为逆时针方向. 第二小题所用的方法称为"补线法".

注 12.1.3　如果将向量场 $V=\{P(x,y),Q(x,y)\}$ 看作某个流体表面的速度场,则封闭曲线上的第二型曲线积分的物理意义是"环量". 这里解释"环量"的几何意义. 设 L 是不自交的定向封闭曲线,τ 是 L 的单位切向量,方向与 L 的定向一致. 如果在曲线 L 上的每一点处 V 与 τ 的夹角是锐角,则 $V\cdot\tau>0$,此时"环量"是正数;如果在曲线 L 上的每一点处 V 与 τ 的夹角是钝角,则 $V\cdot\tau<0$,则"环量"是负数;如果在曲线 L 上的每一点处 $V\perp\tau$,则 $V\cdot\tau=0$,则"环量"为零. 在例 12.1.3 的第一问中,$V\cdot\tau>0$,因此"环量"是正数.

12.1.2　平面曲线积分与积分路径无关的条件

首先介绍单连通区域的概念. 设 D 是平面区域,如果位于此区域内的任何一条封闭曲线可以在区域内连续收缩为一点,则称此区域为单连通的,否则称此区域是复连通的. 下面的图形中(图 12-2)左图是单连通区域,右图是复连通区域.

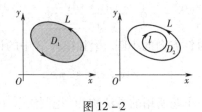

图 12-2

定理 12.1.2　设区域 D 是单连通区域,函数 $P(x,y)$,$Q(x,y)$, $\dfrac{\partial P}{\partial y}(x,y)$,$\dfrac{\partial Q}{\partial x}(x,y)$ 在区域 D 内连续,则下面四个命题互相等价.

(1)沿 D 内任意逐段光滑封闭曲线 L 有

$$\int_L P\mathrm{d}x+Q\mathrm{d}y=0;$$

(2)设 A,B 是 D 内任意两点,$C(AB)$ 是 D 内连接 A,B 的逐段光滑曲线,则积分

$$\int_{C(AB)} P\mathrm{d}x + Q\mathrm{d}y$$

的值与曲线 $C(AB)$ 的选择无关,只与点 A,B 有关;

(3)在区域 D 内存在函数 $u(x,y)$ 使有 $\mathrm{d}u = P\mathrm{d}x + Q\mathrm{d}y$;

(4)在区域 D 内成立 $\dfrac{\partial P}{\partial y}(x,y) = \dfrac{\partial Q}{\partial x}(x,y)$.

证明　为证明四个命题等价,证明如下蕴含关系成立:$(1)\Rightarrow$ $(2),(2)\Rightarrow(3),(3)\Rightarrow(4),(4)\Rightarrow(1)$.

$(1)\Rightarrow(2)$:设沿封闭曲线积分为零,任取 D 内两点 A,B 及连接两点的曲线 $C_1(AB),C_2(BA)$,于是 $C_1(AB) + C_2(BA)$ 构成封闭曲线,因此有

$$\int_{C_1(AB)+C_2(BA)} P\mathrm{d}x + Q\mathrm{d}y = 0.$$

另外注意

$$\int_{C_1(AB)+C_2(BA)} P\mathrm{d}x + Q\mathrm{d}y = \int_{C_1(AB)} P\mathrm{d}x + Q\mathrm{d}y + \int_{C_2(BA)} P\mathrm{d}x + Q\mathrm{d}y.$$

所以有

$$\int_{C_1(AB)} P\mathrm{d}x + Q\mathrm{d}y = -\int_{C_2(BA)} P\mathrm{d}x + Q\mathrm{d}y = \int_{C_2(AB)} P\mathrm{d}x + Q\mathrm{d}y.$$

上式表明积分与路径无关.

$(2)\Rightarrow(3)$:已知积分与路径无关,在 D 内固定一点 $A(x_0,y_0)$,设 $B(x,y)$ 是 D 内任意一点,则曲线积分 $\displaystyle\int_{C(AB)} P\mathrm{d}x + Q\mathrm{d}y$ 可以看作终点 $B(x,y)$ 的函数,记为

$$u(x,y) = \int_{(x_0,y_0)}^{(x,y)} P\mathrm{d}x + Q\mathrm{d}y.$$

下面需要证明

$$\frac{\partial u}{\partial x} = P,\frac{\partial u}{\partial y} = Q.$$

以 $\dfrac{\partial u}{\partial x} = P$ 为例,为此考虑差分

$$u(x + \Delta x, y) - u(x, y)$$
$$= \int_{(x_0, y_0)}^{(x + \Delta x, y)} P dx + Q dy - \int_{(x_0, y_0)}^{(x, y)} P dx + Q dy,$$

而

$$\int_{(x_0, y_0)}^{(x + \Delta x, y)} P dx + Q dy = \int_{(x_0, y_0)}^{(x, y)} P dx + Q dy + \int_{(x, y)}^{(x + \Delta x, y)} P dx + Q dy.$$

因此有

$$u(x + \Delta x, y) - u(x, y) = \int_{(x, y)}^{(x + \Delta x, y)} P dx + Q dy.$$

因为积分与路径无关,可以选取直线连接点$(x + \Delta x, y)$和(x, y),结合第二型曲线积分的计算公式有

$$u(x + \Delta x, y) - u(x, y) = \int_{x}^{x + \Delta x} P dx.$$

由积分中值定理有

$$\frac{u(x + \Delta x, y) - u(x, y)}{\Delta x} = \frac{1}{\Delta x} \int_{x}^{x + \Delta x} P dx = P(x + \theta \Delta x, y), 0 < \theta < 1.$$

令$\Delta x \to 0$,可得$\dfrac{\partial u}{\partial x} = P$,同理可证$\dfrac{\partial u}{\partial y} = Q$.

(3)$\Rightarrow$(4):因为$\dfrac{\partial u}{\partial x} = P, \dfrac{\partial u}{\partial y} = Q$,求偏导数得

$$\frac{\partial P}{\partial y} = \frac{\partial^2 u}{\partial x \partial y}, \frac{\partial Q}{\partial x} = \frac{\partial^2 u}{\partial y \partial x}.$$

注意$\dfrac{\partial P}{\partial y}(x, y), \dfrac{\partial Q}{\partial x}(x, y)$连续,所以有$\dfrac{\partial P}{\partial y}(x, y) = \dfrac{\partial Q}{\partial x}(x, y)$.

(4)$\Rightarrow$(1):设L是D内任意一条封闭曲线,围成子区域D',由格林公式有

$$\oint_L P dx + Q dy = \iint_{D'} \left(\frac{\partial Q}{\partial x} - \frac{\partial P}{\partial y} \right) dx dy.$$

注意$\dfrac{\partial P}{\partial y} = \dfrac{\partial Q}{\partial x}$,因此

$$\oint_L P dx + Q dy = 0,$$

即沿闭路的积分为零.

例 12.1.4 求微分式 $2xy^3\mathrm{d}x + 3x^2y^2\mathrm{d}y$ 的原函数.

解 令 $P = 2xy^3, Q = 3x^2y^2$,显然 P, Q 及其一阶偏导数在整个平面上连续,容易验证 $P_y = Q_x = 6xy^2$,由定理 12.2 可知,存在函数 $u(x,y)$ 使有

$$\mathrm{d}u = P\mathrm{d}x + Q\mathrm{d}y \text{ 或 } u(x,y) = \int_{(0,0)}^{(x,y)} 2xy^3\mathrm{d}x + 3x^2y^2\mathrm{d}y.$$

由于积分与路径无关,可以取一段由原点 $O(0,0)$ 到点 $A(x,0)$ 的直线段和点 $A(x,0)$ 到点 $B(x,y)$ 的直线段构成的折线,在该折线上积分,即

$$u(x,y) = \int_{OA} 2xy^3\mathrm{d}x + 3x^2y^2\mathrm{d}y + \int_{AB} 2xy^3\mathrm{d}x + 3x^2y^2\mathrm{d}y$$

$$= \int_0^x 0 \cdot \mathrm{d}x + \int_0^y 3x^2y^2\mathrm{d}y = x^2y^3.$$

最后得原函数 $u(x,y) = x^2y^3 + C$. 注意与一元函数求不定积分的情况一样,这里的原函数也是一个函数族,需要加一个任意常数.

例 12.1.5 判断微分式 $\dfrac{2x(1 - \mathrm{e}^y)}{(1 + x^2)^2}\mathrm{d}x + \dfrac{\mathrm{e}^y}{1 + x^2}\mathrm{d}y$ 是否为某个函数 $u(x,y)$ 的全微分,若是,求出原函数 $u(x,y)$.

解 令 $P = \dfrac{2x(1 - \mathrm{e}^y)}{(1 + x^2)^2}, Q = \dfrac{\mathrm{e}^y}{1 + x^2}$. 经计算可知 $\dfrac{\partial P}{\partial y} = \dfrac{\partial Q}{\partial x} = \dfrac{-2x\mathrm{e}^y}{(1 + x^2)^2}$,满足定理 12.1.2 中的条件,由定理 12.1.2 可知原函数 $u(x,y)$ 存在,即有

$$\frac{\partial u}{\partial x} = \frac{2x(1 - \mathrm{e}^y)}{(1 + x^2)^2}, \frac{\partial u}{\partial y} = \frac{\mathrm{e}^y}{1 + x^2}.$$

故有

$$u(x,y) = \int_0^x \frac{2x(1 - \mathrm{e}^y)}{(1 + x^2)^2}\mathrm{d}x + C(y)$$

$$= -\frac{1 - e^y}{1 + x^2} + C(y).$$

其中 $C(y)$ 是 y 的任意函数，另外注意

$$u_y = \frac{e^y}{1 + x^2} + C'(y) = Q.$$

因此 $C'(y) = 0, C(y) = C$，最后得 $u(x,y) = -\dfrac{1 - e^y}{1 + x^2} + C$。

12.1.3　恰当方程

等式 $\dfrac{dy}{dx} = -\dfrac{P(x,y)}{Q(x,y)}$ 称为一阶常微分方程，其中 $y = y(x)$ 称为未知

函数. 该微分方程也可表示为 $P(x,y) + Q(x,y)\dfrac{dy}{dx} = 0$，称该微分方程

是恰当的，如果微分式 $P(x,y)\,dx + Q(x,y)\,dy$ 有原函数. 此时微分方

程的解可由下面的方式给出，设 $u = f(x,y)$ 是一个原函数，考虑函数方

程 $f(x,y) = C$，这里 C 是一个常数，如果函数方程确定 $y(x)$ 为一个隐

函数，则 $y(x)$ 是微分方程的解，事实上由隐函数导数公式有

$$\frac{dy}{dx} = -\frac{f'_x(x,y)}{f'_y(x,y)} = -\frac{P(x,y)}{Q(x,y)},$$

变形之后有 $P(x,y) + Q(x,y)\dfrac{dy}{dx} = 0$. 通常不必解出隐函数 $y(x)$，而是

将函数方程 $f(x,y) = C$ 本身看作微分方程的解，.

　　一般情况下微分式 $P(x,y)\,dx + Q(x,y)\,dy$ 不一定有原函数，可以

通过乘一个因子 $\mu(x,y)$ 的方式使微分式 $\mu(x,y)P(x,y)\,dx + \mu(x,y)$

$Q(x,y)\,dy$ 有原函数. 如果函数 $\mu(x,y), P(x,y), Q(x,y)$ 在一个单连

通区域内有连续的一阶偏导数，则 $\mu(x,y)$ 应满足等式

$$\frac{\partial(\mu Q)}{\partial x} = \frac{\partial(\mu P)}{\partial y},$$

或者等价的有

$$\mu'_x Q + \mu Q'_x = \mu'_y P + \mu P'_y.$$

因子 $\mu(x,y)$ 称为积分因子. 一般情况下求积分因子比较困难, 但是在某些特殊情况下, 例如 μ 是 x 或者 y 的一元函数时, 情况会比较简单. 以 μ 只依赖 x 的情况为例, 则 μ 满足

$$(\ln \mu)' = \frac{\mu'}{\mu} = \frac{P'_y - Q'_x}{Q},$$

当然这里要求表达式 $\dfrac{P'_y - Q'_x}{Q}$ 只依赖 x.

例 12.1.6　求微分方程 $2xy^3 + 3x^2 y^2 \dfrac{\mathrm{d}y}{\mathrm{d}x} = 0$ 满足条件 $y(1) = 1$ 的解.

解　由例 12.1.4 易知, $x^2 y^3 = 1$ 即为所求.

例 12.1.7　求线性方程 $\dfrac{\mathrm{d}y}{\mathrm{d}x} + p(x)y + q(x) = 0$ 的解.

解　这里 $P(x,y) = p(x)y + q(x)$, $Q(x,y) = 1$. 显然, 此时微分方程不是恰当的, 但是 $\dfrac{P'_y - Q'_x}{Q} = p(x)$, 故可选取积分因子

$$\mu = \mathrm{e}^{\int p(x)\mathrm{d}x},$$

则方程 $\mathrm{e}^{\int p(x)\mathrm{d}x}\left(\dfrac{\mathrm{d}y}{\mathrm{d}x} + p(x)y + q(x)\right) = 0$ 是恰当的. 微分式

$$\mathrm{e}^{\int p(x)\mathrm{d}x}(p(x)y + q(x))\mathrm{d}x + \mathrm{e}^{\int p(x)\mathrm{d}x}\mathrm{d}y$$

的原函数是

$$f(x,y) = \int_0^x \mathrm{e}^{\int p(t)\mathrm{d}t} q(t)\,\mathrm{d}t + \int_0^y \mathrm{e}^{\int p(x)\mathrm{d}x}\mathrm{d}t$$

$$= \int_0^x \mathrm{e}^{\int p(t)\mathrm{d}t} q(t)\,\mathrm{d}t + y\mathrm{e}^{\int p(x)\mathrm{d}x}.$$

从等式 $\displaystyle\int_0^x \mathrm{e}^{\int p(t)\mathrm{d}t} q(t)\,\mathrm{d}t + y\mathrm{e}^{\int p(x)\mathrm{d}x} = C$ 中解出 y 得

$$y = e^{-\int p(x)\,dx}\Big(C - \int_0^x e^{\int p(t)\,dt} q(t)\,dt\Big).$$

习题 12. 1

1. 求下列函数的积分：

(1) $\oint_L xy^2\,dx - x^2 y\,dy$, $L: x^2 + y^2 = a^2$, 逆时针方向.

(2) $\oint_L e^x(1 - \cos y)\,dx - e^x(y - \sin y)\,dy$, L 为区域 $0 \leqslant y \leqslant \sin x$, $0 \leqslant x \leqslant \pi$ 的边界, 逆时针方向.

(3) $\int_L \sqrt{x^2 + y^2}\,dx + y[xy + \ln(x + \sqrt{x^2 + y^2})]\,dy$, L 为曲线 $y = \sin x (0 \leqslant x \leqslant \pi)$ 与直线 $y = 0 (0 \leqslant x \leqslant \pi)$ 所围区域的边界, 逆时针方向.

(4) $\int_L (e^x \sin y - y^2)\,dx + e^x \cos y\,dy$, L 为上半圆周: $x^2 + y^2 = ax$ $(a > 0)$, 其中 $A(a,0)$ 是起点 $O(0,0)$ 是终点.

(5) $\oint_L \dfrac{y\,dx - x\,dy}{x^2 + y^2}$, L 为圆周: $(x - 1)^2 + y^2 = 2$, 逆时针方向.

2. 用格林公式计算下列曲线所界的面积：

(1) 星型线: $x = a\cos^3 t$, $y = b\sin^3 t$, $(0 \leqslant t \leqslant 2\pi)$;

(2) 抛物线 $(x + y)^2 = ax (a > 0)$ 和 x 轴.

3. 判断下列微分式是否为某个函数 $u(x,y)$ 的全微分, 若是, 求出原函数 $u(x,y)$.

(1) $(x^2 + 2xy - y^2)\,dx + (x^2 - 2xy - y^2)\,dy$;

(2) $\dfrac{(3y - x)\,dx + (y - 3x)\,dy}{(x + y)^3}$;

(3) $(2x\cos y - y^2 \sin x)\,dx + (2y\cos x - x^2 \sin y)\,dy$.

12.2　高斯公式

格林公式给出平面区域上的二重积分与边界上的曲线积分之间的关系,高斯公式是格林公式在三维空间的推广,给出空间区域上的三重积分与边界上的曲面积分之间的关系.

定理 12.2.1　设 V 是一空间有界区域,其边界 S 是逐片光滑曲面,函数 $P(x,y,z)$,$Q(x,y,z)$,$R(x,y,z)$ 及其一阶偏导数在 $\bar{V}$ 上连续,则有

$$\iiint\limits_{V} \left(\frac{\partial P}{\partial x} + \frac{\partial Q}{\partial y} + \frac{\partial R}{\partial z} \right) \mathrm{d}x\mathrm{d}y\mathrm{d}z = \iint\limits_{S} P\mathrm{d}y\mathrm{d}z + Q\mathrm{d}z\mathrm{d}x + R\mathrm{d}x\mathrm{d}y.$$

其中边界的定向取外侧.

证明　事实上定理中的公式可以理解为三个公式的组合,即

$$\iiint\limits_{V} \frac{\partial P}{\partial x}\mathrm{d}x\mathrm{d}y\mathrm{d}z = \iint\limits_{S} P\mathrm{d}y\mathrm{d}z,$$

$$\iiint\limits_{V} \frac{\partial Q}{\partial y}\mathrm{d}x\mathrm{d}y\mathrm{d}z = \iint\limits_{S} Q\mathrm{d}z\mathrm{d}x,$$

$$\iiint\limits_{V} \frac{\partial R}{\partial z}\mathrm{d}x\mathrm{d}y\mathrm{d}z = \iint\limits_{S} R\mathrm{d}x\mathrm{d}y.$$

这里针对简单的区域证明第三个公式,类似的可以证明另外两个公式,一般情况下可以通过适当分割区域归结为简单的情况. 设区域 V 的边界由上下两个曲面 $S_1 : z = z_1(x,y)$ 和 $S_2 : z = z_2(x,y)$ 组成,S_1,S_2 在 $O\text{-}xy$ 坐标面上的投影同为平面区域 D,因此 D 也是空间区域 V 在 $O\text{-}xy$ 坐标面上的投影. 根据三重积分化成累次积分的方法(先一后二)有

$$\iiint\limits_{V} \frac{\partial R}{\partial z}\mathrm{d}x\mathrm{d}y\mathrm{d}z = \iint\limits_{D} \mathrm{d}x\mathrm{d}y \int_{z_2(x,y)}^{z_1(x,y)} \frac{\partial R}{\partial z}\mathrm{d}z$$

$$= \iint\limits_{D} \left[R(x,y,z_1(x,y)) - R(x,y,z_2(x,y)) \right] \mathrm{d}x\mathrm{d}y.$$

另一方面由第二型曲面积分的计算公式有

$$\iint\limits_{S} R \mathrm{d}x \mathrm{d}y = \iint\limits_{S_1} R \mathrm{d}x \mathrm{d}y + \iint\limits_{S_2} R \mathrm{d}x \mathrm{d}y$$

$$= \iint\limits_{D} R(x,y,z_1(x,y)) \mathrm{d}x \mathrm{d}y - \iint\limits_{D} R(x,y,z_2(x,y)) \mathrm{d}x \mathrm{d}y.$$

结合两式即得所需结果.

注 12.2.1　类似格林公式的情况,高斯公式可以用来计算空间区域的体积,取 $P=x,Q=y,R=z$,则有

$$\frac{1}{3} \iint\limits_{S} x \mathrm{d}y \mathrm{d}z + y \mathrm{d}z \mathrm{d}x + z \mathrm{d}x \mathrm{d}y = \iiint\limits_{V} \mathrm{d}x \mathrm{d}y \mathrm{d}z = V.$$

这里符号 V 也表示相应区域的体积.

例 12.2.1　计算曲面积分 $I = \iint\limits_{S} x^3 \mathrm{d}y \mathrm{d}z + y^3 \mathrm{d}z \mathrm{d}x + z^3 \mathrm{d}x \mathrm{d}y$,其中 S 是单位球面 $x^2 + y^2 + z^2 = 1$ 的外侧.

解　利用高斯公式有

$$I = 3 \iiint\limits_{x^2+y^2+z^2 \leqslant 1} (x^2 + y^2 + z^2) \mathrm{d}x \mathrm{d}y \mathrm{d}z$$

$$= 3 \int_0^\pi \mathrm{d}\varphi \int_0^{2\pi} \mathrm{d}\theta \int_0^1 r^2 r^2 \sin \varphi \mathrm{d}r = \frac{12}{5}\pi.$$

例 12.2.2　计算曲面积分 $I = \iint\limits_{S} (2x+z) \mathrm{d}y \mathrm{d}z + z \mathrm{d}x \mathrm{d}y$,其中 S 是旋转抛物面 $z = x^2 + y^2 (0 \leqslant z \leqslant 1)$ 的上侧.

解　曲面 S 不是封闭曲面,无法直接利用高斯公式,为此补充平面 $S_1: z = 1, (x^2 + y^2 \leqslant 1)$,$S_1$ 取上侧,使 S 与 S_1 围成一个空间区域 V,由高斯公式有

$$-\iint\limits_{S} (2x+z) \mathrm{d}y \mathrm{d}z + z \mathrm{d}x \mathrm{d}y + \iint\limits_{S_1} (2x+z) \mathrm{d}y \mathrm{d}z + z \mathrm{d}x \mathrm{d}y = 3 \iiint\limits_{V} \mathrm{d}x \mathrm{d}y \mathrm{d}z.$$

因此

$$I = \iint\limits_{S_1} (2x+z) \mathrm{d}y \mathrm{d}z + z \mathrm{d}x \mathrm{d}y - 3 \iiint\limits_{V} \mathrm{d}x \mathrm{d}y \mathrm{d}z.$$

直接计算有

$$\iint\limits_{S_1} (2x + z)\mathrm{d}y\mathrm{d}z + z\mathrm{d}x\mathrm{d}y = \iint\limits_{x^2+y^2 \leqslant 1} \mathrm{d}x\mathrm{d}y = \pi,$$

$$\iiint\limits_{V} \mathrm{d}x\mathrm{d}y\mathrm{d}z = \iint\limits_{x^2+y^2 \leqslant 1} \mathrm{d}x\mathrm{d}y \int_{x^2+y^2}^{1} \mathrm{d}z = \int_0^{2\pi} \mathrm{d}\theta \int_0^1 r\mathrm{d}r \int_{r^2}^1 \mathrm{d}z = \frac{\pi}{2}.$$

最后得 $I = -\dfrac{\pi}{2}$. 这里的解题思路类似应用格林公式时的"补线法",称为"补面法".

例 12.2.3 计算高斯积分 $I(\xi, \eta, \zeta) = \oiint\limits_{S} \dfrac{\cos (r \cdot n)}{r^2}\mathrm{d}S$,其中 S 是光滑封闭曲面,点 (ξ, η, ζ) 不在曲面 S 上,$r = \{x - \xi, y - \eta, z - \zeta\}$,$(x, y, z)$ 是曲面 S 上的点,n 是曲面 S 在点 (x, y, z) 处的单位外法向量,$r = |r|$.

解 设 S 所围区域为 V,分两种情况讨论

(1)S 不包含点 (ξ, η, ζ):

设 $n = \cos \alpha, \cos \beta, \cos \gamma$,则有

$$\cos (r \cdot n) = \frac{r \cdot n}{|r||n|} = \frac{x - \xi}{r}\cos \alpha + \frac{y - \eta}{r}\cos \beta + \frac{z - \zeta}{r}\cos \gamma,$$

于是有

$$I(\xi, \eta, \zeta) = \oiint\limits_{S} \frac{1}{r^3}[(\xi - x)\cos \alpha + (\eta - y)\cos \beta + (\zeta - z)\cos \gamma]\mathrm{d}S$$

$$= \oiint\limits_{S} \frac{x - \xi}{r^3}\mathrm{d}y\mathrm{d}z + \frac{y - \eta}{r^3}\mathrm{d}z\mathrm{d}x + \frac{z - \zeta}{r^3}\mathrm{d}x\mathrm{d}y.$$

设 $P = \dfrac{x - \xi}{r^3}, Q = \dfrac{y - \eta}{r^3}, R = \dfrac{z - \zeta}{r^3}$,则

$$\frac{\partial P}{\partial x} = \frac{1}{r^3} - \frac{3(x - \xi)^2}{r^5}, \frac{\partial Q}{\partial y} = \frac{1}{r^3} - \frac{3(y - \eta)^2}{r^5}, \frac{\partial R}{\partial z} = \frac{1}{r^3} - \frac{3(z - \zeta)^2}{r^5}.$$

由高斯公式有

$$I(\xi, \eta, \zeta) = \iiint\limits_{V} 0\mathrm{d}x\mathrm{d}y\mathrm{d}z = 0.$$

(2) S 包含点 (ξ, η, ζ):

此时 P, Q, R 在 V 内不连续,不能直接应用高斯公式,沿用例 12.1.3 的思路("挖洞法"),在 V 内作一以 (ξ, η, ζ) 为球心,半径 ε 的小球面 S_1,半径 ε 足够小,使 S_1 包含于 V 内,曲面 S 与小球面 S_1 围成一个区域,记为 V_1,在 V_1 上应用高斯公式有

$$\oiint_S \frac{\cos(\boldsymbol{r} \cdot \boldsymbol{n})}{r^2} \mathrm{d}S + \oiint_{S_1} \frac{\cos(\boldsymbol{r} \cdot \boldsymbol{n})}{r^2} \mathrm{d}S = \iiint_{V_1} 0 \mathrm{d}x\mathrm{d}y\mathrm{d}z = 0.$$

这里 S_1 的定向为内侧,于是有

$$\oiint_S \frac{\cos(\boldsymbol{r} \cdot \boldsymbol{n})}{r^2} \mathrm{d}S = -\oiint_{S_1} \frac{\cos(\boldsymbol{r} \cdot \boldsymbol{n})}{r^2} \mathrm{d}S$$

$$= -\oiint_{S_1} \frac{x-\xi}{r^3} \mathrm{d}y\mathrm{d}z + \frac{y-\eta}{r^3} \mathrm{d}z\mathrm{d}x + \frac{z-\zeta}{r^3} \mathrm{d}x\mathrm{d}y$$

$$= -\frac{1}{\varepsilon^3} \oiint_{S_1} (x-\xi) \mathrm{d}y\mathrm{d}z + (y-\eta) \mathrm{d}z\mathrm{d}x + (z-\zeta) \mathrm{d}x\mathrm{d}y = \frac{3}{\varepsilon^3} B_3(\varepsilon)$$

$$= 3 \iiint_{r \leqslant 1} \mathrm{d}x\mathrm{d}y\mathrm{d}z = \frac{3}{\varepsilon^3} B_3(\varepsilon).$$

其中 $B_3(\varepsilon)$ 是半径为 ε 的球的体积,于是 $I(\xi, \eta, \zeta) = 4\pi$. 实际上可以不用高斯公式而是直接计算小球面 S_1 上的积分,因为 S_1 取内侧,$\boldsymbol{n}$ 与 $\boldsymbol{r}$ 平行但方向相反,故 $\cos(\boldsymbol{r} \cdot \boldsymbol{n}) = -1$,所以

$$-\oiint_{S_1} \frac{\cos(\boldsymbol{r} \cdot \boldsymbol{n})}{r^2} \mathrm{d}S = \frac{1}{\varepsilon^2} \oiint_{S_1})\mathrm{d}S = 4\pi.$$

习题 12.2

1. 利用高斯公式计算下列曲面积分:

(1) $\iint_S x^2 \mathrm{d}y\mathrm{d}z + y^2 \mathrm{d}z\mathrm{d}x + z^2 \mathrm{d}x\mathrm{d}y$,$S$ 是立方体 $0 \leqslant x, y, z \leqslant a$ 的外表面.

(2) $\iint_S [x^2 \cos\alpha + y^2 \cos\beta + z^2 \cos\gamma] \mathrm{d}S$,$S$ 是锥面 $z^2 = x^2 + y^2 (0 \leqslant$

$z \leqslant h$)，$n = \cos \alpha, \cos \beta, \cos \gamma$ 是 S 的单位外法向量.

（3）$\iint\limits_{S} x^3 \mathrm{d}y\mathrm{d}z + y^3 \mathrm{d}z\mathrm{d}x + z^3 \mathrm{d}x\mathrm{d}y$，$S$ 是球面 $x^2 + y^2 + z^2 = 1$ 的外侧.

（4）$\iint\limits_{S} xz^2 \mathrm{d}y\mathrm{d}z + (x^2 y - z^3) \mathrm{d}z\mathrm{d}x + (2xy + y^2 z) \mathrm{d}x\mathrm{d}y$，$S$ 是半球面 $z =$

$\sqrt{R^2 - x^2 - y^2}$ 的上侧.

（5）$\iint\limits_{S} \dfrac{x\mathrm{d}y\mathrm{d}z + y\mathrm{d}z\mathrm{d}x + z\mathrm{d}x\mathrm{d}y}{(x^2 + y^2 + 4z^2)^{3/2}}$，$S$ 是球面 $(x-1)^2 + y^2 + z^2 = a^2$（$a >$

$0, a \neq 1$）的外侧.

12.3　斯托克斯公式

斯托克斯公式是格林公式在曲面上的推广，下面略去证明只叙述斯托克斯公式定理的结论.

定理 12.3.1　设 S 是光滑可定向曲面，其边界为逐段光滑曲线 L，函数 $P(x,y,z)$，$Q(x,y,z)$，$R(x.y.z)$ 及其一阶偏导数在 $S \cup L$ 上连续，则有

$$\oint_{L} P\mathrm{d}x + Q\mathrm{d}y + R\mathrm{d}z$$

$$= \iint\limits_{S} \left(\frac{\partial R}{\partial y} - \frac{\partial Q}{\partial z} \right) \mathrm{d}y\mathrm{d}z + \left(\frac{\partial P}{\partial z} - \frac{\partial R}{\partial x} \right) \mathrm{d}z\mathrm{d}x + \left(\frac{\partial Q}{\partial x} - \frac{\partial P}{\partial y} \right) \mathrm{d}x\mathrm{d}y.$$

其中 L 的方向与 S 的法向量服从右手螺旋法则（图 12 - 3）.

Γ 的正向规定如下：
当右手除拇指外的四指依 Γ 的正向绕行时，大拇指所批的方向与 Σ 上的法向量的指向相同。

图 12 - 3

为了便于记忆，斯托克斯公式可以形式地表示为

$$\oint_L P\mathrm{d}x + Q\mathrm{d}y + R\mathrm{d}z$$

$$= \iint_S \begin{vmatrix} \dfrac{\partial}{\partial y} & \dfrac{\partial}{\partial z} \\ Q & R \end{vmatrix} \mathrm{d}y\mathrm{d}z + \begin{vmatrix} \dfrac{\partial}{\partial z} & \dfrac{\partial}{\partial x} \\ R & P \end{vmatrix} \mathrm{d}z\mathrm{d}x + \begin{vmatrix} \dfrac{\partial}{\partial x} & \dfrac{\partial}{\partial y} \\ P & Q \end{vmatrix} \mathrm{d}x\mathrm{d}y.$$

例 12.3.1　计算积分 $I = \oint_L xy\mathrm{d}x + x^2\mathrm{d}y + zx\mathrm{d}z$,其中 L 是锥面 $z = \sqrt{x^2 + y^2}$ 与柱面 $x^2 + y^2 = 2ax$ 的交线,从 z 轴的正向看为逆时针方向.

解　运用选取斯托克斯公式计算更方便,这里选取锥面 $z = \sqrt{x^2 + y^2}$ 上的一部分作为 S,由右手螺旋法则 S 的方向取上侧,由斯托克斯公式有

$$\oint_L xy\mathrm{d}x + z^2\mathrm{d}y + zx\mathrm{d}z$$

$$= \iint_S \begin{vmatrix} \dfrac{\partial}{\partial y} & \dfrac{\partial}{\partial z} \\ z^2 & zx \end{vmatrix} \mathrm{d}y\mathrm{d}z + \begin{vmatrix} \dfrac{\partial}{\partial z} & \dfrac{\partial}{\partial x} \\ zx & xy \end{vmatrix} \mathrm{d}z\mathrm{d}x + \begin{vmatrix} \dfrac{\partial}{\partial x} & \dfrac{\partial}{\partial y} \\ xy & z^2 \end{vmatrix} \mathrm{d}x\mathrm{d}y$$

$$= -\iint_S 2z\mathrm{d}y\mathrm{d}z + z\mathrm{d}z\mathrm{d}x + x\mathrm{d}x\mathrm{d}y$$

$$= -\iint_D \left[-2zz_x - zz_y + x \right] \mathrm{d}x\mathrm{d}y.$$

其中 D 是 S 在 O-xy 坐标面上的投影,易知 D 的边界是偏心圆 $x^2 + y^2 = 2ax$(空间曲线 L 在 O-xy 坐标面上的投影),法向量的方向朝上,直接计算上面的二重积分,有

$$I = \iint_D \left(\frac{2zx}{\sqrt{x^2 + y^2}} + \frac{zy}{\sqrt{x^2 + y^2}} - x \right) \mathrm{d}x\mathrm{d}y$$

$$= \iint_D (x + y) \mathrm{d}x\mathrm{d}y = \int_{-\pi/2}^{\pi/2} \mathrm{d}\theta \int_0^{2a\cos\theta} (\cos\theta + \sin\theta) r^2 \mathrm{d}r$$

$$= \frac{8}{3} a^3 \int_{-\pi/2}^{\pi/2} (\cos^4\theta + \sin\theta\cos^3\theta) \mathrm{d}\theta = \frac{16}{3} a^3 \int_0^{\pi/2} \cos^4\theta \mathrm{d}\theta = \pi a^3.$$

习题 12. 3

利用斯托克斯公式计算下列积分:

(1) $\oint_L y\mathrm{d}x + z\mathrm{d}y + x\mathrm{d}z$, L 为曲线 $\begin{cases} x^2 + y^2 + z^2 = 1 \\ x + y + z = 0 \end{cases}$, 从 x 轴正向看是逆时针方向.

(2) $\oint_L (y - z)\mathrm{d}x + (z - x)\mathrm{d}y + (x - y)\mathrm{d}z$, L 为椭圆: $\begin{cases} x^2 + y^2 = a^2 \\ \dfrac{x}{a} + \dfrac{y}{b} = 1 \end{cases}$ $(a, b > 0)$, 从 x 轴正向看是逆时针方向.

(3) $\oint_L (x^2 - yz)\mathrm{d}x + (y^2 - xz)\mathrm{d}y + (z^2 - xy)\mathrm{d}z$, L 为螺线 $x = a\cos t, y = a\sin t, z = t/2\pi$, 从 $A(a, 0, 0)$ 点到 $B(a, 0, 1)$ 点的一段.

12. 4　梯度、散度和旋度

梯度概念在第 8 章介绍过, 设 $f(x, y, z)$ 可微, 其梯度定义为
$$\mathrm{grad}f = f_x, f_y, f_z,$$
引入梯度算子

$$\nabla = \frac{\partial}{\partial x}\boldsymbol{i} + \frac{\partial}{\partial y}\boldsymbol{j} + \frac{\partial}{\partial z}\boldsymbol{k}$$

则有 $\nabla f = \mathrm{grad}f$. 向量值函数也称为向量场, 梯度算子看作映射, 将普通函数(纯量函数)映射为向量场.

针对向量场 $\boldsymbol{F}(x, y, z) = \{P(x, y, z), Q(x, y, z), R(x, y, z)\}$ 引入散度和旋度算子如下

$$\mathrm{div}\boldsymbol{F} = \nabla \cdot \boldsymbol{F} = \frac{\partial P}{\partial x} + \frac{\partial Q}{\partial y} + \frac{\partial R}{\partial z},$$

$$\text{rot}\boldsymbol{F} = \nabla \times \boldsymbol{F} = \begin{vmatrix} \dfrac{\partial}{\partial y} & \dfrac{\partial}{\partial z} \\ Q & R \end{vmatrix} \boldsymbol{i} + \begin{vmatrix} \dfrac{\partial}{\partial z} & \dfrac{\partial}{\partial x} \\ R & P \end{vmatrix} \boldsymbol{j} + \begin{vmatrix} \dfrac{\partial}{\partial x} & \dfrac{\partial}{\partial y} \\ P & Q \end{vmatrix} \boldsymbol{k}.$$

例 12.4.1　真空中电磁场的麦克斯韦方程组.

解　设 $\boldsymbol{E}(x,y,z,t)$，$\boldsymbol{B}(x,y,z,t)$ 分别是电场与磁场强度向量，$\rho(x,y,z,t)$ 是电荷密度（单位体积中的电量），$\boldsymbol{j}(x,y,z,t)$ 是电流密度向量（电荷通过单位面积的流动速度），麦克斯韦方程组表示为

(1) $\text{div}\boldsymbol{E} = \dfrac{\rho}{\varepsilon_0}\left(\nabla \boldsymbol{E} = \dfrac{\rho}{\varepsilon_0}\right)$；

(2) $\text{div}\boldsymbol{B} = 0 (\nabla \boldsymbol{B} = 0)$；

(3) $\text{rot}\boldsymbol{E} = -\dfrac{\partial \boldsymbol{B}}{\partial t}\left(\nabla \times \boldsymbol{E} = -\dfrac{\partial \boldsymbol{B}}{\partial t}\right)$；

(4) $\text{rot}\boldsymbol{B} = \dfrac{\boldsymbol{j}}{\varepsilon_0 c^2} + \dfrac{1}{c^2}\dfrac{\partial \boldsymbol{E}}{\partial t}\left(\nabla \times \boldsymbol{B} = \dfrac{\boldsymbol{j}}{\varepsilon_0 c^2} + \dfrac{1}{c^2}\dfrac{\partial \boldsymbol{E}}{\partial t}\right)$.

ε_0, c 是有量纲的常数（c 是真空中的光速）.

算子 ∇，div，rot 之间有如下关系：

$$\text{纯量函数} \xrightarrow{\nabla} \text{向量场} \xrightarrow{\text{rot}} \text{向量场} \xrightarrow{\text{div}} \text{纯量函数}.$$

容易验证

$$\text{rot}(\nabla f) = 0,\ \text{rot}(\text{div}\boldsymbol{F}) = 0,\ \text{div}(\nabla f) = \Delta f = \dfrac{\partial^2 f}{\partial x^2} + \dfrac{\partial^2 f}{\partial y^2} + \dfrac{\partial^2 f}{\partial z^2}.$$

借助散度和旋度算子，高斯公式和斯托克斯公式可以表示为

$$\iiint\limits_V \text{div}\boldsymbol{F}\mathrm{d}x\mathrm{d}y\mathrm{d}z = \iint\limits_{\partial V} \boldsymbol{F} \cdot \boldsymbol{n}\mathrm{d}S,$$

$$\oint\limits_{\partial S} \boldsymbol{F} \cdot \boldsymbol{t}\mathrm{d}s = \iint\limits_S \text{rot}\boldsymbol{F} \cdot \boldsymbol{n}\mathrm{d}S.$$

其中单位法向量 $\boldsymbol{n}$ 的朝向与 ∂V 或 S 的定向一致；t 是 ∂S 的单位切向量，其指向与 ∂S 的定向一致.

例 12.4.2　证明通过封闭曲面的电场强度通量等于该封闭曲面内的总电量.

证明　设 S 是一封闭曲面,取外侧为正侧,S 所包围的区域记为 V,积分 $\iint_S \boldsymbol{E} \cdot \boldsymbol{n} \mathrm{d}S$ 表示通过封闭曲面 S 的电场强度通量. 由高斯公式有

$$\iint_S \boldsymbol{E} \cdot \boldsymbol{n} \mathrm{d}S = \iiint_V \mathrm{div}\boldsymbol{E}\mathrm{d}x\mathrm{d}y\mathrm{d}z,$$

再由例 12. 4. 1 中的方程 $(1)\mathrm{div}\boldsymbol{E} = \dfrac{\rho}{\varepsilon_0}$,有

$$\iint_S \boldsymbol{E} \cdot \boldsymbol{n} \mathrm{d}S = \iiint_V \frac{\rho}{\varepsilon_0}\mathrm{d}x\mathrm{d}y\mathrm{d}z.$$

证毕.

例 12. 4. 3　不可压缩流与高斯公式.

解　从直观上看不可压缩流通过封闭曲面的流量总为零,即流体只是穿过曲面,流入量与流出量相等. 设向量场 $\boldsymbol{F}(x,y,z) = P(x,y,z),Q(x,y,z),R(x,y,z)$ 是不可压缩的速率场,S 是一封闭曲面,V 是封闭曲面所围区域,则流量为

$$\iint_S P\mathrm{d}y\mathrm{d}z + Q\mathrm{d}z\mathrm{d}x + R\mathrm{d}x\mathrm{d}y = 0.$$

由高斯公式有

$$\iiint_V \mathrm{div}\boldsymbol{F}\mathrm{d}x\mathrm{d}y\mathrm{d}z = 0.$$

注意封闭曲面 S 因此区域 V 是任意的,所以有 $div\boldsymbol{F} = 0$(请读者自行证明).

习题 12. 4

设 $u = x^2yz,v = x^2 + y^2 - z^2$,计算

(1) $\nabla(\nabla u \cdot \nabla v)$;

(2) $\nabla \cdot (\nabla u \times \nabla v)$;

(3) $\nabla \times (\nabla u \times \nabla v)$.

第 13 章 级数

级数是计算和研究函数的一种有效工具. 本章首先介绍级数的概念及其基本性质, 然后研究正项级数敛散性的判定方法. 在此基础上讨论任意项级数(包括函数项级数)的相关内容. 并讨论如何把函数展开成幂级数的问题.

13.1 常数项级数的概念和性质

13.1.1 常数项级数的概念

设 $\{u_n\}$ 是给定数列, 将 $\{u_n\}$ 各项依次相加, 得到形式和

$$u_1 + u_2 + \cdots + u_n + \cdots$$

称为由数列 $\{u_n\}$ 构成的(**常数项**)**无穷级数**, 简称(**常数项**)**级数**, 记为 $\sum\limits_{n=1}^{\infty} u_n$, 即

$$\sum_{n=1}^{\infty} u_n = u_1 + u_2 + u_3 + \cdots + u_n + \cdots,$$

其中 u_n 称为级数的**一般项**.

怎样理解无穷级数中无穷多个数相加呢? 这要从有限项之和说起. 数列 $\{u_n\}$ 的前 n 项之和

$$S_n = u_1 + u_2 + \cdots + u_n = \sum_{i=1}^{n} u_i$$

称为级数 $\sum\limits_{i=1}^{\infty} u_i$ 的**部分和**. 于是由 $S_1, S_2, \cdots, S_n, \cdots$ 构成了一个数列, 称为**部分和数列**. 下面就用这个数列的极限来定义级数的和.

定义 13.1.1 如果级数 $\sum\limits_{n=1}^{\infty} u_n$ 的部分和数列 $\{S_n\}$ 收敛于 S, 即

$$\lim_{n \to \infty} S_n = S,$$

则称级数 $\sum\limits_{n=1}^{\infty} u_n$ **收敛**, 称 S 为级数的和, 记为

$$\sum_{n=1}^{\infty} u_n = S.$$

如果数列 $\{S_n\}$ 发散, 则称级数 $\sum\limits_{n=1}^{\infty} u_n$ **发散**.

按以上定义, 级数 $\sum\limits_{n=1}^{\infty} u_n$ 的敛散性可由其部分和数列 $\{S_n\}$ 有无极限来判定. 当级数 $\sum\limits_{n=1}^{\infty} u_n$ 收敛时, 其部分和 S_n 是级数 $\sum\limits_{n=1}^{\infty} u_n$ 的和 S 的近似值, 它们之间的差值

$$r_n = S - S_n = u_{n+1} + u_{n+2} + \cdots$$

叫做级数 $\sum\limits_{n=1}^{\infty} u_n$ 的**余项**. 用近似值 S_n 代替 S 所产生的误差是这个余项的绝对值, 即误差是 $|r_n|$.

例 13.1.1 判断等比级数 (又称几何级数) $\sum\limits_{n=1}^{\infty} aq^{n-1} (a \neq 0)$ 的敛散性.

解 (1) 当 $|q| \neq 1$ 时, 部分和

$$S_n = \sum_{i=1}^{n} aq^{i-1} = \frac{a(1-q^n)}{1-q},$$

$$\lim_{n \to \infty} S_n = \begin{cases} \dfrac{a}{1-q}, & |q| < 1, \\ \infty, & |q| > 1; \end{cases}$$

(2) 当 $q = 1$ 时,

$$\lim_{n \to \infty} S_n = \lim_{n \to \infty} na = \infty;$$

(3) 当 $q = -1$ 时,

$$S_n = \begin{cases} a, & n \text{ 为奇数} \\ 0, & n \text{ 为偶数} \end{cases}$$

$\lim\limits_{n\to\infty} S_n$ 不存在.

综上所述,当 $|q| < 1$ 时,等比级数收敛;当 $|q| \geqslant 1$ 时,S_n 的极限不存在,等比级数发散.

例 13.1.2 证明级数 $\sum\limits_{n=1}^{\infty} (\sqrt{n+2} - 2\sqrt{n+1} + \sqrt{n})$ 收敛.

解 该级数的部分和

$$\begin{aligned} S_n &= \sum_{i=1}^{n} (\sqrt{i+2} - 2\sqrt{i+1} + \sqrt{i}) \\ &= \sum_{i=1}^{n} [(\sqrt{i+2} - \sqrt{i+1}) - (\sqrt{i+1} - \sqrt{i})] \\ &= 1 - \sqrt{2} + \sqrt{n+2} - \sqrt{n+1} = 1 - \sqrt{2} + \frac{1}{\sqrt{n+2} + \sqrt{n+1}}, \end{aligned}$$

因为 $\lim\limits_{n\to\infty} S_n = 1 - \sqrt{2}$,故级数收敛,且其和为 $1 - \sqrt{2}$.

13.1.2 收敛级数的性质

根据级数收敛、发散以及和的概念,可以得出收敛级数的几个基本性质.

性质 13.1.1 若级数 $\sum\limits_{n=1}^{\infty} u_n$ 收敛,k 为任一常数,则级数 $\sum\limits_{n=1}^{\infty} ku_n$ 也收敛,并有

$$\sum_{n=1}^{\infty} ku_n = k \sum_{n=1}^{\infty} u_n.$$

证明 由已知条件,$\lim\limits_{n\to\infty} \sum\limits_{i=1}^{n} u_i$ 存在,故

$$\sum_{n=1}^{\infty} ku_n = \lim_{n\to\infty} \sum_{i=1}^{n} ku_i = \lim_{n\to\infty} k \sum_{i=1}^{n} u = k \lim_{n\to\infty} \sum_{i=1}^{n} u_i = k \sum_{n=1}^{\infty} u_n.$$

性质 13.1.2 若级数 $\sum\limits_{n=1}^{\infty} u_n$ 和 $\sum\limits_{n=1}^{\infty} v_n$ 都收敛,则级数 $\sum\limits_{n=1}^{\infty} (u_n \pm v_n)$

也收敛,并有

$$\sum_{n=1}^{\infty} (u_n \pm v_n) = \sum_{n=1}^{\infty} u_n \pm \sum_{n=1}^{\infty} v_n.$$

证明 由已知,$\lim_{n\to\infty} \sum_{i=1}^{n} u_i$ 和 $\lim_{n\to\infty} \sum_{i=1}^{n} v_i$ 都存在,故

$$\sum_{n=1}^{\infty} (u_n \pm v_n) = \lim_{n\to\infty} \sum_{i=1}^{n} (u_i \pm v_i) = \lim_{n\to\infty} \left(\sum_{i=1}^{n} u_i \pm \sum_{i=1}^{n} v_i \right)$$

$$= \lim_{n\to\infty} \sum_{i=1}^{n} u_i \pm \lim_{n\to\infty} \sum_{i=1}^{n} v_i = \sum_{n=1}^{\infty} u_n \pm \sum_{n=1}^{\infty} v_n.$$

性质 13.1.3 在级数中去掉、加上或改变有限项,不会改变级数的收敛性.

证明 只需证明"在级数的前面部分去掉或加上有限项,不会改变级数的收敛性",因为其他情形都可以看成在级数前面先去掉有限项,然后再加上有限项的结果.

先证明减少数列前面有限项的情形. 设将级数 $\sum_{n=1}^{\infty} u_n$ 的前面 k 项去掉,则得级数

$$u_{k+1} + u_{k+2} + \cdots + u_{k+n} + \cdots,$$

于是新得的级数的部分和为

$$\sigma_n = u_{k+1} + u_{k+2} + \cdots + u_{k+n} = S_{k+n} - S_k,$$

其中 S_{k+n} 是原来级数的前 $k+1$ 项的和. 因为 S_k 是常数,所以当 $n\to\infty$ 时,σ_n 与 S_{k+n} 或者同时有极限,或者同时没有极限.

类似地,可以证明在级数的前面加上有限项,不会改变级数的收敛性.

性质 13.1.4 若级数 $\sum_{n=1}^{\infty} u_n$ 收敛,则将该级数的项任意加括号后形成的级数

$$(u_1 + u_2 + \cdots + u_{n_1}) + (u_{n_1+1} + \cdots + u_{n_2}) + \cdots + (u_{n_{k-1}+1} + \cdots + u_{n_k}) + \cdots$$

仍收敛,且其和不变.

证明　设 $\sum\limits_{n=1}^{\infty} u_n$ 的部分和数列为 $\{S_n\}$,加括号后的级数的部分和数列为 $\{A_n\}$,则

$$A_k = (u_1 + u_2 + \cdots + u_{n_1}) + (u_{n_1+1} + \cdots + u_{n_2}) + \cdots$$
$$+ (u_{n_{k-1}+1} + \cdots + u_{n_k}) = S_{n_k}, k = 1, 2, \cdots,$$

因此 $\{A_k\}$ 是数列 $\{S_n\}$ 的子列. 由于数列 $\{S_n\}$ 收敛,故

$$\lim_{n \to \infty} A_k = \lim_{n \to \infty} S_n,$$

即加括号后的级数仍收敛且其和不变.

根据性质 13.1.3,立即得到如下推论.

推论　若加括号后形成的级数发散,则原来的级数一定也发散.

需要注意的是,若加括号后形成的级数收敛,则不能断定原级数也收敛. 例如,级数

$$(1 - 1) + (1 - 1) + \cdots$$

收敛于零. 但级数

$$1 - 1 + 1 - 1 + \cdots$$

发散.

性质 13.1.5(级数收敛的必要条件)　若级数 $\sum\limits_{n=1}^{\infty} u_n$ 收敛,则

$$\lim_{n \to \infty} u_n = 0.$$

证明　设 $\sum\limits_{n=1}^{\infty} u_n$ 的部分和数列为 $\{S_n\}$,且 $\lim\limits_{n \to \infty} S_n = S$,则

$$\lim_{n \to \infty} u_n = \lim_{n \to \infty} (S_n - S_{n-1}) = S - S = 0.$$

需要注意的是,一般项趋于零并不是级数收敛的充分条件. 例如,调和级数 $\sum\limits_{n=1}^{\infty} \dfrac{1}{n}$ 的一般项趋于零,但它并不收敛. 我们用反证法来证明. 假设 $\sum\limits_{n=1}^{\infty} \dfrac{1}{n}$ 收敛,则加括号后的级数

$$1 + \frac{1}{2} + \left(\frac{1}{3} + \frac{1}{4} \right) + \left(\frac{1}{5} + \frac{1}{6} + \frac{1}{7} + \frac{1}{8} \right) + \cdots + \left(\frac{1}{2^{k-1}+1} + \cdots + \frac{1}{2^k} \right) + \cdots$$

也应收敛. 但

$$\frac{1}{2^{k-1}+1} + \frac{1}{2^{k-1}+2} + \cdots + \frac{1}{2^k} > \frac{1}{2^k} + \frac{1}{2^k} + \cdots + \frac{1}{2^k} = \frac{1}{2},$$

即加括号后级数的一般项不趋于零,从而可知加括号后级数不收敛,

矛盾. 于是调和级数 $\sum\limits_{n=1}^{\infty} \frac{1}{n}$ 发散.

定理 13.1.1(柯西收敛原理) 级数 $\sum\limits_{n=1}^{\infty} u_n$ 收敛的充分必要条件

为:对任意给定的正数 ε,总存在自然数 N,使得当 $n > N$ 时,不等式

$$|u_{n+1} + u_{n+2} + \cdots + u_{n+p}| < \varepsilon$$

对任意自然数 p 都成立.

证明 设级数 $\sum\limits_{n=1}^{\infty} u_n$ 的部分和数列为 $\{S_n\}$,于是

$$|u_{n+1} + u_{n+2} + \cdots + u_{n+p}| = |S_{n+p} - S_n|.$$

由数列的柯西收敛原理,即得本定理结论.

注 13.1.1 由级数的柯西收敛原理,也可证明性质 13.1.3.

例 13.1.3 判断级数 $\sum\limits_{n=1}^{\infty} \frac{1}{n^2}$ 的敛散性.

解法 1 对任何自然数 p,

$$|u_{n+1} + u_{n+2} + \cdots + u_{n+p}| = \frac{1}{(n+1)^2} + \frac{1}{(n+2)^2} + \cdots + \frac{1}{(n+p)^2}$$

$$< \frac{1}{n(n+1)} + \frac{1}{(n+1)(n+2)} + \cdots + \frac{1}{(n+p-1)(n+p)}$$

$$= \left(\frac{1}{n} - \frac{1}{n+1}\right) + \left(\frac{1}{n+1} - \frac{1}{n+2}\right) + \cdots + \left(\frac{1}{n+p-1} - \frac{1}{n+p}\right)$$

$$= \frac{1}{n} - \frac{1}{n+p} < \frac{1}{n}.$$

于是对任意正数 ε,取 $N = \left[\frac{1}{\varepsilon}\right] + 1$,当 $n > N$ 时,对任何自然数 p,都有

$$|u_{n+1} + u_{n+2} + \cdots + u_{n+p}| < \varepsilon,$$

由柯西收敛原理知,级数 $\sum\limits_{n=1}^{\infty}\dfrac{1}{n^2}$ 收敛.

解法2 设级数 $\sum\limits_{n=1}^{\infty}\dfrac{1}{n^2}$ 部分和数列为 $\{S_n\}$,

$$S_{n+1} - S_n = \frac{1}{(n+1)^2} > 0.$$

因此,数列 $\{S_n\}$ 严格单调增加. 下面证明 $\{S_n\}$ 有上界.

$$S_n = 1 + \frac{1}{2^2} + \frac{1}{3^2} + \cdots + \frac{1}{n^2} < 1 + \frac{1}{1 \cdot 2} + \frac{1}{2 \cdot 3} + \cdots + \frac{1}{(n-1)n}$$

$$= 1 + \left(\frac{1}{1} - \frac{1}{2}\right) + \left(\frac{1}{2} - \frac{1}{3}\right) + \cdots + \left(\frac{1}{n-1} - \frac{1}{n}\right) = 1 + 1 - \frac{1}{n} < 2.$$

因此,按单调有界定理, $\{S_n\}$ 收敛,即级数 $\sum\limits_{n=1}^{\infty}\dfrac{1}{n^2}$ 收敛.

习题 13.1

(A)

1. 根据定义证明下列级数收敛,并求其和:

(1) $\left(\dfrac{1}{2} + \dfrac{1}{3}\right) + \left(\dfrac{1}{2^2} + \dfrac{1}{3^2}\right) + \cdots + \left(\dfrac{1}{2^n} + \dfrac{1}{3^n}\right) + \cdots.$

(2) $\sum\limits_{n=0}^{\infty} \dfrac{1}{(4n+1)(4n+5)}$; (3) $\sum\limits_{n=1}^{\infty} \dfrac{2n+1}{2^n}$; (4) $\sum\limits_{n=1}^{\infty} \dfrac{\ln^n 2}{2^n}$.

2. 根据级数的基本性质,判断下列级数的敛散性:

(1) $\sum\limits_{n=1}^{\infty} \sin\dfrac{n\pi}{6}$;   (2) $\sum\limits_{n=1}^{\infty} (\sqrt{n+1} - \sqrt{n})$;

(3) $\sum\limits_{n=1}^{\infty} \left(\dfrac{\ln^n 2}{2^n} + \dfrac{1}{3^n}\right)$;   (4) $\sum\limits_{n=1}^{\infty} \left(\dfrac{1}{n} - \dfrac{1}{2^n}\right)$;

(5) $\sum\limits_{n=1}^{\infty} \dfrac{n-1}{3n+1}\cos\dfrac{\pi}{n}$;   (6) $\sum\limits_{n=1}^{\infty} \dfrac{1}{\sqrt[n]{3}}$.

（B）

1. 根据柯西收敛原理, 判断下列级数的敛散性:

(1) $\sum\limits_{n=1}^{\infty} \dfrac{\cos n}{2^n}$;　　　(2) $\sum\limits_{n=1}^{\infty} (-1)^n \dfrac{1}{n^2}$;

(3) $\sum\limits_{n=1}^{\infty} \dfrac{(-1)^{n+1}}{n}$;　　(4) $\sum\limits_{n=0}^{\infty} \left(\dfrac{1}{3n+1} + \dfrac{1}{3n+2} - \dfrac{1}{3n+3} \right)$.

2. 设 a, b 是任意两实数, 研究级数 $\dfrac{a}{1} - \dfrac{b}{2} + \dfrac{a}{3} - \dfrac{b}{4} + \cdots + \dfrac{a}{2n-1}$ $- \dfrac{b}{2n} + \cdots$ 的敛散性.

13.2　正项级数

这一节我们讨论正项级数敛散性的判别方法.

定义 13.2.1　如果级数 $\sum\limits_{n=1}^{\infty} u_n$ 的每一项 $u_n \geqslant 0 (n=1,2,\cdots)$, 则称此级数为**正项级数**.

设正项级数 $\sum\limits_{n=1}^{\infty} u_n$ 的部分和数列为 $\{S_n\}$. 显然 $\{S_n\}$ 是一个单调增加的数列:

$$S_1 \leqslant S_2 \leqslant \cdots \leqslant S_n \leqslant \cdots.$$

如果数列 $\{S_n\}$ 有上界, 那么它必有极限; 如果数列 $\{S_n\}$ 无上界, 那么它发散到 $+\infty$. 于是可得到正项级数的基本性质.

定理 13.2.1　正项级数 $\sum\limits_{n=1}^{\infty} u_n$ 收敛的充分必要条件是它的部分和数列 $\{S_n\}$ 有上界.

这一定理是判别正项级数敛散性的基础.

由定理 13.2.1, 正项级数 $\sum\limits_{n=1}^{\infty} u_n$ 如果发散, 就一定发散到 $+\infty$, 记

作 $\sum_{n=1}^{\infty} u_n = +\infty$. 反之,如果正项级数 $\sum_{n=1}^{\infty} u_n$ 不发散到 $+\infty$,那么正项

级数 $\sum_{n=1}^{\infty} u_n$ 必定收敛,此时记 $\sum_{n=1}^{\infty} u_n < +\infty$.

下面给出一些常用的判别法.

定理 13.2.2(比较判别法)　设 $\sum_{n=1}^{\infty} u_n$ 和 $\sum_{n=1}^{\infty} v_n$ 都是正项级数,且

存在常数 $c > 0$,使 $u_n \leqslant cv_n (n = 1,2,3,\cdots)$. 若级数 $\sum_{n=1}^{\infty} v_n$ 收敛,则级数

$\sum_{n=1}^{\infty} u_n$ 收敛;反之,若级数 $\sum_{n=1}^{\infty} u_n$ 发散,则级数 $\sum_{n=1}^{\infty} v_n$ 发散.

证明　根据假设条件,有

$$\sum_{n=1}^{\infty} u_n = \lim_{n\to\infty} \sum_{i=1}^{n} u_i \leqslant \lim_{n\to\infty} \sum_{i=1}^{n} cv_i = c \sum_{n=1}^{\infty} v_n.$$

因此,当 $\sum_{n=1}^{\infty} v_n$ 收敛时, $\sum_{n=1}^{\infty} u_n \leqslant c \sum_{n=1}^{\infty} v_n < +\infty$,即 $\sum_{n=1}^{\infty} u_n$ 收敛. 换句话

说,当 $\sum_{n=1}^{\infty} u_n$ 发散时,必有 $\sum_{n=1}^{\infty} v_n$ 发散.

注意到在级数中去掉有限项,不会改变级数的敛散性,因此可以把比较判别法中的条件"使 $u_n \leqslant cv_n (n = 1,2,3,\cdots)$ "改为"存在自然数 N ,使当 $n > N$ 时,有 $u_n \leqslant cv_n$."

例 13.2.1　讨论 p 级数 $\sum_{n=1}^{\infty} \dfrac{1}{n^p} (p > 0)$ 的收敛性?

解　当 $p \leqslant 1$ 时, $\dfrac{1}{n^p} \geqslant \dfrac{1}{n}$,而调和级数 $\sum_{n=1}^{\infty} \dfrac{1}{n}$ 发散,由比较判别法

知,当 $p \leqslant 1$ 时级数 $\sum_{n=1}^{\infty} \dfrac{1}{n^p}$ 发散.

当 $p > 1$ 时,有

$$\frac{1}{n^p} = \int_{n-1}^{n} \frac{1}{n^p} dx \leqslant \int_{n-1}^{n} \frac{1}{x^p} dx = \frac{1}{p-1} \left[\frac{1}{(n-1)^{p-1}} - \frac{1}{n^{p-1}} \right] (n = 2,3,\cdots).$$

对于级数 $\sum\limits_{n=2}^{\infty} \left[\dfrac{1}{(n-1)^{p-1}} - \dfrac{1}{n^{p-1}} \right]$ 其部分和

$$s_n = \left[1 - \dfrac{1}{2^{p-1}} \right] + \left[\dfrac{1}{2^{p-1}} - \dfrac{1}{3^{p-1}} \right] + \cdots + \left[\dfrac{1}{n^{p-1}} - \dfrac{1}{(n+1)^{p-1}} \right]$$

$$= 1 - \dfrac{1}{(n+1)^{p-1}}.$$

因为 $\lim\limits_{n\to\infty} s_n = \lim\limits_{n\to\infty} \left[1 - \dfrac{1}{(n+1)^{p-1}} \right] = 1.$

所以级数 $\sum\limits_{n=2}^{\infty} \left[\dfrac{1}{(n-1)^{p-1}} - \dfrac{1}{n^{p-1}} \right]$ 收敛. 从而根据比较判别法可知, 级

数 $\sum\limits_{n=1}^{\infty} \dfrac{1}{n^p}$ 当 $p > 1$ 时收敛.

综上所述, p 级数 $\sum\limits_{n=1}^{\infty} \dfrac{1}{n^p}$ 当 $p > 1$ 时收敛, 当 $p \leqslant 1$ 时发散.

p 级数在判别正项级数的敛散性时有着重要作用, 应牢记其敛散性结论.

例 13.2.2 判断级数 $\sum\limits_{n=1}^{\infty} \dfrac{1}{\sqrt{n^2+n+1}}$ 的敛散性.

解

$$\sum_{n=1}^{\infty} \dfrac{1}{\sqrt{n^2+n+1}} \geqslant \sum_{n=1}^{\infty} \dfrac{1}{\sqrt{n^2+2n+1}} = \sum_{n=1}^{\infty} \dfrac{1}{n+1} = \sum_{n=2}^{\infty} \dfrac{1}{n} = +\infty,$$

故级数 $\sum\limits_{n=1}^{\infty} \dfrac{1}{\sqrt{n^2+n+1}}$ 发散.

例 13.2.3 判断级数 $\sum\limits_{n=1}^{\infty} (\sqrt{n^4+1} - \sqrt{n^4-1})$ 的敛散性.

解

$$\sum_{n=1}^{\infty} (\sqrt{n^4+1} - \sqrt{n^4-1}) = \sum_{n=1}^{\infty} \dfrac{2}{\sqrt{n^4+1} + \sqrt{n^4-1}}$$

$$\leqslant \sum_{n=1}^{\infty} \dfrac{2}{\sqrt{n^4+1}} \leqslant 2 \sum_{n=1}^{\infty} \dfrac{1}{n^2},$$

所以 $\displaystyle\sum_{n=1}^{\infty} (\sqrt{n^4+1} - \sqrt{n^4-1})$ 收敛.

为应用上的方便,下面我们给出比较判别法的极限形式.

定理 13.2.3(比较判别法的极限形式) 设 $\displaystyle\sum_{n=1}^{\infty} u_n$ 和 $\displaystyle\sum_{n=1}^{\infty} v_n$ 都是正项级数,且 $\displaystyle\lim_{n\to\infty} \frac{u_n}{v_n} = l$,则

(1)若 $0 \le l < +\infty$ 且级数 $\displaystyle\sum_{n=1}^{\infty} v_n$ 收敛,则级数 $\displaystyle\sum_{n=1}^{\infty} u_n$ 收敛;

(2)若 $0 < l \le +\infty$ 且级数 $\displaystyle\sum_{n=1}^{\infty} v_n$ 发散,则级数 $\displaystyle\sum_{n=1}^{\infty} u_n$ 发散.

证明 (1)由极限定义可知,对 $\varepsilon = 1$,存在自然数 N,当 $n > N$ 时, $\dfrac{u_n}{v_n} < l+1$,即 $u_n \le (l+1) \le v_n$. 由比较判别法,知级数 $\displaystyle\sum_{n=1}^{\infty} u_n$ 收敛.

(2)由 $\displaystyle\lim_{n\to\infty} \frac{u_n}{v_n} \in (0, +\infty]$,知 $\displaystyle\lim_{n\to\infty} \frac{v_n}{u_n} \in [0, +\infty)$,假如级数 $\displaystyle\sum_{n=1}^{\infty} u_n$ 收敛,根据结论(1),必有 $\displaystyle\sum_{n=1}^{\infty} v_n$ 收敛. 但现在 $\displaystyle\sum_{n=1}^{\infty} v_n$ 发散,故 $\displaystyle\sum_{n=1}^{\infty} u_n$ 不可能收敛,即 $\displaystyle\sum_{n=1}^{\infty} u_n$ 发散.

例 13.2.4 判断级数 $\displaystyle\sum_{n=1}^{\infty} \arcsin\frac{1}{\sqrt{n}}$ 与级数 $\displaystyle\sum_{n=1}^{\infty} \sin\frac{1}{\sqrt{n}}$ 的敛散性.

解 利用等价无穷小,有

$$\lim_{n\to\infty} \frac{\arcsin\dfrac{1}{\sqrt{n}}}{\dfrac{1}{n}} = \lim_{n\to\infty} \frac{\sin\dfrac{1}{\sqrt{n}}}{\dfrac{1}{n}} = \lim_{n\to\infty} \frac{\dfrac{1}{\sqrt{n}}}{\dfrac{1}{n}} = +\infty$$

而级数 $\displaystyle\sum_{n=1}^{\infty} \frac{1}{n}$ 发散,根据定理 13.2.3 知这两个级数发散.

例 13.2.5 判别级数 $\displaystyle\sum_{n=1}^{\infty} \ln\left(1+\frac{1}{n^2}\right)$ 的收敛性.

解 因为 $\lim\limits_{n\to\infty} \dfrac{\ln\left(1+\dfrac{1}{n^2}\right)}{\dfrac{1}{n^2}} = 1$，而级数 $\sum\limits_{n=1}^{\infty} \dfrac{1}{n^2}$ 收敛.

根据比较判别法的极限形式，级数 $\sum\limits_{n=1}^{\infty} \ln\left(1+\dfrac{1}{n^2}\right)$ 收敛.

使用比较判别法时，总是要选取一个敛散性已知的级数作参照. 如果将等比级数作为参照，就可以得到根值判别法和比值判别法.

定理 13.2.4（根值判别法，柯西（Cauchy）判别法） 设 $\sum\limits_{n=1}^{\infty} u_n$ 为正项级数，若存在 N 和 q，当 $n > N$ 时，总有 $\sqrt[n]{u_n} \leqslant q < 1$，则级数 $\sum\limits_{n=1}^{\infty} u_n$ 收敛. 若存在 N，当 $n > N$ 时，$\sqrt[n]{u_n} \geqslant 1$，则级数 $\sum\limits_{n=1}^{\infty} u_n$ 发散.

证明 （1）设当 $n > N$ 时，$\sqrt[n]{u_n} \leqslant q < 1$，此时 $u_n \leqslant q^n$. 而等比级数 $\sum\limits_{n=1}^{\infty} q^n$ 收敛，根据比较判别法可知 $\sum\limits_{n=1}^{\infty} u_n$ 收敛.

（2）设当 $n > N$ 时，$\sqrt[n]{u_n} \geqslant 1$，即 $u_n \geqslant 1$，一般项 u_n 不趋于零，故 $\sum\limits_{n=1}^{\infty} u_n$ 发散.

为应用上的方便，我们给出根值判别法的极限形式.

定理 13.2.5（根值判别法的极值形式） 设 $\sum\limits_{n=1}^{\infty} u_n$ 为正项级数，并且 $\lim\limits_{n\to\infty} \sqrt[n]{u_n} = q$，则当 $q < 1$ 时，级数收敛；当 $q > 1$ 或 $\lim\limits_{n\to\infty} \sqrt[n]{u_n} = +\infty$ 时，级数发散；当 $q = 1$ 时级数可能收敛，也可能发散.

证明 （1）设 $q < 1$，则 $q < \dfrac{q+1}{2} < 1$. 由极限的性质可知，存在 N，当 $n > N$ 时，

$$\sqrt[n]{u_n} < \frac{q+1}{2} < 1,$$

根据根值判别法可知级数收敛.

(2) 设 $q>1$,由极限的性质可知,存在 N,当 $n>N$ 时,

$$\sqrt[n]{u_n} \geq 1,$$

根据根值判别法可知级数发散.

当 $\lim\limits_{n\to\infty} \sqrt[n]{u_n} = +\infty$ 时,类似可证级数发散.

(3) 当 $q=1$ 时,级数可能收敛,也可能发散,本判别法失效. 例如 $\lim\limits_{n\to\infty}\sqrt[n]{\dfrac{1}{n}}=1$, $\lim\limits_{n\to\infty}\sqrt[n]{\dfrac{1}{n^2}}=1$,级数 $\sum\limits_{n=1}^{\infty}\dfrac{1}{n}$ 发散,但级数 $\sum\limits_{n=1}^{\infty}\dfrac{1}{n^2}$ 收敛.

例 13.2.6　判断级数 $\sum\limits_{n=1}^{\infty}\dfrac{n^\alpha}{2^n}$(常数 $\alpha>0$)的敛散性.

解　因为

$$\lim_{n\to\infty}\sqrt[n]{\frac{n^\alpha}{2^n}} = \frac{1}{2}\lim_{n\to\infty}(\sqrt[n]{n})^\alpha = \frac{1}{2}(\lim_{n\to\infty}\sqrt[n]{n})^\alpha = \frac{1}{2}<1,$$

所以根据根值判别法(极限形式),原级数收敛.

例 13.2.7　判断级数 $\sum\limits_{n=1}^{\infty} a^n(1+\dfrac{1}{n-1})^{n^2}$ 的敛散性($a>0$).

解　因为

$$\lim_{n\to\infty}\sqrt[n]{a^n\left(1+\frac{1}{n-1}\right)^{n^2}} = \lim_{n\to\infty} a\left(1+\frac{1}{n-1}\right)^n = a\mathrm{e},$$

所以,当 $a\mathrm{e}<1$,即 $a<\dfrac{1}{\mathrm{e}}$ 时,级数收敛;当 $a\mathrm{e}>1$,即 $a>\dfrac{1}{\mathrm{e}}$ 时,级数发散.

当 $a\mathrm{e}=1$,即 $a=\dfrac{1}{\mathrm{e}}$ 时,

$$\sqrt[n]{\mathrm{e}^{-n}\left(1+\frac{1}{n-1}\right)^{n^2}} = \frac{1}{\mathrm{e}}\left(1+\frac{1}{n-1}\right)^n,$$

由于 $\left(1+\dfrac{1}{n-1}\right)^n$,严格单减趋于 e,因此对所有 $n\geq 2$ 有

$\left(1 + \dfrac{1}{n-1}\right)^{n} > e$，从而 $\dfrac{1}{e}\left(1 + \dfrac{1}{n-1}\right)^{n} > 1$，故级数发散.

定理 13.2.6（比值判别法，达朗贝尔（D'Alembert）判别法）　设 $\sum\limits_{n=1}^{\infty} u_{n}$ 为正项级数，且 $u_{n} > 0, n = 1,2,\cdots$. 若存在正整数 N 和正数 q，当 $n > N$ 时，总有 $\dfrac{u_{n+1}}{u_{n}} \leqslant q < 1$，则级数 $\sum\limits_{n=1}^{\infty} u_{n}$ 收敛. 若存在正整数 N，当 $n > N$ 时，总有 $\dfrac{u_{n+1}}{u_{n}} \geqslant 1$，则级数 $\sum\limits_{n=1}^{\infty} u_{n}$ 发散.

证明　（1）若当 $n > N$ 时，$\dfrac{u_{n+1}}{u_{n}} q < 1$，则此时有 $u_{n} \leqslant u_{N+1} q^{n-N-1}$，而等比级数 $\sum\limits_{n=N+1}^{\infty} u_{N+1} q^{n-N-1}$ 收敛，根据比较判别法，级数 $\sum\limits_{n=1}^{\infty} u_{n}$ 收敛.

（2）若当 $n > N$ 时，$\dfrac{u_{n+1}}{u_{n}} \geqslant 1$，即 $u_{n+1} \geqslant u_{n} > 0$. 故当 $n > N$ 时，$u_{n} \geqslant u_{N+1} > 0$. 因此级数的一般项 u_{n} 不趋于零，级数 $\sum\limits_{n=1}^{\infty} u_{n}$ 发散.

在实际应用中，经常使用比值判别法的极值形式.

定理 13.2.7（比值判别法的极限形式）　设 $\sum\limits_{n=1}^{\infty} u_{n}$ 为正项级数，$u_{n} > 0, n = 1,2,\cdots$. 并且 $\lim\limits_{n\to\infty} \dfrac{u_{n+1}}{u_{n}} = q$，则当 $q < 1$ 时，级数收敛；当 $q > 1$ 或 $\lim\limits_{n\to\infty} \dfrac{u_{n+1}}{u_{n}} = +\infty$ 时级数发散；当 $q = 1$ 时，级数可能收敛，也可能发散.

参照根值判别法极限形式的证明，即可证明上述定理，留给读者完成.

应当注意，当 $q = 1$ 时，比值判别法的极限形式不能判定级数的敛散性. 例如 p 级数，无论 p 为何值，恒有

$$q = \lim_{n\to\infty} \frac{u_{n+1}}{u_{n}} = \lim_{n\to\infty}\left[\frac{1}{(n+1)^{p}}\Big/\frac{1}{n^{p}}\right] = 1.$$

因为当 $p > 1$ 时级数收敛,当 $p \leqslant 1$ 时发散,所以只根据 $q = 1$ 并不能判断出级数敛散性.

例 13.2.8 证明级数 $1 + \dfrac{1}{1} + \dfrac{1}{1 \cdot 2} + \dfrac{1}{1 \cdot 2 \cdot 3} + \cdots + \dfrac{1}{1 \cdot 2 \cdot 3 \cdots (n-1)} + \cdots$

是收敛的.

解 因为 $\lim\limits_{n \to \infty} \dfrac{u_{n+1}}{u_n} = \lim\limits_{n \to \infty} \dfrac{1 \cdot 2 \cdot 3 \cdots (n-1)}{1 \cdot 2 \cdot 3 \cdots n} = \lim\limits_{n \to \infty} \dfrac{1}{n} = 0 < 1.$

根据比值判别法可知所给级数收敛.

例 13.2.9 判断级数 $\displaystyle\sum_{n=1}^{\infty} \dfrac{n^n}{3^n \cdot n!}$ 的敛散性.

解 因为

$$\lim_{n \to \infty} \frac{u_{n+1}}{u_n} = \lim_{n \to \infty} \left[\frac{(n+1)^{n+1}}{3^{n+1}(n+1)!} \cdot \frac{3^n n!}{n^n} \right] = \lim_{n \to \infty} \frac{1}{3}\left(1 + \frac{1}{n}\right)^n = \frac{e}{3} < 1.$$

所以根据比值判别法的极限形式,原级数收敛.

例 13.2.10 判断级数 $\displaystyle\sum_{n=1}^{\infty} n\sin \dfrac{\pi}{2^{n+1}}$ 的敛散性.

解 因为

$$\lim_{n \to \infty} \frac{u_{n+1}}{u_n} = \lim_{n \to \infty} \frac{(n+1)\sin \dfrac{\pi}{2^{n+2}}}{n\sin \dfrac{\pi}{2^n}} = \lim_{n \to \infty} \frac{\dfrac{\pi}{2^{n+2}}}{\dfrac{\pi}{2^{n+1}}} = \frac{1}{2} < 1.$$

根据比值判别法,原级数收敛.

定理 13.2.8(积分判别法) 设 $\displaystyle\sum_{n=1}^{\infty} u_n$ 是正项级数,如果在 $[1, +\infty)$ 上存在一个连续的单调减少的正值函数 $f(x)$,使得对任意自然数 n,恰有 $f(n) = u_n$,则级数 $\displaystyle\sum_{n=1}^{\infty} u_n$ 与广义积分 $\displaystyle\int_1^{+\infty} f(x)\mathrm{d}x$ 具有相同的敛散性.

证明 由 $f(x)$ 在 $[1, +\infty)$ 上单调减少,当 $x \in [k, k+1]$ 时, $u_{k+1} = f(k+1) \leqslant f(x) \leqslant f(k) = u_k$,于是就有

$$u_{k+1} = \int_k^{k+1} u_{k+1} dx \leqslant \int_k^{k+1} f(x) dx \leqslant \int_k^{k+1} u_k dx = u_k,$$

从而

$$\sum_{k=2}^n u_k = \sum_{k=1}^{n-1} u_{k+1} \leqslant \sum_{k=1}^{n-1} \int_k^{k+1} f(x) dx = \int_1^n f(x) dx \leqslant \sum_{k=1}^{n-1} u_k.$$

对上述不等式各项求极限即得

$$\sum_{k=2}^\infty u_k \leqslant \int_1^{+\infty} f(x) dx \leqslant \sum_{k=1}^\infty u_k.$$

因此级数 $\sum_{n=1}^\infty u_n$ 与广义积分 $\int_1^{+\infty} f(x) dx$ 的敛散性相同.

例 13.2.11 用积分判别法判断 p 级数 $\sum_{n=1}^\infty \dfrac{1}{n^p} (p > 0)$ 的敛散性.

解 令 $f(x) = \dfrac{1}{x^p}$. 由于

$$\int_1^{+\infty} f(x) dx = \int_1^{+\infty} \frac{1}{x^p} dx = \begin{cases} \dfrac{1}{p-1}, & \text{当 } p > 1, \\ +\infty, & \text{当 } p \leqslant 1. \end{cases}$$

所以根据积分判别法,当 $p > 1$ 时,p 级数收敛,当 $p \leqslant 1$ 时,p 级数发散.

例 13.2.12 判断级数 $\sum_{n=2}^\infty \dfrac{1}{n(\ln n)^p} (p > 0)$ 的敛散性.

解 因为

$$\int_2^{+\infty} \frac{1}{x(\ln x)^p} dx = \begin{cases} \dfrac{1}{1-p}(\ln x)^{-p} \Big|_2^{+\infty}, & p \neq 1, \\ \ln\ln x \Big|_2^{+\infty}, & p = 1. \end{cases}$$

$$= \begin{cases} \dfrac{1}{(p-1)(\ln 2)^{p-1}}, & p > 1, \\ +\infty, & p \leqslant 1. \end{cases}$$

所以根据积分判别法,当 $p > 1$ 时原级数收敛,当 $p \leqslant 1$ 时原级数发散.

若将所给级数与 p 级数作比较,可以得到下面的极限判别法.

定理 13.2.9(极限判别法)　设 $\sum\limits_{n=1}^{\infty} u_n$ 为正项级数,

(1)若 $\lim\limits_{n \to \infty} nu_n = l\,(0 < l \leqslant +\infty)$,则级数 $\sum\limits_{n=1}^{\infty} u_n$ 发散;

(2)若存在 $p > 1$,使 $\lim\limits_{n \to \infty} n^p u_n = l\,(0 \leqslant l < +\infty)$,则级数 $\sum\limits_{n=1}^{\infty} u_n$ 收敛.

证　(1)在比较判别法的极限形式中,令 $v_n = \dfrac{1}{n}$,由 $\sum\limits_{n=1}^{\infty} \dfrac{1}{n}$ 发散,

知 $\sum\limits_{n=1}^{\infty} u_n$ 发散.

(2)在比较判别法的极限形式中,令 $v_n = \dfrac{1}{n^p}$,由 $\sum\limits_{n=1}^{\infty} \dfrac{1}{n^p}$ 收敛,知

$\sum\limits_{n=1}^{\infty} u_n$ 收敛.

例 13.2.13　判断级数 $\sum\limits_{n=1}^{\infty} \sqrt{n+1}\left(1 - \cos\dfrac{\pi}{n}\right)$ 的敛散性.

解　因为

$$\lim_{n \to \infty} n^{\frac{3}{2}} u_n = \lim_{n \to \infty} n^{\frac{3}{2}} \sqrt{n+1}\left(1 - \cos\frac{\pi}{n}\right) = \lim_{n \to \infty} n^2 \sqrt{\frac{n+1}{n}} \cdot \frac{1}{2}\left(\frac{\pi}{n}\right)^2 = \frac{1}{2}\pi^2.$$

所以根据极限判别法,原级数收敛.

习题 13.2

(A)

1. 利用比较判别法,判定下列级数的敛散性:

(1) $\sum\limits_{n=1}^{\infty} \dfrac{1}{(2n+1)^2}$;　　(2) $\sum\limits_{n=1}^{\infty} \dfrac{1}{n\sqrt{n+1}}$;　　(3) $\sum\limits_{n=1}^{\infty} \dfrac{n+1}{n^2+2}$;

(4) $\sum\limits_{n=1}^{\infty} \tan\dfrac{2\pi}{3n}$;　　(5) $\sum\limits_{n=1}^{\infty} \left(\dfrac{n}{3n-1}\right)^n$;　　(6) $\sum\limits_{n=1}^{\infty} \sin\dfrac{1}{n^p}\,(p>0)$;

$(7) \sum\limits_{n=1}^{\infty} \left(\dfrac{\sqrt{n}}{2n+1}\right)^n$; $\quad (8) \sum\limits_{n=1}^{\infty} 2^n \sin\dfrac{\pi}{3^n}$; $\quad (9) \sum\limits_{n=1}^{\infty} \left(\dfrac{1}{n}-\sin\dfrac{1}{n}\right)$;

$(10) \sum\limits_{n=1}^{\infty} \dfrac{1}{(\ln n)^{\ln n}}$; $\quad (11) \sum\limits_{n=1}^{\infty} \dfrac{\ln n}{n^p}$; $\quad (12) \sum\limits_{n=1}^{\infty} \dfrac{1}{1+a^n}(a>0)$.

2. 利用根值判别法, 判定下列级数的敛散性:

$(1) \sum\limits_{n=1}^{\infty} \left(\dfrac{n}{2n+1}\right)^n$; $\quad (2) \sum\limits_{n=1}^{\infty} \dfrac{3^n}{\left(\dfrac{n+1}{n}\right)^{n^2}}$; $\quad (3) \sum\limits_{n=1}^{\infty} \left(\cos\dfrac{1}{n}\right)^{n^3}$;

$(4) \sum\limits_{n=1}^{\infty} \dfrac{1}{[\ln(n+1)]^n}$; $\quad (5) \sum\limits_{n=1}^{\infty} \dfrac{2^n}{3^{\ln n}}$; $\quad (6) \sum\limits_{n=1}^{\infty} \dfrac{(2e)^n}{\left(1+\dfrac{1}{n}\right)^{n^2}}$.

3. 用比值判别法, 判定下列级数的敛散性:

$(1) \sum\limits_{n=1}^{\infty} \dfrac{n!}{3^n}$; $\quad (2) \sum\limits_{n=1}^{\infty} \dfrac{4^n}{5^n-3^n}$; $\quad (3) \sum\limits_{n=1}^{\infty} \dfrac{2^n n!}{n^n}$;

$(4) \sum\limits_{n=1}^{\infty} \dfrac{(n!)^2}{2^{n^2}}$; $\quad (5) \sum\limits_{n=1}^{\infty} \dfrac{2n^2-1}{2^n}$; $\quad (6) \sum\limits_{n=1}^{\infty} \dfrac{1}{3^{\ln n}}$;

$(7) \sum\limits_{n=1}^{\infty} \dfrac{(a+1)(2a+1)\cdots(na+1)}{(b+1)(2b+1)\cdots(nb+1)}(b>a>0)$;

$(8) \sum\limits_{n=1}^{\infty} \dfrac{(n!)^2}{(2n)!}a^n (a>0, a\neq 4)$.

4. 利用积分判别法, 判定下列级数的敛散性:

$(1) \sum\limits_{n=3}^{\infty} \dfrac{1}{n\ln n(\ln\ln n)^p}(p>0)$;

$(2) \sum\limits_{n=1}^{\infty} \dfrac{1}{(n+1)\ln(n+1)}$;

$(3) \sum\limits_{n=1}^{\infty} \dfrac{n^2}{n^6+1}$.

(B)

1. 选择适当方法研究下列级数的敛散性:

(1) $\sum_{n=2}^{\infty} \dfrac{n^{\ln n}}{(\ln n)^n}$; (2) $\sum_{n=1}^{\infty} \dfrac{\sqrt{n+2} - \sqrt{n-2}}{n^p}$ $(p \neq 0)$;

(3) $\sum_{n=1}^{\infty} (\sqrt[n]{n} - 1)$; (4) $\sum_{n=1}^{\infty} \dfrac{1}{\ln (n+1)} \tan \dfrac{1}{n}$; (5) $\sum_{n=1}^{\infty} \dfrac{1}{1 + x^{2n}}$;

(6) $\sum_{n=1}^{\infty} \dfrac{3 + (-1)^n}{2 + (-1)^n}$; (7) $\sum_{n=1}^{\infty} \dfrac{n^{n-1}}{(2n^2 + \ln n + 1)^{\frac{n+1}{2}}}$;

(8) $\dfrac{1}{a+b} + \dfrac{1}{2a+b} + \dfrac{1}{3a+b} + \cdots (a > 0, b > 0)$;

(9) $\sum_{n=1}^{\infty} \dfrac{2 + (-1)^n}{2^n} n^6$; (10) $\sum_{n=1}^{\infty} \left(\dfrac{1}{n} \right)^{\frac{1}{n}}$.

2. 设正项级数 $\sum_{n=1}^{\infty} u_n$ 收敛,证明 $\sum_{n=1}^{\infty} u_n^2$ 也收敛,试问反之是否成立?

3. 设正项级数 $\sum_{n=1}^{\infty} u_n$ 收敛,证明 $\sum_{n=1}^{\infty} \sqrt{u_n u_{n+1}}$ 也收敛,试问反之是否成立?

4. 设正项级数 $\sum_{n=1}^{\infty} u_n$ 收敛,证明 $\sum_{n=1}^{\infty} \dfrac{\sqrt{u_n}}{n}$ 也收敛.

5. 利用级数收敛的必要条件证明:

(1) $\lim_{n \to \infty} \dfrac{n!}{n^n} = 0$; (2) $\lim_{n \to \infty} \dfrac{(2n)!}{\mathrm{e}^{n!}} = 0$.

13.3　任意项级数

如果级数中的各项是任意实数(可正,可负或零),则称该级数为任意项级数. 对这类级数敛散性的判别通常较为困难,不能采用前面介绍的正项级数的一系列判别法. 本节将首先对特殊的一类任意项级数——交错级数,建立一种收敛性的判别法,然后再讨论任意项级数的敛散性问题.

13.3.1 交错级数

定义 13.3.1 设 $u_n > 0 (n = 1, 2, \cdots)$，则称级数

$$\sum_{n=1}^{\infty} (-1)^{n-1} u_n = u_1 - u_2 + u_3 - u_4 + \cdots + (-1)^{n-1} u_n + \cdots$$

$$(13.3.1)$$

或

$$\sum_{n=1}^{\infty} (-1)^n u_n = -u_1 + u_2 - u_3 + u_4 - \cdots + (-1)^n u_n + \cdots$$

$$(13.3.2)$$

为交错级数.

显然对同一数列 $\{u_n\}$，级数 $\sum_{n=1}^{\infty} (-1)^{n-1} u_n$ 与级数 $\sum_{n=1}^{\infty} (-1)^n u_n$ 的敛散性相同. 下面对形如 $\sum_{n=1}^{\infty} (-1)^{n-1} u_n$ 的交错级数给出敛散性的判别方法.

定理 13.3.1（莱布尼兹（Leibniz）判别法） 如果交错级数 $\sum_{n=1}^{\infty} (-1)^{n-1} u_n$ 满足如下条件：

(1) $u_n \geqslant u_{n+1} (n = 1, 2, 3, \cdots)$；

(2) $\lim\limits_{n \to \infty} u_n = 0$.

则级数收敛，且其和 $S \leqslant u_1$.

证明 设 $\{S_n\}$ 是级数 $\sum_{n=1}^{\infty} (-1)^{n-1} u_n$ 的部分和数列. 为了证明数列 $\{S_n\}$ 收敛，先证它的偶数项构成的数列 $\{S_{2n}\}$ 收敛. 由条件（1）知，$(u_{2n+1} - u_{2n+2}) \geqslant 0$，因此

$$S_{2n+2} = S_{2n} + (u_{2n+1} - u_{2n+2}) \geqslant S_{2n} \geqslant 0,$$

数列 $\{S_{2n}\}$ 是单调增加的. 又因为

$$S_{2n} = u_1 - (u_2 - u_3) - (u_4 - u_5) - \cdots - (u_{2n-2} - u_{2n-1}) - u_{2n} < u_1,$$

所以 $\{S_{2n}\}$ 有上界. 根据单调有界定理, 数列 $\{S_{2n}\}$ 有极限. 记此极限为 S, 则

$$\lim_{n\to\infty} S_{2n} = S \leqslant u_1.$$

再证数列 $\{S_{2n+1}\}$ 也收敛于 S. 由条件(2)知, $\lim\limits_{n\to\infty} u_{2n+1} = 0$, 因此

$$\lim_{n\to\infty} S_{2n+1} = \lim_{n\to\infty} (S_{2n} + u_{2n+1}) = \lim_{n\to\infty} S_{2n} + \lim_{n\to\infty} u_{2n+1} = S.$$

综上知 $\lim\limits_{n\to\infty} S_n = S$, 即级数 $\sum\limits_{n=1}^{\infty} (-1)^{n-1} u_n$ 收敛, 且其和 $S \leqslant u_1$.

由于改变级数前面的有限项不影响级数的敛散性, 因此莱布尼兹判别法中的条件(1)可放宽为:"存在一个正整数 N, 当 $n > N$ 时, 恒有 $u_n \geqslant u_{n+1}$ 成立."

例 13.3.1 判定交错级数 $\sum\limits_{n=1}^{\infty} (-1)^{n+1} \dfrac{1}{n^p}(p > 0)$ 的敛散性.

解 在交错级数 $\sum\limits_{n=1}^{\infty} (-1)^{n+1} \dfrac{1}{n^p}$ 中, 令 $u_n = \dfrac{1}{n^p}$, 则数列 $\{u_n\}$ 单减趋于 0. 根据莱布尼兹法, 级数收敛.

例 13.3.2 判定交错级数 $\sum\limits_{n=1}^{\infty} (-1)^{n-1} \dfrac{\ln n}{n}$ 的敛散性.

解 令 $u_n = \dfrac{\ln n}{n}$, 显然 $u_n > 0$, 并且 $\lim\limits_{n\to\infty} u_n = \lim\limits_{n\to\infty} \dfrac{\ln n}{n} = 0$

$\left(\lim\limits_{x\to+\infty} \dfrac{\ln x}{x} = \lim\limits_{x\to+\infty} \dfrac{\frac{1}{x}}{1} = 0 \right).$ 下面考察 $\{u_n\}$ 的单调性. 作函数 $f(x) = \dfrac{\ln x}{x}$, 则 $f'(x) = \dfrac{1-\ln x}{x^2}$. 当 $x > e$ 时, $f'(x) < 0$. 因此 $f(x)$ 在 $[e, +\infty)$ 上单调减少. 故当 $n \geqslant 3$ 时, $u_n \geqslant u_{n+1}$. 根据莱布尼兹判别法, 级数收敛.

例 13.3.3 证明级数 $\sum\limits_{n=1}^{\infty} \sin(\pi \sqrt{n^2 + a^2})$ 收敛(a 为任意实数).

证明 $\sin(\pi \sqrt{n^2 + a^2}) = \sin\left(n\pi + \dfrac{\pi a^2}{\sqrt{n^2 + a^2} + n} \right)$

$$= (-1)^n \sin \frac{\pi a^2}{\sqrt{n^2 + a^2} + n}.$$

由于

$$\lim_{n \to \infty} \frac{\pi a^2}{\sqrt{n^2 + a^2} + n} = 0,$$

因此存在正整数 N, 当 $n > N$ 时,

$$0 < \frac{\pi a^2}{\sqrt{n^2 + a^2} + n} < \frac{\pi}{2}$$

从而当 $n > N$ 时, $\sin \dfrac{\pi a^2}{\sqrt{n^2 + a^2} + n}$ 非负单减趋于零.

由定理 13.3.1, 级数 $\displaystyle\sum_{n=1}^{\infty} \sin(\pi \sqrt{n^2 + a^2})$ 收敛.

13.3.2 绝对收敛与条件收敛

定义 13.3.2 设 $\displaystyle\sum_{n=1}^{\infty} u_n$ 为任意项级数. 若正项级数 $\displaystyle\sum_{n=1}^{\infty} |u_n|$ 收敛, 则称级数 $\displaystyle\sum_{n=1}^{\infty} u_n$ **绝对收敛**. 若 $\displaystyle\sum_{n=1}^{\infty} |u_n|$ 发散, 但 $\displaystyle\sum_{n=1}^{\infty} u_n$ 收敛, 则称级数 $\displaystyle\sum_{n=1}^{\infty} u_n$ **条件收敛**.

例如, 级数 $\displaystyle\sum_{n=1}^{\infty} \frac{(-1)^{n-1}}{n^2}$, $\displaystyle\sum_{n=1}^{\infty} \frac{\sin n}{n^2}$ 都绝对收敛, 因为级数 $\displaystyle\sum_{n=1}^{\infty} \frac{1}{n^2}$, $\displaystyle\sum_{n=1}^{\infty} \frac{|\sin n|}{n^2}$ 都收敛. 级数 $\displaystyle\sum_{n=1}^{\infty} \frac{(-1)^n}{n}$, $\displaystyle\sum_{n=1}^{\infty} \frac{(-1)^{n-1}}{n+1}$ 都条件收敛, 因为级数 $\displaystyle\sum_{n=1}^{\infty} \frac{(-1)^n}{n}$, $\displaystyle\sum_{n=1}^{\infty} \frac{(-1)^{n-1}}{n+1}$ 都收敛, 而级数 $\displaystyle\sum_{n=1}^{\infty} \frac{1}{n}$, $\displaystyle\sum_{n=1}^{\infty} \frac{1}{n+1}$ 都发散.

绝对收敛和收敛之间具有如下关系.

定理 13.3.2　若级数 $\sum\limits_{n=1}^{\infty} u_n$ 绝对收敛,则级数 $\sum\limits_{n=1}^{\infty} u_n$ 必收敛.

证明　级数 $\sum\limits_{n=1}^{\infty} u_n$ 绝对收敛,即正项级数 $\sum\limits_{n=1}^{\infty} |u_n|$ 收敛. 因为

$$0 \leqslant u_n + |u_n| \leqslant 2|u_n| \ (n = 1, 2, 3, \cdots),$$

根据比较判别法,正项级数 $\sum\limits_{n=1}^{\infty} (u_n + |u_n|)$ 收敛. 又因为 $u_n = (u_n + |u_n|) - |u_n|$,由收敛级数的性质(性质 13.1.2),得知级数 $\sum\limits_{n=1}^{\infty} u_n$ 收敛.

注 13.3.1　定理 13.3.2 也可通过柯西收敛原理证明.

由前面的讨论可知,任意项级数 $\sum\limits_{n=1}^{\infty} u_n$ 的敛散性分为收敛和发散两种类型. 而当 $\sum\limits_{n=1}^{\infty} u_n$ 收敛时,又可细分为绝对收敛和条件收敛两种类型. 判断绝对收敛时可用正项级数的判别法来判定. 需要注意的是,如果级数 $\sum\limits_{n=1}^{\infty} |u_n|$ 发散,并不能推出级数 $\sum\limits_{n=1}^{\infty} u_n$ 发散,因为 $\sum\limits_{n=1}^{\infty} u_n$ 还可能是条件收敛的. 但是,如果判定级数 $\sum\limits_{n=1}^{\infty} |u_n|$ 敛散性是采用比值判别法或根值判别法得出其发散的结论,则级数 $\sum\limits_{n=1}^{\infty} u_n$ 也发散. 这是因为在推证 $\sum\limits_{n=1}^{\infty} |u_n|$ 发散时,是由 $\lim\limits_{n\to\infty} \dfrac{|u_{n+1}|}{|u_n|} > 1$(或 $\lim\limits_{n\to\infty} \sqrt[n]{|u_n|} > 1$)得出 $\lim\limits_{n\to\infty} |u_n| \neq 0$,从而得出结论的. 而 $\lim\limits_{n\to\infty} |u_n| \neq 0$ 等价于 $\lim\limits_{n\to\infty} u_n \neq 0$,因此,级数 $\sum\limits_{n=1}^{\infty} u_n$ 也发散.

为讨论某些任意项级数敛散性方便起见,对正项级数的比值判别法和根值判别法可作适当修改,以用于判定任意项级数的敛散性.

定理 13.3.3　设 $\sum\limits_{n=1}^{\infty} u_n$ 为任意项级数,若 $\lim\limits_{n\to\infty} \sqrt[n]{|u_n|} = l$ 或

$$\lim_{n \to \infty} \frac{|u_{n+1}|}{|u_n|} = l,\text{则}$$

（1）当 $l < 1$ 时，级数 $\sum\limits_{n=1}^{\infty} u_n$ 绝对收敛；

（2）当 $l > 1$（或 $l = +\infty$）时，级数 $\sum\limits_{n=1}^{\infty} u_n$ 发散.

证明 （1）$\sum\limits_{n=1}^{\infty} |u_n|$ 为正项级数，根据根值判别法和比值判别法

可知，当 $l < 1$ 时，级数 $\sum\limits_{n=1}^{\infty} |u_n|$ 收敛，即级数 $\sum\limits_{n=1}^{\infty} u_n$ 绝对收敛.

（2）若 $\lim\limits_{n \to \infty} \sqrt[n]{|u_n|} = l > 1$，则存在自然数 N，当 $n > N$ 时，$\sqrt[n]{|u_n|} \geqslant$

1，即 $|u_n| \geqslant 1$，此时 $\lim\limits_{n \to \infty} u_n \neq 0$，级数 $\sum\limits_{n=1}^{\infty} u_n$ 发散.

若 $\lim\limits_{n \to \infty} \frac{|u_{n+1}|}{|u_n|} = l > 1$，则存在自然数 N，当 $n > N$ 时，$\frac{|u_{n+1}|}{|u_n|} \geqslant 1$，即

$|u_{n+1}| \geqslant |u_n|$. 于是当 $n > N$ 时，$|u_n| \geqslant |u_{N+1}| > 0$. 此时亦有 $\lim\limits_{n \to \infty} u_n \neq 0$，

级数 $\sum\limits_{n=1}^{\infty} u_n$ 发散.

例 13.3.4 判断级数 $\sum\limits_{n=1}^{\infty} (-1)^{n-1} \dfrac{a^n}{n}$（其中 a 为常数）的敛散性.

解 当 $a = 0$ 时，级数收敛且绝对收敛. 当 $a \neq 0$ 时，因为

$$\lim_{n \to \infty} \sqrt[n]{|u_n|} = \lim_{n \to \infty} \sqrt[n]{\left| (-1)^{n-1} \frac{a^n}{n} \right|} = \lim_{n \to \infty} \frac{|a|}{\sqrt[n]{n}} = |a|.$$

所以根据定理 13.3.3 知，

当 $0 < |a| < 1$ 时，级数绝对收敛；

当 $|a| > 1$ 时，级数发散；

当 $a = 1$ 时，级数为 $\sum\limits_{n=1}^{\infty} (-1)^{n-1} \dfrac{a^n}{n} = \sum\limits_{n=1}^{\infty} (-1)^{n-1} \dfrac{1}{n}$，级数条件

收敛；

当 $a = -1$ 时,级数为 $\sum_{n=1}^{\infty} (-1)^{n-1} \dfrac{a^n}{n} = \sum_{n=1}^{\infty} \left(-\dfrac{1}{n}\right) = -\sum_{n=1}^{\infty} u_n \dfrac{1}{n}$,级数发散.

综上所述,知 $a \in (-1,1)$ 时,级数绝对收敛;$a = 1$ 时,级数条件收敛;$a \in (-\infty, -1] \cup (1, +\infty)$ 时,级数发散.

例 13.3.5 判断级数 $\sum_{n=1}^{\infty} (-1)^{n-1} \dfrac{1 \cdot 3 \cdot 5 \cdots (2n-1)}{2 \cdot 4 \cdot 6 \cdots (2n)}$ 的敛散性.

解 令 $u_n = \dfrac{1 \cdot 3 \cdot 5 \cdots (2n-1)}{2 \cdot 4 \cdot 6 \cdots (2n)}$,则 $0 < u_{n+1} = \dfrac{2n+1}{2n+2} u_n < u_n$,并且对任意自然数 k,有 $\sqrt{(2k-1)(2k+1)} < \sqrt{4k^2} = 2k$. 因此

$$u_n = \frac{1 \cdot 3 \cdot 5 \cdots (2n-1)}{2 \cdot 4 \cdot 6 \cdots (2n)}$$

$$= \frac{\sqrt{1 \cdot 3} \sqrt{3 \cdot 5} \cdots \sqrt{(2n-3)(2n-1)} \sqrt{2n-1}}{2 \cdot 4 \cdot 6 \cdots (2n)},$$

$$\leqslant \frac{2 \cdot 4 \cdots (2n-2) \sqrt{2n-1}}{2 \cdot 4 \cdot 6 \cdots (2n)} \leqslant \frac{\sqrt{2n-1}}{2n} \to 0 \ (n \to \infty),$$

由莱布尼兹判别法,级数 $\sum_{n=1}^{\infty} (-1)^{n-1} u_n$ 收敛.

因为对任意自然数 k,有 $\sqrt{(2k)(2k+2)} < \sqrt{(2k+1)^2} = 2k+1$. 因此

$$u_n = \frac{1 \cdot 3 \cdot 5 \cdots (2n-1)}{2 \cdot 4 \cdot 6 \cdots (2n)} = \frac{1 \cdot 3 \cdot 5 \cdots (2n-1)}{\sqrt{2} \sqrt{2 \cdot 4} \sqrt{4 \cdot 6} \cdots \sqrt{(2n-2)(2n)} \sqrt{2n}}$$

$$> \frac{1 \cdot 3 \cdot 5 \cdots (2n-1)}{\sqrt{2} \cdot 3 \cdot 5 \cdots (2n-1) \sqrt{2n}} = \frac{1}{2\sqrt{n}} > \frac{1}{2n}.$$

据比较判别法及 $\sum_{n=1}^{\infty} \dfrac{1}{2n}$ 发散,知 $\sum_{n=1}^{\infty} u_n$ 发散. 因此级数 $\sum_{n=1}^{\infty} (-1)^{n-1} u_n$ 条件收敛.

对于任意项级数 $\sum_{n=1}^{\infty} u_n$,我们可以引进两个正项级数 $\sum_{n=1}^{\infty} p_n$ 和

$\sum\limits_{n=1}^{\infty} q_n$，其中

$$p_n = \frac{|u_n| + u_n}{2} = \begin{cases} u_n, & u_n > 0, \\ 0, & u_n \leqslant 0. \end{cases} \qquad q_n = \frac{|u_n| - u_n}{2} = \begin{cases} -u_n, & u_n < 0, \\ 0, & u_n \geqslant 0. \end{cases}$$

显然

$$u_n = p_n - q_n, |u_n| = p_n + q_n.$$

定理 13.3.4 级数 $\sum\limits_{n=1}^{\infty} u_n$ 绝对收敛的充要条件是 $\sum\limits_{n=1}^{\infty} p_n$ 和 $\sum\limits_{n=1}^{\infty} q_n$ 都收敛.

证明由读者完成.

推论 若级数 $\sum\limits_{n=1}^{\infty} u_n$ 条件收敛,则 $\sum\limits_{n=1}^{\infty} p_n$ 和 $\sum\limits_{n=1}^{\infty} q_n$ 都发散.

习题 13.3

（A）

1. 判断下列级数是否收敛. 若收敛,是绝对收敛还是条件收敛?

(1) $\sum\limits_{n=1}^{\infty} (-1)^{n-1} \dfrac{\ln(n+1)}{n}$;   (2) $\sum\limits_{n=1}^{\infty} (-1)^{n-1} \sin \dfrac{1}{n}$;

(3) $\sum\limits_{n=1}^{\infty} (-1)^{n-1} \dfrac{1}{n - \ln n}$;   (4) $\sum\limits_{n=1}^{\infty} (-1)^{n-1} \dfrac{1}{n + 2\sin n}$;

(5) $\sum\limits_{n=1}^{\infty} (-1)^{n-1} \dfrac{n}{3^{n-1}}$;   (6) $\sum\limits_{n=1}^{\infty} \left[\dfrac{(-1)^n}{\sqrt{n}} + \dfrac{1}{n} \right]$;

(7) $\sum\limits_{n=1}^{\infty} (-1)^{\frac{n(n-1)}{2}} \left(\dfrac{n}{2n-1} \right)^n$;   (8) $\sum\limits_{n=1}^{\infty} (-1)^{n-1} \dfrac{1}{\sqrt{n}}$;

(9) $\sum\limits_{n=1}^{\infty} (-1)^{n-1} \dfrac{2^{n^2}}{n!}$;   (10) $\sum\limits_{n=2}^{\infty} \dfrac{(-1)^n}{\sqrt{n} + (-1)^n}$;

(11) $\sum\limits_{n=2}^{\infty} \dfrac{(-1)^n}{\sqrt{n + (-1)^n}}$;   (12) $\sum\limits_{n=1}^{\infty} \dfrac{1}{1 + a^n} (a > 0)$.

2. 研究级数 $1 - \dfrac{1}{2^a} + \dfrac{1}{3} - \dfrac{1}{4^a} + \dfrac{1}{5} - \dfrac{1}{6^a} + \cdots (a \neq 0)$ 的敛散性.

3. 判定级数 $\dfrac{1}{\sqrt{2}-1} - \dfrac{1}{\sqrt{2}+1} + \dfrac{1}{\sqrt{3}-1} - \dfrac{1}{\sqrt{3}+1} + \cdots + \dfrac{1}{\sqrt{n}-1} - \dfrac{1}{\sqrt{n}+1} +$ $\cdots$ 的敛散性.

4. 设 $u_n = (-1)^n \ln\left(1 + \dfrac{1}{\sqrt{n}}\right)$, 试判断级数 $\displaystyle\sum_{n=1}^{\infty} u_n$ 与级数 $\displaystyle\sum_{n=1}^{\infty} u_n^2$ 的敛散性.

(B)

1. 若任意项级数 $\displaystyle\sum_{n=1}^{\infty} a_n$ 收敛, 并且 $\displaystyle\lim_{n \to \infty} \dfrac{a_n}{b_n} = 1$. 能否断定 $\displaystyle\sum_{n=1}^{\infty} b_n$ 也收敛?

2. 设 $\displaystyle\sum_{n=1}^{\infty} a_n, \displaystyle\sum_{n=1}^{\infty} b_n, \displaystyle\sum_{n=1}^{\infty} c_n$ 是任意项的级数, 且满足: $a_n \leqslant b_n \leqslant c_n$ $(n = 1, 2, \cdots)$. 如果 $\displaystyle\sum_{n=1}^{\infty} a_n$ 和 $\displaystyle\sum_{n=1}^{\infty} c_n$ 都收敛, 试证明 $\displaystyle\sum_{n=1}^{\infty} b_n$ 也收敛.

3. 设 $\lambda > 0$, 且级数 $\displaystyle\sum_{n=1}^{\infty} a_n^2$ 收敛, 证明级数 $\displaystyle\sum_{n=1}^{\infty} (-1)^n \dfrac{|a_n|}{\sqrt{n^\alpha + \lambda}}$ 当 $\alpha > 1$ 时绝对收敛.

4. 设正项数列 $\{a_n\}$ 单减, 且级数 $\displaystyle\sum_{n=1}^{\infty} (-1)^{n-1} a_n$ 发散, 试判定级数 $\displaystyle\sum_{n=1}^{\infty} \left(\dfrac{1}{a_n+1}\right)^n$ 的收敛性.

5. 设 $a_1 = 2, a_{n+1} = \dfrac{1}{2}\left(a_n + \dfrac{1}{a_n}\right), n = 1, 2, \cdots$, 证明:

(1) $\displaystyle\lim_{n \to \infty} a_n$ 存在; (2) 级数 $\displaystyle\sum_{n=1}^{\infty} \left(\dfrac{a_n}{a_{n+1}} - 1\right)$ 收敛.

13.4 函数项级数

13.4.1 函数项级数及其收敛性

设给定一个在区间 I 上都有定义的函数序列

$$u_1(x), u_2(x), \cdots, u_n(x), \cdots$$

称由此函数序列 $\{u_n(x)\}$ 所构造的级数

$$\sum_{n=1}^{\infty} u_n(x) = u_1(x) + u_2(x) + \cdots + u_n(x) + \cdots \quad (13.4.1)$$

为定义在 I 上函数项级数.

定义 13.4.1(收敛域,发散域) 如果对区间 I 中的某一点 x_0,常数项级数 $\sum_{n=1}^{\infty} u_n(x_0)$ 收敛(或发散),则称函数项级数 13.4.1 在点 $x = x_0$ 处收敛(或发散),点 x_0 称为函数项级数的收敛点(或发散点);级数 13.4.1 的全体收敛点(或发散点)组成的集合称为函数项级数收敛域(或发散域).

对于函数项级数 13.4.1 收敛域中的任一点 x,级数 $\sum_{n=1}^{\infty} u_n(x)$ 都收敛且有和 $S(x)$ 与之对应,因此在收敛域上,有

$$S(x) = \sum_{n=1}^{\infty} u_n(x) = u_1(x) + u_2(x) + \cdots + u_n(x) + \cdots$$

称 $S(x)$ 为函数项级数的和函数. 类似常数项级数,称 $S_n(x) = \sum_{k=1}^{n} u_k(x)$ 为函数项级数 13.4.1 的前 n 项和;称 $R_n(x) = S(x) - S_n(x)$ 为该函数项级数的余项. 对于函数项级数收敛域中的任一点,有

$$\lim_{n \to \infty} S_n(x) = S(x), \quad \lim_{n \to \infty} R_n(x) = 0.$$

例 13.4.1 求函数项级数 $\sum_{n=1}^{\infty} ne^{-nx}$ 的收敛域.

解 令 $u_n(x) = ne^{-nx}$,则 $u_n(x) > 0$ 且

$$\rho = \lim_{n \to \infty} \frac{u_{n+1}(x)}{u_n(x)} = \lim_{n \to \infty} \frac{(n+1)e^{-(n+1)x}}{ne^{-nx}} = \lim_{n \to \infty} \frac{n+1}{ne^x} = \frac{1}{e^x}$$

当 $\rho = \dfrac{1}{e^x} < 1$ 时,即 $x > 0$ 时,级数收敛;当 $\rho = \dfrac{1}{e^x} > 1$ 时,即 $x < 0$ 时,级数发散,当 $x = 0$ 时,原级数为 $\displaystyle\sum_{n=1}^{\infty} n$ 发散. 故函数项级数的收敛域为 $(0, +\infty)$.

例 13.4.2 求函数项级数 $\displaystyle\sum_{n=1}^{\infty} u_n(x)$ 的收敛域及和函数,其中, $u_1 = x, u_n(x) = x^n - x^{n-1}, n = 2, 3, \cdots$.

解 由于

$$S_n(x) = x + (x^2 - x) + \cdots + (x^n - x^{n-1}) = x^n,$$

于是

$$S(x) = \lim_{n \to \infty} S_n(x) = \lim_{n \to \infty} x^n = \begin{cases} 0, & -1 < x < 1 \\ 1, & x = 1 \\ \infty, & |x| > 1 \\ \text{不存在}, & x = -1 \end{cases}.$$

因而,此级数的收敛域为 $(-1, 1]$.

13.4.2 函数项级数的一致收敛性

我们已经知道有限个连续级数的和是连续函数,有限个可导函数之和的导数等于每一个函数的导函数之和等性质. 如果把前述有限个换为无限多个时,这些性质就可能不成立. 比如,例 13.4.2 中的每一个 $u_n(x)$ 都是区间 $[0, 1]$ 内的连续函数,但和函数 $S(x)$ 在 $x = 1$ 处不连续. 那么,什么样的函数项级数具有这些性质呢? 为此,引入函数项级数的一致收敛概念.

函数项级数的收敛可用 $\varepsilon - N$ 表示为:对于函数项级数收敛域 X 中的任一点 x, $\forall \varepsilon > 0$, $\exists N > 0$,当 $n > N$ 时. 有

$$|R_n(x)| = |S(x) - S_n(x)| < \varepsilon.$$

应注意,上面的 N 不仅依赖于 ε,而且也依赖于收敛域 X 中的点 x. 这说明不同的点 x 对应不同的 N. 如果当 X 中含有无穷多个点 x 时,则就应有无穷多个 N 与之对应. 这样,对所有 X 中的点 x 就可能没有共同或一致的正整数 N 存在. 为此,下面给出函数项级数一致收敛的概念.

定义 13.4.2(一致收敛性)　设函数项级数 $\sum\limits_{n=1}^{\infty} u_n(x)$ 在 I 上收敛于 $S(x)$. 若对任意正数 ε,存在仅依赖于 ε 的正整数 N,当 $n > N$ 时,都有不等式

$$|R_n(x)| = |S(x) - S_n(x)| < \varepsilon.$$

对区间 I 中所有 x 成立,则称函数项级数 $\sum\limits_{n=1}^{\infty} u_n(x)$ 在 I 上一致收敛.

现证明例 13.4.2 的级数在 $(-1,1)$ 中不是一致收敛的. 由一致收敛的定义 13.4.2 知,这等价于证明存在 $\varepsilon_0 > 0$,对任意的自然数 N,存在 $n > N$ 及 $x_n \in (-1,1)$,使得

$$|S_n(x_n) - S(x_n)| = x_n^{\ n} > \varepsilon_0.$$

事实上,对于 $\varepsilon_0 = \dfrac{1}{3}$,则对任意的 N,取 $n = N + 1$,$x_n = \dfrac{1}{\sqrt[n]{2}} \in (-1,1)$,有

$$|S_n(x_n) - S(x_n)| = \left(\frac{1}{\sqrt[n]{2}}\right)^n = \frac{1}{2} > \varepsilon_0$$

于是,函数项级数在 $(-1,1)$ 不一致收敛于 $s(x) = 0$. 另外,由定义 13.4.2 容易证明例 13.4.2 的级数在 $[-r,r]$ $(0 < r < 1)$ 中一致收敛(请读者完成).

用定义判别级数在某区间上的一致收敛性是不方便的,而由数列的柯西准则以及一致收敛的概念可以证明如下函数项级数的一致收敛的柯西准则(证明从略):

定理 13.4.1(柯西一致收敛准则)　　函数项级数 $\sum\limits_{n=1}^{\infty} u_n(x)$ 在区间 I 上一致收敛的充分必要条件为: $\forall \varepsilon > 0$,存在一个与 x 无关的自然数 N,对满足 $n \geqslant N$ 的所有自然数 n,任意自然数 p 以及 I 中的所有 x,有

$$\left| \sum_{k=n+1}^{n+p} u_k(x) \right| = |u_{n+1}(x) + \cdots\cdots + u_{n+p}(x)| < \varepsilon.$$

注 13.4.1　由定理 13.4.1 可知,函数项级数在区间 I 上一致收敛的必要条件为其通项构成的函数列 $\{u_n(x)\}$ 在 I 上一致收敛于 0. 即 $\forall \varepsilon > 0, \exists N \in N_+$,当 $n > N$ 时. 有 $|u_n(x)| < \varepsilon, \forall x \in I$. 由此性质可知,若函数列 $\{u_n(x)\}$ 在 I 上不一致收敛于 0,则函数项级数 $\sum\limits_{n=1}^{\infty} u_n(x)$ 在 I 上就不一致收敛.

利用上述定理,容易得到函数项级数一致收敛的一个简单实用的判别法.

定理 13.4.2(魏尔斯特拉斯判别法)　　如果对函数项级数 $\sum\limits_{n=1}^{\infty} u_n(x)$,存在 $M_n (n = 1, 2, \cdots)$,使得

$$|u_n(x)| \leqslant M_n, \forall x \in I.$$

且正项级数 $\sum\limits_{n=1}^{\infty} M_n$ 收敛,则级数 $\sum\limits_{n=1}^{\infty} u_n(x)$ 在区间 I 上一致收敛.

证明　由 $\sum\limits_{n=1}^{\infty} M_n$ 收敛以及数列极限的柯西准则知,对任意的 $\varepsilon > 0, \exists N \in N_+$,当 $n > N$ 以及对任意自然数 p,有

$$|M_{n+1} + M_{n+2} + \cdots + M_{n+p}| < \varepsilon$$

于是,当 $n > N$,以及对任意自然数 p,有

$$|u_{n+1}(x) + u_{n+2}(x) + \cdots + u_{n+p}(x)|$$
$$\leqslant |u_{n+1}(x)| + |u_{n+2}(x)| + \cdots + |u_{n+p}(x)|$$
$$\leqslant M_{n+1} + M_{n+2} + \cdots + M_{n+p} < \varepsilon$$

由定理 13. 4. 1 知 $\sum\limits_{n=1}^{\infty} u_n(x)$ 在 I 上一致收敛.

例 13. 4. 3 证明级数 $\sum\limits_{n=1}^{\infty} \dfrac{\sin nx}{\sqrt{n^3+x^2}}$ 在 $(-\infty, +\infty)$ 上一致收敛.

证明 由于

$$\left| \frac{\sin nx}{\sqrt{n^3+x^2}} \right| \leqslant \frac{1}{\sqrt{n^3}}, x \in (-\infty, +\infty)$$

及 $\sum\limits_{n=1}^{\infty} \dfrac{1}{\sqrt{n^3}}$ 收敛, 所以由魏尔斯特拉斯判别法知,

$$\sum\limits_{n=1}^{\infty} \frac{\sin nx}{\sqrt{n^3+x^2}} 在 (-\infty, +\infty) 上一致收敛.$$

13. 4. 3 和函数的基本性质

在本小节中, 讨论函数项级数 $\sum\limits_{n=1}^{\infty} u_n(x)$ 的和函数的三个基本性质, 即下面的三个定理.

定理 13. 4. 3(和函数的连续性) 设级数 $\sum\limits_{n=1}^{\infty} u_n(x)$ 在区间 I 上一致收敛于 $S(x)$, 且 $u_n(x)(n=1,2,\cdots)$ 在 I 上连续, 则和函数 $S(x)$ 在 I 上连续.

证明 设 x_0 为区间 I 中任一点. 由级数 $\sum\limits_{n=1}^{\infty} u_n(x)$ 在 I 上一致收敛知, $\forall \varepsilon > 0, \exists N \in N+$, 使得, 对于 I 中的任一点 x, 都有

$$|S(x) - S_N(x)| < \frac{\varepsilon}{3}.$$

由于 $u_n(x)$ 在 $x=x_0$ 处连续, 所以 $S_N(x)$ 也在 x_0 处连续. 因而对于上面的 $\exists \delta > 0$, 当 $x \in I \cap U(x_0, \delta)$ 时, 有

$$|S_N(x) - S_N(x_0)| < \frac{\varepsilon}{3}.$$

故对上述 $\varepsilon > 0, \delta > 0$, 当 $x \in I \cap U(x_0, \delta)$ 时,有

$$|S(x) - S(x_0)|$$

$$\leqslant |S(x) - S_N(x)| + |S_N(x) - S_N(x_0)| + |S_N(x_0) - S(x_0)|$$

$$< \frac{\varepsilon}{3} + \frac{\varepsilon}{3} + \frac{\varepsilon}{3} = \varepsilon.$$

这表明和函数 $S(x)$ 在 $x = x_0$ 处连续,由 x_0 的任意性知,$S(x)$ 在 I 上连续.

定理 13.4.4(逐项积分) 设级数 $\sum_{n=1}^{\infty} u_n(x)$ 在区间 I 上一致收敛于 $S(x)$ 且 $u_n(x)$($n = 1, 2, \cdots$)在 $I = [a, b]$ 上连续,则和函数 $S(x)$ 在 $[a, b]$ 上可积,且

$$\int_a^b S(x)\,\mathrm{d}x = \sum_{n=1}^{\infty} \int_a^b u_n(x)\,\mathrm{d}x \qquad (13.4.2)$$

证明 由定理 13.4.3 知,$S(x)$ 在 $[a, b]$ 上连续,于是它在 $[a, b]$ 上可积. 由级数 $\sum_{n=1}^{\infty} u_n(x)$ 在 $[a, b]$ 上一致收敛知,$\forall \varepsilon > 0, \exists N \in N_+$,当 $n > N$ 时,对 $[a, b]$ 中任一 x,有

$$|S(x) - S_n(x)| < \frac{\varepsilon}{b - a}$$

因而

$$\left| \int_a^b S(x)\,\mathrm{d}x - \int_a^b S_n(x)\,\mathrm{d}x \right| \leqslant \int_a^b |S(x) - S_n(x)|\,\mathrm{d}x$$

$$< \frac{\varepsilon}{b - a} \int_a^b \mathrm{d}x = \varepsilon \qquad (13.4.3)$$

即

$$\lim_{n \to \infty} \int_a^b S_n(x)\,\mathrm{d}x = \int_a^b S(x)\,\mathrm{d}x.$$

又注意到,级数 $\sum_{k=1}^{\infty} \int_a^b u_k(x)\,\mathrm{d}x$ 的前 n 项和为

$$\sum_{k=1}^{n} \int_a^b u_k(x)\,\mathrm{d}x = \int_a^b \sum_{k=1}^{n} u_k(x)\,\mathrm{d}x = \int_a^b S_n(x)\,\mathrm{d}x,$$

所以

$$\sum_{k=1}^{\infty} \int_a^b u_k(x)\,\mathrm{d}x = \int_a^b S(x)\,\mathrm{d}x.$$

故式 13.4.2 得证.

注 13.4.2 在定理 13.4.4 的条件下,由定理的过程中可知,级数 $\sum\limits_{n=1}^{\infty} \int_a^x u_n(x)\,\mathrm{d}x$ 在 $[a,b]$ 上一致收敛于 $\int_a^x S(x)\,\mathrm{d}x$.

定理 13.4.5(逐项求导) 设级数 $\sum\limits_{n=1}^{\infty} u_n(x)$ 在 $[a,b]$ 上收敛于 $S(x)$,$u_n(x)(n=1,2,\cdots)$ 在 $[a,b]$ 上有连续导数 $u_n'(x)$ 且 $\sum\limits_{n=1}^{\infty} u_n'(x)$ 在 $[a,b]$ 上一致收敛,则 $S(x)$ 在 $[a,b]$ 上可微,且

$$S'(x) = \Big(\sum_{n=1}^{\infty} u_n(x)\Big)' = \sum_{n=1}^{\infty} u'_n(x),$$

以及级数 $\sum\limits_{n=1}^{\infty} u_n(x)$ 在 $[a,b]$ 上一致收敛.

证明 因为级数 $\sum\limits_{n=1}^{\infty} u_n'(x)$ 在 $[a,b]$ 上一致收敛,所以其和函数存在且连续,设为 $f(x)$. 再由定理 12.4.4 知,对任一 $x \in [a,b]$,有

$$\int_a^x f(x)\,\mathrm{d}x = \int_a^x \sum_{n=1}^{\infty} u_n'(x)\,\mathrm{d}x = \sum_{n=1}^{\infty} \int_a^x u_n'(x)\,\mathrm{d}x$$

$$= \sum_{n=1}^{\infty} [u_n(x) - u_n(a)] = S(x) - S(a).$$

于是

$$S(x) = \int_a^x f(x)\,\mathrm{d}x + S(a).$$

故

$$S'(x) = f(x).$$

即

$$S'(x) = \Big(\sum_{n=1}^{\infty} u_n(x)\Big)' = \sum_{n=1}^{\infty} u_n'(x).$$

另外,由注 13.4.2 知,$\sum\limits_{n=1}^{\infty} \int_a^x u_n'(x)\,\mathrm{d}x$ 在 $[a,b]$ 上一致收敛,所以级数

$$\sum_{n=1}^{\infty} u_n(x) = \sum_{n=1}^{\infty} \int_a^x u_n'(x)\,\mathrm{d}x + \sum_{n=1}^{\infty} u_n(a),$$

也在$[a,b]$上一致收敛.

习题 13.4

1. 讨论下列级数的收敛范围:

$(1)\ \sum_{n=1}^{\infty} \frac{n}{x^n},$ $(2)\ \sum_{n=1}^{\infty} \frac{(-1)^n}{2n-1}\left(\frac{1-x}{1+x}\right)^n,$

$(3)\ \sum_{n=1}^{\infty} \frac{2^n \sin^n x}{n^2},$ $(4)\ \sum_{n=1}^{\infty} \frac{1}{\sqrt[n]{n!}} \frac{1}{1+a^2 n x^2}.$

2. 用魏尔斯特拉斯判别法判别下列级数在给定区间上的一致收敛性.

$(1)\ \sum_{n=1}^{\infty} \frac{(-1)^n}{x+2^n}, x \in ,(0,\infty),$

$(2)\ \sum_{n=1}^{\infty} \frac{1}{1+n^4 x^2}, x \in [0,\infty),$

$(3)\ \sum_{n=1}^{\infty} \frac{n^2}{\sqrt{n!}}(x^n + x^{-n}), x \in \left[\frac{1}{2},2\right],$

$(4)\ \sum_{n=1}^{\infty} \frac{\sin nx}{\sqrt[3]{n^4+x^4}}, (-\infty,\infty).$

13.5　幂级数

13.5.1　幂级数及其收敛半径

函数项级数中简单而重要的一类级数是幂级数,它的一般形式为

$$\sum_{n=0}^{\infty} a_n (x-x_0)^n = a_0 + a_1(x-x_0) + a_2(x-x_0)^2 + \cdots + a_n(x-x_0)^n + \cdots,$$

$$(13.5.1)$$

其中 $a_n(n=0,1,2\cdots)$，x_0 为常数;称 $a_0,a_1,a_2,\cdots,a_n,\cdots$ 为幂级数的系数;称 $\sum\limits_{n=0}^{\infty} a_n(x-x_0)^n$ 为 $(x-x_0)$ 的幂级数. 在 $(13.5.1)$ 式中,如果令 $t=x-x_0$，则幂级数变成 $\sum\limits_{n=0}^{\infty} a_n t^n$. 因此,我们只需研究如下具有更简单形式的幂级数

$$\sum_{n=0}^{\infty} a_n x^n = a_0 + a_1 x + a_2 x^2 + \cdots + a_n x^n + \cdots.$$

为了研究幂级数的收敛域,先证明如下定理.

定理 13.5.1(阿贝尔第一定理) 如果幂级数 $\sum\limits_{n=0}^{\infty} a_n x^n$ 在 $x=x_0$ $(x_0 \neq 0)$ 处收敛,则对满足不等式 $|x| < |x_0|$ 的所有 x,幂级数都绝对收敛;如果幂级数在 x_0 处发散,则对满足不等式 $|x| > |x_0|$ 的所有点 x,幂级数都发散.

证明 设 $\sum\limits_{n=0}^{\infty} a_n x^n$ 收敛,则 $\lim\limits_{n\to\infty} a_n x_0^n = 0$. 因而存在正常数 $M > 0$，使得

$$|a_n x_0^n| \leqslant M \quad (n=0,1,2,\cdots)$$

对于固定的 x,当 $|x| < |x_0|$ 时,有

$$|a_n x^n| = |a_n x_0^n| \cdot \left| \frac{x}{x_0} \right|^n \leqslant M \left| \frac{x}{x_0} \right|^n,$$

而公比为 $r = \left| \dfrac{x}{x_0} \right| < 1$ 的等比级数 $\sum\limits_{n=0}^{\infty} \left| \dfrac{x}{x_0} \right|^n$ 收敛. 根据比较判别法知,幂级数 $\sum\limits_{n=0}^{\infty} a_n x^n$ 绝对收敛.

定理的第二部分用反证法证明. 设存在一点 x_1,满足 $|x| > |x_0|$ 并且 $\sum\limits_{n=0}^{\infty} a_n x_1^n$ 收敛. 由第一部分的结论可知,级数 $\sum\limits_{n=0}^{\infty} a_n x_0^n$ 收敛. 这与定理的假设条件矛盾! 故定理的第二部分结论成立.

显然幂级数 $\sum\limits_{n=0}^{\infty} a_n x^n$ 在 $x=0$ 点收敛. 若幂级数 $\sum\limits_{n=0}^{\infty} a_n x^n$ 在 $x_0 \neq 0$ 点收敛且 x_1 点发散, 则由阿贝尔第一定理知, 它在关于原点对称的区间 $(-|x_0|, |x_0|)$ 上收敛, 在 $(-\infty, -|x_1|) \cup (|x_1|, +\infty)$ 上发散, 且有 $|x_0| \leqslant |x_1|$. 如果 $|x_0| = |x_1|$, 则 x_0 与 x_1 的符号相反. 不妨设 $x_0 > 0$, 此时幂级数在 $(-x_0, x_0]$ 上收敛, 在 $(-\infty, -x_0] \cup (x_0, +\infty)$ 发散, 这样幂级数的敛散性问题得到解决; 对于 $|x_0| < |x_1|$ 的情况, 根据对称性, 下面只需讨论幂级数在右半数轴上的敛散性问题.

设 x_2 是 $[|x_0|, |x_1|]$ 中任一点, 则幂级数在点 x_2 处不是收敛就是发散. 若它在 x_2 点收敛, 则其收敛点集合由区间 $[0, |x_0|]$ 向右扩大为 $[0, x_2]$; 若它 x_2 点发散, 则其发散点集合由区间 $[|x_1|, +\infty)$ 向左扩大为 $[x_2, +\infty)$. 这样必存在一实数 $R > 0$, 使得幂级数的收敛点集合由 $[0, |x_0|]$ 最终向右扩大到 $[0, R)$, 发散点集合由 $[|x_1|, +\infty)$ 最终向左扩大到 $[R, +\infty)$. 由幂级数收敛域和发散域的对称性可知, 幂级数在 $(-R, R)$ 上收敛, 在 $(-\infty, -R) \cup (R, +\infty)$ 上发散, 点 $x = \pm R$ 是幂级数收敛域和发散域的分界点. 因而, 得到如下推论:

推论 13.5.1　如果幂级数 $\sum\limits_{n=0}^{\infty} a_n x^n$ 不只在 $x=0$ 处收敛, 也不是在整个数轴上处处收敛, 则必存在正数 R, 使得

(1) 当 $|x| < R$ 时, 幂级数绝对收敛;

(2) 当 $|x| > R$ 时, 幂级数发散;

(3) 当 $x = \pm R$ 时, 幂级数或收敛或发散.

如果幂级数只在 $x=0$ 处收敛, 则规定 $R=0$; 如果幂级数在数轴上处处收敛, 则规定 $R = +\infty$.

称 R 为幂级数的收敛半径; 称区间 $(-R, R)$ 为幂级数的收敛区间. 当 $R > 0$ 时, 根据幂级数在 $x = \pm R$ 处的敛散情况, 收敛域可能是闭区间、开区间或半开半闭区间.

上面的推论只指出幂级数的收敛半径 R 的存在, 而下面的定理则

给出了其求法.

定理 13.5.2　设幂级数 $\sum\limits_{n=0}^{\infty} a_n x^n$ 的系数 $a_n \neq 0 (n=0,1,2,\cdots)$，如

果 $\lim\limits_{n\to\infty} \left| \dfrac{a_{n+1}}{a_n} \right| = \rho$ (或 $\lim\limits_{n\to\infty} \sqrt[n]{|a_n|} = \rho$)，则幂级数的收敛半径为

$$R = \begin{cases} \dfrac{1}{\rho}, & 0 < \rho < +\infty \\ +\infty, & \rho = 0 \\ 0, & \rho = +\infty \end{cases} .$$

证明　当 $x=0$ 时，显然幂函数收敛.

当 $x \neq 0$ 时，由比值判别法

$$\lim_{n\to\infty} \left| \frac{u_{n+1}}{u_n} \right| = \lim_{n\to\infty} \left| \frac{a_{n+1}}{a_n} \right| \cdot |x| = \rho |x|.$$

(1) 若 $0 < \rho < +\infty$，则当 $|x| < \dfrac{1}{\rho}$ 时，幂级数绝对收敛；当 $|x| > \dfrac{1}{\rho}$

时，幂级数发散，因此收敛半径 $R = \dfrac{1}{\rho}$；

(2) 若 $\rho = 0$，则对任意 x，恒有 $\rho|x| = 0$，所以幂级数绝对收敛，此

时收敛半径 $R = +\infty$.

(3) 若 $\rho = +\infty$，则当 $|x| \neq 0$ 时，$\lim\limits_{n\to\infty} \left| \dfrac{u_{n+1}}{u_n} \right| = +\infty$，所以幂级数发

散. 此时幂级数只在 $x=0$ 处收敛. 因而收敛半径 $R = 0$.

对于另一种 $\lim\limits_{n\to\infty} \sqrt[n]{|a_n|} = \rho$ 的情形，可类似地证明.

例 13.5.1　求幂函数 $\sum\limits_{n=0}^{\infty} \dfrac{x^n}{n!}$ 的收敛域.

解　由于 $\rho = \lim\limits_{n\to\infty} \left| \dfrac{a_{n+1}}{a_n} \right| = \lim\limits_{n\to\infty} \dfrac{n!}{(n+1)!} = \lim\limits_{n\to\infty} \dfrac{1}{n+1} = 0$，

所以收敛半径 $R = +\infty$. ，收敛域为 $(-\infty, +\infty)$.

例 13.5.2　求幂函数 $\sum\limits_{n=1}^{\infty} (-1)^{n-1} \dfrac{(x+1)^n}{2n}$ 的收敛域.

解 令 $t = x + 1$,原级数化为 $\sum\limits_{n=1}^{\infty} (-1)^{n-1}\dfrac{t^n}{2n}$,由于

$$\lim_{n\to\infty}\left|\dfrac{a_{n+1}}{a_n}\right| = \lim_{n\to\infty}\dfrac{2n}{2n+2} = 1.$$

所以收敛半径 $R = 1$.

当 $t = -1$,即 $x = -2$ 时,级数 $-\sum\limits_{n=1}^{\infty}\dfrac{1}{2n}$ 发散;当 $t = 1$,即 $x = 0$ 时,

交错级数 $\sum\limits_{n=1}^{\infty} (-1)^{n-1}\dfrac{1}{2n}$ 收敛,因此原级数的收敛域为 $(-2,0]$.

例 13.5.3 求幂函数 $\sum\limits_{n=0}^{\infty}\dfrac{x^{2n+1}}{4^n}$ 的收敛域.

解 由于幂级数中的偶次项系数 $a_{2n} = 0$,所以定理 13.5.2 不能应用,但用比值判别法直接求收敛半径.

$$\lim_{n\to\infty}\left|\dfrac{u_{n+1}}{u_n}\right| = \lim_{n\to\infty}\dfrac{|x|^{2n+3}\cdot 4^n}{4^{n+1}|x|^{2n+1}} = \dfrac{x^2}{4}.$$

当 $\dfrac{x^2}{4} < 1$,即 $|x| < 2$ 时,级数绝对收敛;当 $\dfrac{x^2}{4} > 1$ 时,即 $|x| > 2$ 时,

级数发散,于是收半径 $R = 2$.

当 $x = \pm 2$ 时,级数化为 $\sum\limits_{n=0}^{\infty} (\pm 2)$ 发散,因此,原级数的收敛域为 $(-2,2)$.

13.5.2　幂级数的四则运算

设幂级数 $\sum\limits_{n=0}^{\infty} a_n x^n$ 和 $\sum\limits_{n=0}^{\infty} b_n x^n$ 的收敛半径分别为 $R_1 > 0$ 和 $R_2 > 0$.

记 $R = \min(R_1, R_2)$,则幂级数有如下的四则运算性质:

(1)幂级数的加法:当 $x \in (-R, R)$ 时,有

$$\sum_{n=0}^{\infty} a_n x^n \pm \sum_{n=0}^{\infty} b_n x^n = \sum_{n=0}^{\infty} (a_n + b_n) x^n;$$

(2)幂级数的乘法:当 $x \in (-R, R)$ 时,有

$$\Big(\sum_{n=0}^{\infty} a_n x^n \Big) \Big(\sum_{n=0}^{\infty} b_n x^n \Big) = \sum_{n=0}^{\infty} c_n x^n;$$

其中 $c_n = a_0 b_n + a_1 b_{n-1} + \cdots + a_n b_0 = \sum_{m=0}^{n} a_m b_{n-m}$

（3）幂级数的除法：当 $b_0 \neq 0$ 时，有

$$\frac{\sum\limits_{n=0}^{\infty} a_n x^n}{\sum\limits_{n=0}^{\infty} b_n x^n} = \sum_{n=0}^{\infty} c_n x^n.$$

下面用待定系数法及幂级数的乘法确定系数 c_n. 因为

$$\sum_{n=0}^{\infty} a_n x^n = \Big(\sum_{n=0}^{\infty} b_n x^n \Big) \Big(\sum_{n=0}^{\infty} c_n x^n \Big),$$

所以比较等式两边级数的系数，有

$$\begin{cases} a_0 = b_0 c_0, \\ a_1 = b_0 c_1 + b_1 c_0, \\ a_2 = b_0 c_2 + b_1 c_1 + b_2 c_0, \\ \cdots \end{cases}$$

从以上方程组中可依次地解出 $c_0, c_1, c_2 \cdots$.

值得注意的是，相除后所得的幂级数的收敛区间可能要比原来的两个级的收敛区间小得多.

为了讨论幂级数的分析性质，我们给出幂级数的内闭一致收敛性性质，即下面的阿贝尔第二定理（证明从略）.

定理 13.5.3（阿贝尔第二定理）　设幂级数 $\sum\limits_{n=0}^{\infty} a_n x^n$ 的收敛半径为 $R > 0$，则幂级数 $\sum\limits_{n=0}^{\infty} a_n x^n$ 在其收敛区间 $(-R, R)$ 内的任何闭区间 $[-r, r]\,(0 < r < R)$ 上一致收敛，另外，如果 $\sum\limits_{n=0}^{\infty} a_n R^n$ 收敛，则幂级数 $\sum\limits_{n=0}^{\infty} a_n x^n$ 在 $[0, R]$ 上一致收敛；如果 $\sum\limits_{n=0}^{\infty} a_n (-R)^n$ 收敛，则幂级数

$\sum\limits_{n=0}^{\infty} a_n x^n$ 在 $[-R,0]$ 上一致收敛.

利用阿贝尔第二定理以及函数项级数的和函数的性质(见13.4.3小节),可得到幂级数的和函数的三个基本性质.

定理13.5.4　设幂级数 $\sum\limits_{n=0}^{\infty} a_n x^n$ 的收敛半径为 $R > 0$,且

$$S(x) = \sum_{n=0}^{\infty} a_n x^n \quad (-R < x < R), \tag{13.5.2}$$

则

(1)(和函数的连续性)　$S(x)$ 在 $(-R, R)$ 内连续.

(2)(可逐项积分性)　$S(x)$ 在 $(-R, R)$ 内可逐项积分,即

$$\int_0^x S(t)\,dt = \sum_{n=0}^{\infty} \int_0^x a_n t^n \,dt = \sum_{n=0}^{\infty} \frac{a_n}{n+1} x^{n+1}, \tag{13.5.3}$$

且幂级数(13.5.3)的收敛半径仍为 R.

(3)(可逐项求导性)$S(x)$ 在 $(-R, R)$ 内可逐项求导,即

$$S'(x) = \sum_{n=0}^{\infty} (a_n x^n)' = \sum_{n=0}^{\infty} n a_n x^{n-1}, \tag{13.5.4}$$

且幂级数(13.5.4)的收敛半径仍为 R.

另外,如果幂级数(13.5.2)在 $x = R$(或 $x = -R$)处收敛,则和函数 $S(x)$ 在 $(-R, R]$(或 $[-R, R)$)上连续;如果(13.5.3)式及(13.5.4)式右端的幂级数在 $x = R$(或 $x = -R$)处收敛,则(13.5.3)式及(13.5.4)式在 $x = R$(或 $x = -R$)处也成立.

例13.5.4　求幂函数 $\sum\limits_{n=1}^{\infty} n^2 x^{n-1}$ 的和函数并求 $\sum\limits_{n=1}^{\infty} (-1)^{n-1} \dfrac{n^2}{3^{n-1}}$.

解　由于

$$\lim_{n\to\infty} \left| \frac{a_{n+1}}{a_n} \right| = \lim_{n\to\infty} \frac{(n+1)^2}{n^2} = 1,$$

及当 $x = \pm 1$ 时,级数 $\sum\limits_{n=1}^{\infty} (\pm 1)^{n-1} n^2$ 发散,所以该幂级数的收敛域为 $(-1, 1)$.

令 $S(x) = \sum\limits_{n=1}^{\infty} n^2 x^{n-1}$，$x \in (-1, 1)$，则

$$\int_0^x s(t)\mathrm{d}t = \sum_{n=1}^{\infty} n^2 \int_0^x t^{n-1}\mathrm{d}t = \sum_{n=1}^{\infty} nx^n = x\sum_{n=1}^{\infty} nx^{n-1},$$

$$= x\left(\sum_{n=1}^{\infty} x^n\right)' = x\left(\frac{x}{1-x}\right)' = \frac{x}{(1-x)^2}.$$

于是

$$S(x) = \left[\frac{x}{(1-x)^2}\right]' = \frac{1+x}{(1-x)^3}.$$

因此

$$\sum_{n=1}^{\infty} (-1)^{n-1} \frac{n^2}{3^{n-1}} = s\left(-\frac{1}{3}\right) = \frac{9}{32}.$$

习题 13.5

1. 求下列级数的收敛区间：

(1) $\sum\limits_{n=1}^{\infty} \frac{(2x)^n}{n!}$，

(2) $\sum\limits_{n=0}^{\infty} (-1)^n \frac{x^n}{(n+1)^2}$，

(3) $\sum\limits_{n=1}^{\infty} \frac{\ln(n+1)}{n+1} x^{n+1}$，

(4) $\frac{x}{1 \cdot 3} + \frac{x^2}{2 \cdot 3^2} + \frac{x^3}{3 \cdot 3^3} + \cdots$，

(5) $\sum\limits_{n=1}^{\infty} \frac{(x-5)^n}{n}$，

(6) $\sum\limits_{n=1}^{\infty} \frac{1}{2n+1}\left(\frac{1-x}{1+x}\right)^n]$，

(7) $\sum\limits_{n=1}^{\infty} x^{n^2}$，

(8) $\sum\limits_{n=1}^{\infty} \left(1+\frac{1}{n}\right)^{n^2} x^n$，

(9) $\sum\limits_{n=1}^{\infty} \frac{x^n}{a^n + b^n}$，

(10) $\sum\limits_{n=1}^{\infty} \left(1 + \frac{1}{2} + \frac{1}{2} + \cdots + \frac{1}{n}\right)x^n$.

2. 用逐项积分或逐项求导法求下列级数的和：

(1) $\sum\limits_{n=1}^{\infty} \frac{x^{4n+1}}{4n+1}$，

(2) $\sum\limits_{n=1}^{\infty} (-1)^{n+1} \frac{x^{n+1}}{n(n+1)}$，

$(3) \sum_{n=1}^{\infty} \frac{2n-1}{2^n} x^{2n-2}$,　　　　$(4) \sum_{n=0}^{\infty} \frac{x^{2n+1}}{2n+1}$,

$(5) \sum_{n=1}^{\infty} n(n+1)x^n$,　　　　$(6) \sum_{n=0}^{\infty} \frac{x^2 n}{(2n)!}$,

$(7) \sum_{n=0}^{\infty} \frac{(2n+1)x^2 n}{n!}$.

13.6　函数的幂级数展开及其应用

13.6.1　泰勒级数

在上册中已讨论了如下泰勒公式:

$$f(x) = f(x_0) + f'(x_0)(x-x_0) + \frac{f''(x_0)}{2!}(x-x_0)^2$$

$$+ \cdots + \frac{f^{(n)}(x_0)}{n!}(x-x_0)^n + R_n(x). \tag{13.6.1}$$

其中拉格朗日余项为

$$R_n(x) = \frac{f^{(n+1)}(\xi)}{(n+1)!}(x-x_0)^{n+1} \quad (\xi 介于 x 与 x_0 之间). \tag{13.6.2}$$

若假定 $f(x)$ 在 x_0 的某邻域内有任意阶导数,则可由函数 $f(x)$ 构造如下幂级数

$$f(x_0) + \frac{f'(x_0)}{1!}(x-x_0) + \frac{f''(x_0)}{2!}(x-x_0)^2 + \cdots + \frac{f^{(n)}(x_0)}{n!}(x-x_0)^n + \cdots,$$

$$\tag{13.6.3}$$

称式 13.6.3 为 $f(x)$ 在 x_0 处的泰勒级数. 特别地,当 $x_0 = 0$ 时,称级数 $\sum_{n=0}^{\infty} \frac{f^{(n)}(0)}{n!} x^n$ 为 $f(x)$ 的麦克劳林级数.

显然 $f(x)$ 的泰勒级数 13.6.3 在 $x = x_0$ 处收敛于 $f(x_0)$,但它在其他点是否收敛? 如果收敛,它是否收敛到 $f(x)$? 下面的定理回答了这

个问题.

定理 13. 6. 1 设函数 $f(x)$ 在 x_0 的某邻域 $(x_0 - r, x_0 + r)$ $(r > 0)$ 内有任意阶导数,则 $f(x)$ 在点 x_0 的泰勒级数 13. 6. 3 在此邻域内收敛于 $f(x)$ 的充要条件是对于该邻域中的任一 x 都有

$$\lim_{n \to \infty} R_n(x) = \lim_{n \to \infty} \frac{f^{(n+1)}(\xi)}{(n+1)!}(x - x_0)^{n+1} = 0,$$

其中 $R_n(x)$ 为 $f(x)$ 的泰勒公式中的余项,ξ 介于 x 与 x_0 之间.

证明 对于 $(x_0 - r, x_0 + r)$ 中的任一点 x,$f(x)$ 在点 x_0 的泰勒级数收敛于 $f(x)$ 的充要条件为

$$\lim_{n \to \infty} \left[f(x) - \sum_{k=0}^{n} \frac{f^{(k)}(x_0)}{k!}(x - x_0)^k \right] = 0$$

由 $f(x)$ 的 n 阶泰勒公式 13. 6. 1 可知,上式也等价于 $\lim\limits_{n \to \infty} R_n(x) = 0$. 于是定理得证.

若级数 13. 6. 3 在区间 $(x_0 - r, x_0 + r)$ 上收敛于 $f(x)$,即

$$f(x) = \sum_{n=0}^{\infty} \frac{f^{(n)}(x_0)}{n!}(x - x_0)^n,$$

则称 $f(x)$ 在 $(x_0 - r, x_0 + r)$ 上可以展开为泰勒级数. 下一定理表明 $f(x)$ 展开的泰勒级数是唯一的,也即函数的幂级数展开式是唯一的.

定理 13. 6. 2 若函数 $f(x)$ 在 $(x_0 - r, x_0 + r)$ $(r > 0)$ 上展开为幂级数

$$f(x) = \sum_{n=0}^{\infty} a_n (x - x_0)^n \qquad (13. 6. 4)$$

则此幂级数的系数 a_n 必满足

$$a_n = \frac{1}{n!} f^{(n)}(x_0) \quad (n = 0, 1, 2, \cdots).$$

证明 在式 13. 6. 4 中,令 $x = x_0$,可得 $a_0 = f(x_0)$.

由于幂级数在 $(x_0 - r, x_0 + r)$ 上可逐项求 n 阶导数,由式 13. 6. 4 知

$$f^{(n)}(x) = n!\ a_n + \frac{(n+1)!}{1!}a_{n+1}(x-x_0) + \frac{(n+2)!}{2!}a_{n+2}(x-x_0)^2 + \cdots,$$

于是在上式中令 $x = x_0$ 可得

$$a_n = \frac{1}{n!}f^{(n)}(x_0) \quad (n = 0,1,2,\cdots).$$

13.6.2 初等函数的幂级数展开

求函数 $f(x)$ 的幂级数展开式时,通常采用两种方法,第一种方法是所谓的直接方法,就是把 $f(x)$ 展开为泰勒级数. 这时,需要先计算 $f^{(n)}(x_0)(n = 0,1,2,\cdots)$;其次计算 $f(x)$ 泰勒级数的收敛域;最后讨论 $f(x)$ 泰勒公式中的余项 $R_n(x)$ 在收敛域内的极限. 如 $\lim\limits_{n\to\infty} R_n(x) = 0$,则 $f(x)$ 的泰勒级数在此收敛域内收敛于 $f(x)$. 否则,$f(x)$ 的泰勒级数就不收敛于 $f(x)$. 第二种方法就是间接方法. 它利用已知函数的幂级数展开式,通过幂级数的四则运算,逐项求导,逐项积分以及变量替换等方法求得函数的幂级数展开式.

例 13.6.1 将 $f(x) = e^x$ 展开为 x 的幂级数.

解 因为 $f^{(n)}(x) = e^x, f^{(n)}(0) = 1(n = 0,1,2,\cdots)$,所以 e^x 的幂级数为

$$1 + x + \frac{x^2}{2!} + \cdots + \frac{x^n}{n!} + \cdots,$$

它的收敛区间为 $(-\infty, +\infty)$.

注意到

$$R_n(x) = \frac{f^{(n+1)}(\xi)}{(n+1)!}x^{n+1} = \frac{e^\xi}{(n+1)!}x^{n+1}. \ (\xi \text{ 介于 } 0 \text{ 与 } x \text{ 之间})$$

则对任一固定 $x \in (-\infty, +\infty)$,有

$$|R_n(x)| \leqslant \frac{e^{|x|}}{(n+1)!}|x|^{n+1}.$$

而 $\lim\limits_{n\to\infty} \dfrac{|x|^{n+1}}{(n+1)!} = 0$,故 $\lim\limits_{n\to\infty} R_n(x) = 0$,于是

$$e^x = 1 + x + \frac{x^2}{2!} + \cdots + \frac{x^n}{n!} + \cdots, \qquad -\infty < x < +\infty.$$

例 13.6.2 将 $f(x) = \sin x$ 展开为 x 的幂级数.

解 由 $f^{(n)}(x) = \sin\left(x + \frac{n\pi}{2}\right)$ 可知,

$$f^{(2k)}(0) = 0, f^{(2k+1)}(0) = (-1)^k, \qquad (k = 0,1,2,\cdots).$$

所以 $\sin x$ 的幂级数为

$$x - \frac{x^3}{3!} + \frac{x^5}{5!} + \cdots + (-1)^n \frac{x^{2n+1}}{(2n+1)!} + \cdots,$$

此级数的收敛域为 $(-\infty, +\infty)$.

因为

$$R_{2n+1}(x) = \frac{x^{2n+3}}{(2n+3)!} \sin\left(\xi + \frac{2n+3}{2}\pi\right), (\xi \text{ 介于 } 0 \text{ 与 } x \text{ 之间}),$$

所以对任一 $x \in (-\infty, +\infty)$,有

$$|R_{2n+1}(x)| \leqslant \frac{|x|^{2n+3}}{(2n+3)!},$$

而 $\lim\limits_{n \to \infty} \frac{|x|^{n+1}}{(n+1)!} = 0$,故 $\lim\limits_{n \to \infty} R_{2n+1}(x) = 0.$ 于是

$$\sin x = \sum_{n=0}^{\infty} (-1)^n \frac{x^{2n+1}}{(2n+1)!}, \qquad -\infty < x < +\infty.$$

在以上的例子中,我们使用直接方法求 $f(x)$ 的幂级数展开式. 对于一般函数 $f(x)$,由于计算 $f(x)$ 的 n 阶导数及估计余项 $R_n(x)$ 是较为困难的,甚至是不可能的,所以人们通常采用间接方法求得 $f(x)$ 的幂级数展开式.

例 13.6.3 将 $f(x) = \cos x$ 展开为 x 的幂级数.

解 由于

$$\sin x = x - \frac{x^3}{3!} + \frac{x^5}{5!} + \cdots + (-1)^n \frac{x^{2n+1}}{(2n+1)!} + \cdots, \qquad (-\infty < x < +\infty),$$

所以对上式两边求导,得

$$\cos x = 1 - \frac{x^2}{2!} + \frac{x^4}{4!} + \cdots + (-1)^n \frac{x^{2n}}{(2n)!} + \cdots, \qquad (-\infty < x < +\infty).$$

例 13.6.4 将函数 $f(x) = \ln(1+x)$ 展开为 x 的幂级数.

解 因为 $\dfrac{1}{1+x} = 1 - x + x^2 - x^3 + \cdots + (-1)^n x^n + \cdots$ $(-1 < x < 1)$

所以根据幂级数逐项可积性,可得

$$\ln(1+x) = \int_0^x \frac{1}{1+x} dx = x - \frac{x^2}{2} + \frac{x^3}{3} - \cdots + (-1)^n \frac{x^{n+1}}{n+1} + \cdots$$

在 $x = -1$ 处,级数 $-\sum\limits_{n=1}^{\infty} \dfrac{1}{n}$ 发散,在 $x = 1$ 处,交错级数 $\sum\limits_{n=0}^{\infty} (-1)^n \dfrac{1}{n+1}$

收敛,故

$$\ln(1+x) = \sum_{n=1}^{\infty} (-1)^n \frac{x^{n+1}}{n+1} \quad (-1 < x \leqslant 1).$$

例 13.6.5 将函数 $f(x) = (1+x)^{\alpha}$ 展开为 x 的幂级数,其中 α 为任意实数.

解 由于 $f'(x) = \alpha(1+x)^{\alpha-1}, f''(x) = \alpha(\alpha-1)(1+x)^{\alpha-1}, \cdots,$

$$f^{(n)}(x) = \alpha(\alpha-1)\cdots(\alpha-n+1)(1+x)^{\alpha-n},$$

所以 $\quad f^{(n)}(0) = \alpha(\alpha-1)\cdots(\alpha-n+1)(n = 0, 1, 2, \cdots).$

且 $f(x)$ 的幂级数为

$$1 + \alpha x + \frac{\alpha(\alpha-1)}{2!} x^2 + \cdots + \frac{\alpha(\alpha-1)\cdots(\alpha-n+1)}{n!} x^n + \cdots$$

易知此级数的收敛半径为 $R = 1$.

因为直接考虑余项 $R_n(x)$ 的极限较为麻烦,所以不直接研究余项 $R_n(x)$ 的极限. 下面我们证明该幂级数收敛的和函数就是函数 $f(x) = (1+x)^{\alpha}$.

令

$$F(x) = 1 + \alpha x + \frac{\alpha(\alpha-1)}{2!} x^2 + \cdots + \frac{\alpha(\alpha-1)\cdots(\alpha-n+1)}{n!} x^n + \cdots, \ -1 < x < 1.$$

则

$$F'(x) = \alpha + \alpha(\alpha-1)x + \frac{\alpha(\alpha-1)(\alpha-2)}{2!} x^2 + \cdots$$

$$+ \frac{\alpha(\alpha-1)\cdots(\alpha-n+1)}{(n-1)!}x^{n-1} + \cdots$$

$$= \alpha \left[1 + (\alpha-1)x + \frac{(\alpha-1)(\alpha-2)}{2!}x^2 \cdots \right.$$

$$\left. + \frac{(\alpha-1)\cdots(\alpha-n+1)}{(n-1)!}x^{n-1} + \cdots \right].$$

上式两边同乘以 $(1+x)$, 有

$$(1+x)F'(x) = \alpha \left[1 + \alpha x + \frac{(\alpha-1)(\alpha-2)}{2!}x^2 + \cdots \right.$$

$$\left. + \frac{\alpha(\alpha-1)\cdots(\alpha-n+1)}{n!}x^n + \cdots \right]$$

$$= \alpha F(x).$$

于是　$\mathrm{d}\ln F(x) = \alpha\ln(1+x)$,

由于 $F(0) = 1$, 所以对上式从 0 到 x 积分, 有

$$\ln F(x) = \int_0^x \alpha\mathrm{d}\ln(1+x) = \alpha\ln(1+x)$$

即　　　　　　　　　　$F(x) = (1+x)^{\alpha}.$

因此 $(1+x)^{\alpha}$ 的二项式展开为

$$(1+x)^{\alpha} = 1 + \alpha x + \frac{\alpha(\alpha-1)}{2!}x^2 + \cdots + \frac{\alpha(\alpha-1)\cdots(\alpha-n+1)}{n!}x^n + \cdots,$$

$$-1 < x < 1.$$

例 13.6.6　将函数 $f(x) = \arctan x$ 展开为 x 的幂级数.

解　因为

$$(\arctan x)' = \frac{1}{1+x^2} = \sum_{n=0}^{\infty}(-1)^n x^{2n} \quad (-1 < x < 1).$$

所以将上式积分, 得

$$\arctan x = \int_0^x \frac{1}{1+x^2}\mathrm{d}x = \sum_{n=0}^{\infty}(-1)^n \frac{x^{2n+1}}{2n+1}.$$

由于上式右端幂级数在 $x = \pm1$ 处收敛, 所以 $\arctan x$ 的幂级数展开式

在 $[-1,1]$ 内成立. 特别有, $\dfrac{\pi}{4} = \arctan 1 = \sum_{n=0}^{\infty} (-1)^n \dfrac{1}{2n+1}$.

例 13.6.7 将函数 $f(x) = \dfrac{1}{x^2-9x+20}$ 展开为 $x-3$ 的幂级数.

解 令 $t = x-3$,则

$$\frac{1}{x^2-9x+20} = \frac{1}{x-5} - \frac{1}{x-4} = \frac{1}{1-t} - \frac{1}{2-t}.$$

而

$$\frac{1}{1-t} = \sum_{n=0}^{\infty} t^n, \quad (-1 < t < 1),$$

$$\frac{1}{2-t} = \frac{1}{2\left(1-\dfrac{t}{2}\right)} = \frac{1}{2} \sum_{n=0}^{\infty} \frac{t^n}{2^n}, \quad (-2 < t < 2).$$

所以,当 $-1 < t < 1$,即当 $2 < x < 4$ 时,有

$$\frac{1}{x^2-9x+20} = \sum_{n=0}^{\infty} t^n - \frac{1}{2} \sum_{n=0}^{\infty} \left(\frac{t}{2}\right)^n = \sum_{n=0}^{\infty} \left(1 - \frac{1}{2^{n+1}}\right) t^n$$

$$= \sum_{n=0}^{\infty} \left(1 - \frac{1}{2^{n+1}}\right)(x-3)^n.$$

例 13.6.8 求幂级数 $\sum_{n=0}^{\infty} \dfrac{x^{2n}}{(2n)!}$ 的和函数.

解 由于

$$\lim_{n \to \infty} \frac{u_{n+1}}{u_n} = \lim_{n \to \infty} \frac{x^2}{(2n+2)(2n+1)} = 0,$$

所以此幂级数的收敛区间为 $-\infty < x < +\infty$. 令

$$S(x) = \sum_{n=0}^{\infty} \frac{x^{2n}}{(2n)!} = 1 + \frac{1}{2!}x^2 + \cdots + \frac{1}{(2n)!}x^{2n} + \cdots,$$

则

$$S'(x) = x + \frac{1}{3!}x^3 + \cdots + \frac{1}{(2n-1)!}x^{2n-1} + \cdots,$$

于是

$$S(x) + S'(x) = \sum_{n=0}^{\infty} \frac{x^n}{n!} = e^x.$$

上式两边同乘 e^x ,有

$$(e^x S(x))' = e^{2x}.$$

由于 $S(0) = 1$,所以上式从 0 到 x 积分,有

$$e^x S(x) - 1 = \int_0^x e^{2x} dx = \frac{1}{2}(e^{2x} - 1),$$

于是 $$S(x) = \frac{1}{2}(e^x + e^{-x}).$$

13.6.3 幂级数近似计算中的应用

利用函数的幂级数展开式,可以较方便地进行函数的近似值以及函数积分等问题的计算.

例 13.6.9 计算 e 的值,使误差不超过 10^{-4} .

解 由 e^x 的幂级数展开式知

$$e = 1 + \frac{1}{1!} + \frac{1}{2!} + \cdots + \frac{1}{n!} + \cdots$$

若取前 $n + 1$ 项部分和作为 e 的近似值,则余项满足

$$R_n = \frac{1}{(n+1)!} + \frac{1}{(n+2)!} + \frac{1}{(n+3)!} + \cdots$$

$$= \frac{1}{(n+1)!}\left(1 + \frac{1}{1!} + \frac{1}{2!} + \cdots + \frac{1}{n!} + \cdots\right)$$

$$\leqslant \frac{1}{(n+1)!} \cdot \frac{1}{1 - \dfrac{1}{n+1}} = \frac{1}{n \cdot n!}.$$

要使 $\dfrac{1}{n \cdot n!} < 10^{-4}$) ,只需取 $n = 7$. 于是有

$$e \approx 1 + \frac{1}{1!} + \cdots + \frac{1}{7!} \approx 2.7183.$$

例 13.6.10 计算 sin 1 的值,使误差不超过 10^{-5} .

解 由 $\sin x$ 的幂级数展开式知

$$\sin 1 = 1 - \frac{1}{3!} + \frac{1}{5!} - \cdots + (-1)^{n-1}\frac{1}{(2n-1)!} + \cdots$$

若取前四项的和作为近似值,则由交错级数的收敛定理知余项满足

$$R_4 < \frac{1}{9!} < 10^{-5}$$

所以 $\sin 1 \approx 1 - \frac{1}{3!} + \frac{1}{5!} - \frac{1}{7!} \approx 0.8415$.

例 13.6.11 计算概率积分 $I = \frac{2}{\sqrt{\pi}} \int_0^{\frac{1}{2}} e^{-x^2} dx, \left(\frac{1}{\sqrt{\pi}} \approx 0.56419\right)$ 的

近似值,精确到 0.0001.

解 由 e^x 的幂级数展开式知

$$\int_0^{\frac{1}{2}} e^{-x^2} dx = \int_0^{\frac{1}{2}} \left(1 - \frac{x^2}{1!} + \frac{x^4}{2!} + \cdots + (-1)^n \frac{x^{2n}}{n!}\right) dx$$

$$= \frac{1}{2}\left(1 - \frac{1}{2^2 \cdot 3} + \frac{1}{2^4 \cdot 5 \cdot 2!} - \frac{1}{2^6 \cdot 7 \cdot 3!} + \cdots\right).$$

若取前四项的和作为 I 的近似值,则产生的误差小于

$$\frac{1}{\sqrt{\pi}} \frac{1}{2^8 \cdot 9 \cdot 4!} < 0.0001,$$

于是 $I \approx \frac{1}{\sqrt{\pi}} \left(1 - \frac{1}{2^2 \cdot 3} + \frac{1}{2^4 \cdot 5 \cdot 2!} - \frac{1}{2^6 \cdot 7 \cdot 3!}\right) \approx 0.5205.$

习题 13.6

1. 求下列函数在 $x = 0$ 点的幂级数展开,并求出收敛区间.

(1) $\ln(a + x)\,(a > 0)$,　　　　(2) $e^x \sin x$,

(3) $\cos^2 x$,　　　　　　　　　(4) $\sqrt[3]{8 - x^3}$,

(5) $\sin(\pi/4 + x)$,　　　　　　(6) $\ln(1 + x - 2x^2)$,

(7) $\dfrac{x}{\sqrt{1 - 2x}}$,　　　　　　　(8) $\left(\dfrac{\arcsin x}{x}\right)^2$,

(9) $\arctan^2 x$.

2. 将下列函数展开为幂级数:

（1）把函数 $f(x) = x^3$ 展开为 $x + 1$ 的幂级数；

（2）把函数 $f(x) = \ln \dfrac{1}{2 + 2x + x^2}$ 展开为 $x + 1$ 的幂级数；

（3）把函数 $f(x) = \sqrt{x^3}$ 展开为 $x - 1$ 的幂级数.

13.7　傅里叶级数

前面已介绍了函数项级数中的幂级数,用它表示的函数在其收敛区间内一定有任意阶导数. 本节将要讨论函数项级数中的另一种重要级数,即傅里叶级数,它是三角函数的无限和,用它表示的函数既可以是不可导的,也可以是不连续的. 因此,傅里叶级数在自然科学和工程技术领域中有着广泛的应用.

在本节中,我们首先讨论周期为 2π 的傅里叶级数,然后讨论周期为 $2l$ 的傅里叶级数.

13.7.1　三角级数与三角函数系的正交性

定义 13.7.1　称如下形式的级数

$$\frac{a_0}{2} + \sum_{n=1}^{\infty} \left(a_n \cos nx + b_n \sin nx \right) \qquad (13.7.1)$$

为三角级数. 其中 $a_0, a_n, b_n (n = 1, 2, 3, \cdots)$ 都是常数,称为三角级数的系数.

与上一节讨论的一个函数展开为幂级数的情况类似,我们自然会想到这样两个问题:其一是如果以 2π 为周期的函数 $f(x)$ 能够展开为三角级数 13.7.1,那么此三角级数的系数如何唯一确定;其二是在什么条件下,这样的三角级数才能收敛到 $f(x)$ 自身. 为此,我们先介绍三角函数系的正交性.

称组成三角级数 13.7.1 的基本函数集

$$\{ 1, \cos x, \sin x, \cos 2x, \sin 2x, \cdots, \cos nx, \sin nx, \cdots \}$$

$$(13.7.2)$$

为三角函数系. 下面定理给出了此三角函数系是正交的,即该函数系中任意两个不同函数乘积在区间$[-\pi,\pi]$上的积分等于零.

定理 13.7.1 对任意的正整数,有

(1) $\int_{-\pi}^{\pi}\cos nx\mathrm{d}x=0,\int_{-\pi}^{\pi}\sin nx\mathrm{d}x=0$ $(n=1,2,3,\cdots)$,

$\int_{-\pi}^{\pi}\sin mx\cos nx\mathrm{d}x=0$ $(m,n=1,2,3,\cdots)$,

$\int_{-\pi}^{\pi}\cos mx\cos nx\mathrm{d}x=0,\int_{-\pi}^{\pi}\sin mx\sin nx\mathrm{d}x=0(m,n=1,2,3,\cdots,$

$m\neq n)$.

(2) $\int_{-\pi}^{\pi}\cos^2 nx\mathrm{d}x=\pi,\int_{-\pi}^{\pi}\sin^2 nx\mathrm{d}x=\pi(n=1,2,3,\cdots,)$.

证明 (1)当 $m\neq n$ 时,利用三角函数公式可知

$$\int_{-\pi}^{\pi}\sin mx\cos nx\mathrm{d}x=\frac{1}{2}\int_{-\pi}^{\pi}[\sin(m+n)x+\cos(m-n)x]\mathrm{d}x=0..$$

定理(1)中的其余各式可同样证明.

(2)对任意 $n=1,2,3,\cdots,$有

$$\int_{-\pi}^{\pi}\cos^2 nx\mathrm{d}x=\frac{1}{2}\int_{-\pi}^{\pi}(1+\cos 2nx)\mathrm{d}x=\pi,\quad n=1,2,3,\cdots,$$

同样可证, $\int_{-\pi}^{\pi}\sin^2 nx\mathrm{d}x=\pi,\quad n=1,2,3,\cdots.$

13.7.2　周期为 2π 的函数的傅里叶级数展开

利用三角函数系的正交性,先解决上面提到的第一个问题. 为此,设函数 $f(x)$ 以 2π 为周期,且假设 $f(x)$ 在 $[-\pi,\pi]$ 上能够展开为可逐项积分的三角级数

$$f(x)=\frac{a_0}{2}+\sum_{n=1}^{\infty}(a_n\cos nx+b_n\sin nx)\qquad(13.7.3)$$

将上式在 $[-\pi,\pi]$ 上积分,利用三角函数系的正交性,可知

$$\int_{-\pi}^{\pi}f(x)\mathrm{d}x=\int_{-\pi}^{\pi}\frac{a_0}{2}\mathrm{d}x+\sum_{k=1}^{\infty}\left(a_k\int_{-\pi}^{\pi}\cos kx\mathrm{d}x+b_k\int_{-\pi}^{\pi}\sin kx\mathrm{d}x\right)=a_0\pi,$$

于是

$$a_0 = \frac{1}{\pi} \int_{-\pi}^{\pi} f(x) \, \mathrm{d}x. \qquad (13.7.4)$$

用 $\cos nx$ 乘以式 13.7.3 两端,并从 $-\pi$ 到 π 逐项积分,由定理 13.7.1,可得

$$\int_{-\pi}^{\pi} f(x) \cos nx \mathrm{d}x = \frac{a_0}{2} \int_{-\pi}^{\pi} \cos nx \mathrm{d}x + \sum_{k=1}^{\infty} \left(a_k \int_{-\pi}^{\pi} \cos kx \cos nx \mathrm{d}x \right.$$

$$+ b_k \int_{-\pi}^{\pi} \sin kx \cos nx \mathrm{d}x \Big)$$

$$= a_n \int_{-\pi}^{\pi} \cos^2 nx \mathrm{d}x = \pi a_n.$$

所以

$$a_n = \frac{1}{\pi} \int_{-\pi}^{\pi} f(x) \cos nx \mathrm{d}x (n = 1,2,3,\cdots). \qquad (13.7.5)$$

同理可得

$$b_n = \frac{1}{\pi} \int_{-\pi}^{\pi} f(x) \sin nx \mathrm{d}x (n = 1,2,3,\cdots). \qquad (13.7.6)$$

因此,称由式 13.7.4 到式 13.7.6 所确定的系数 a_0, a_n, b_n 为函数 $f(x)$ 的傅里叶系数. 从傅里叶系数公式 13.7.4 到式 13.7.6 可知,只要 $f(x)$ 在 $[-\pi, \pi]$ 上可积,这些系数就有意义. 于是由这些系数 a_n 和 b_n 确定的三角级数

$$\frac{a_0}{2} + \sum_{n=1}^{\infty} (a_n \cos nx + b_n \sin nx)$$

称为函数 $f(x)$ 的傅里叶级数.

一般来说,在函数 $f(x)$ 是可积的条件下,不能保证它的傅里叶级数收敛,而且即使收敛也不一定收敛到 $f(x)$ 本身. 由于傅里叶级数的收敛问题涉及更多的数学分析知识,所以这里只给出傅里叶级数收敛的一个充分条件,其证明从略.

定理 13.7.2(狄利克雷收敛定理) 设 $f(x)$ 以 2π 为周期的函数,且满足:

(1)$f(x)$在$[-\pi,\pi]$上连续或只有有限个第一类间断点;

(2)$f(x)$在$[-\pi,\pi]$上分段单调且单调区间的个数是有限的,则$f(x)$的傅立叶级数收敛并且它的和函数

①当x是$f(x)$的连续点时,等于$f(x)$;

②当x是$f(x)$的间断点时,等于$\frac{1}{2}[f(x+0)+f(x-0)]$;

③当x是区间的端点时,即$x=\pm\pi$时,等于$\frac{1}{2}[f(-\pi+0)+f(\pi-0)]$.

狄利克雷收敛定理表明,将函数$f(x)$展为傅里叶级数所需的条件比将它展为幂级数所需的条件要低得多.所以傅里叶级数广泛应用于许多科学和技术领域.

当$f(x)$为偶函数或奇函数时,其傅里叶级数具有简单的形式.事实上,当

$f(x)$为偶函数时,$f(x)\cos nx$为偶函数,而$f(x)\sin nx$为奇函数,于是

$$\begin{cases} a_n=\dfrac{1}{\pi}\displaystyle\int_{-\pi}^{\pi}f(x)\cos nx\mathrm{d}x=\dfrac{2}{\pi}\int_{0}^{\pi}f(x)\cos nx\mathrm{d}x & n=0,1,2,\cdots \\[2mm] b_n=\dfrac{1}{\pi}\displaystyle\int_{-\pi}^{\pi}f(x)\sin nx\mathrm{d}x=0 & n=0,1,2,3,\cdots \end{cases}$$

因而$f(x)$展开的傅里叶级数为

$$f(x)=\frac{a_0}{2}+\sum_{n=1}^{\infty}a_n\cos nx,(x\text{ 为 }f(x)\text{ 在}[0,\pi]\text{中的连续点}).$$

称上述形式的级数为余弦级数.

同样,当$f(x)$为奇函数时,有

$$\begin{cases} a_n=\dfrac{1}{\pi}\displaystyle\int_{-\pi}^{\pi}f(x)\cos nx\mathrm{d}x=0 & n=0,1,2,\cdots \\[2mm] b_n=\dfrac{1}{\pi}\displaystyle\int_{-\pi}^{\pi}f(x)\sin nx\mathrm{d}x=\dfrac{2}{\pi}\int_{0}^{\pi}f(x)\sin nx\mathrm{d}x & n=1,2,3,\cdots \end{cases}$$

因而 $f(x)$ 展开的傅里叶级数就是如下形式的正弦级数,

$$f(x) = \frac{a_0}{2} + \sum_{n=1}^{\infty} b_n \sin nx, (x \text{ 为 } f(x) \text{ 在 } [0, \pi) \text{ 中的连续点}).$$

例 13.7.1 设 $f(x)$ 以 2π 为周期,在 $[-\pi, \pi]$ 上

$$f(x) = \begin{cases} 0, & -\pi < x \leq 0 \\ 1, & 0 < x \leq \pi \end{cases}.$$

试将 $f(x)$ 展开为傅里叶级数.

解 计算 $f(x)$ 的傅里叶系数

$$a_0 = \frac{1}{\pi} \int_{-\pi}^{\pi} f(x) \, dx = \frac{1}{\pi} \int_0^{\pi} dx = 1,$$

$$a_n = \frac{1}{\pi} \int_{-\pi}^{\pi} f(x) \cos nx \, dx = \frac{1}{\pi} \int_0^{\pi} \cos nx \, dx = \frac{1}{n\pi} \sin x \Big|_0^{\pi} = 0,$$

$$b_n = \frac{1}{\pi} \int_{-\pi}^{\pi} f(x) \sin nx \, dx = \frac{1}{\pi} \int_0^{\pi} \sin nx \, dx = -\frac{1}{n\pi} \cos nx \Big|_0^{\pi}$$

$$= -\frac{1}{n\pi} (\cos n\pi - 1) = -\frac{1}{n\pi} [(-1)^n - 1].$$

所以

$$b_{2n} = 0, b_{2n-1} = \frac{2}{(2n-1)\pi}, (n = 1, 2, \cdots).$$

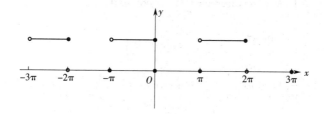

图 13-1

由图 13-1 可知, $f(x)$ 满足狄利克雷收敛定理条件,所以

$$\frac{1}{2} + \frac{2}{\pi} \sum_{n=1}^{\infty} \frac{1}{2n-1} \sin(2n-1)x = \begin{cases} f(x), & x \in (-\pi, 0) \cup (0, \pi), \\ \frac{1}{2}, & x = 0, \pm\pi. \end{cases}$$

应该注意,傅立叶级数的每一项都是周期为 2π 的函数. 当它在区间 $[-\pi,\pi]$ 上收敛时,它的和函数不仅在 $[-\pi,\pi]$ 上有定义而且也是以 2π 为周期的函数. 因此,和函数自然在整个实轴上有定义,且以 2π 为周期复制它在 $[-\pi,\pi]$ 上的函数值.

另一方面,如果函数 $f(x)$ 只在 $[-\pi,\pi]$ 上有定义,为将其在整个实轴上展开为傅里叶级数,需要把 $f(x)$ 作周期延拓,即令

$$F(x+2n\pi)=f(x),x\in[-\pi,\pi),(n=0,\pm1,\pm2,\cdots).$$

则 $F(x)$ 是以 2π 为周期的定义在实轴上的函数. 将 $F(x)$ 展开为傅里叶级数后,再将其限制在 $[-\pi,\pi]$ 上,就可得到 $f(x)$ 的傅里叶级数展开式.

例 13.7.2 把函数 $f(x)=x^2(x\in[-\pi,\pi])$ 展为傅里叶级数.

解 把 $f(x)$ 作周期为 2π 的延拓,延拓后的函数是处处连续的且满足狄利克雷收敛定理条件,所以 $f(x)$ 的傅里叶级数在 $[-\pi,\pi]$ 上收敛于 $f(x)$. 由于 $f(x)$ 为偶函数,所以它的傅里叶系数为

$$b_n=0(n=1,2,\cdots),$$

$$a_0=\frac{2}{\pi}\int_0^\pi f(x)\,\mathrm{d}x=\frac{2}{\pi}\int_0^\pi x^2\,\mathrm{d}x=\frac{2}{3}\pi^2,$$

$$a_n=\frac{2}{\pi}\int_0^\pi f(x)\cos nx\mathrm{d}x=\frac{2}{\pi}\int_0^\pi x^2\cos nx\mathrm{d}x$$

$$=\frac{2}{\pi}\left(\frac{x^2\sin nx}{n}\Big|_0^\pi-\frac{2}{n}\int_0^\pi x\sin nx\mathrm{d}x\right)$$

$$=\frac{4}{n^2\pi}\left(x\cos nx\Big|_0^\pi-\int_0^\pi\cos nx\mathrm{d}x\right)=\frac{(-1)^n4}{n^2}\quad(n=1,2,\cdots).$$

所以
$$x^2=\frac{1}{3}\pi^2+4\sum_{n=1}^\infty\frac{(-1)^n}{n^2}\cos nx,x\in[-\pi,\pi].$$

特别,在上式中令 $x=\pi,x=0$,可得

$$\sum_{n=1}^\infty\frac{1}{n^2}=\frac{\pi^2}{6},\sum_{n=1}^\infty\frac{(-1)^{n-1}}{n^2}=\frac{\pi^2}{12}.$$

在许多实际问题中遇到的函数的周期不是 2π 而是 $2l$（l 为实

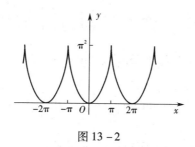

图 13 - 2

数). 这样需要将以 2π 为周期函数的傅里叶级数推广到以 $2l$ 为周期函数的情形,然后再讨论定义在半个周期 $[0, l]$ 上的函数的傅里叶级数展开问题.

13.7.3 周期为 $2l$ 的函数的傅里叶级数展开

利用变换把以 $2l$ 为周期的函数转化为以 2π 为周期的函数,再利用前面的结果就可得到以 $2l$ 为周期的函数的傅里叶级数所对应的结论.

设函数 $f(x)$ 以 $2l$ 为周期,在 $[-l, l]$ 上满足狄利克雷收敛定理条件,作变换 $x = \dfrac{l}{\pi}z$,则 $f(x) = f\left(\dfrac{l}{\pi}z\right) = g(z)$,这样 $g(z)$ 就是以 2π 为周期的函数且在 $[-\pi, \pi]$ 上满足狄利克雷收敛定理条件. 所以

$$\frac{a_0}{2} + \sum_{n=1}^{\infty} (a_n \cos nz + b_n \sin nz)$$

$$= \begin{cases} g(z), & \text{当 } z \text{ 是连续点,} \\ \dfrac{1}{2}[g(z+0) + g(z-0)], & \text{当 } z \text{ 是间断点,} \\ \dfrac{1}{2}[g(-\pi+0) + g(\pi-0)], & \text{当 } z = \pm\pi. \end{cases}$$

$$(13.7.7)$$

其中

$$a_n = \frac{1}{\pi}\int_{-\pi}^{\pi} g(z) \cdot \cos nz\mathrm{d}z = \frac{1}{\pi}\int_{-\pi}^{\pi} f\left(\frac{l}{\pi}z\right) \cdot \cos nz\mathrm{d}z$$

$$(13.7.8)$$

$$= \frac{1}{l}\int_{-l}^{l} f(x) \cdot \cos \frac{n\pi x}{l}\mathrm{d}x\,(n = 0,1,2,\cdots),$$

$$b_n = \frac{1}{\pi}\int_{-\pi}^{\pi} g(z) \cdot \sin nz\mathrm{d}z = \frac{1}{\pi}\int_{-\pi}^{\pi} f\left(\frac{l}{\pi}z\right) \cdot \sin nz\mathrm{d}z$$

$$(13.7.9)$$

$$= \frac{1}{l}\int_{-l}^{l} f(x) \cdot \sin \frac{n\pi x}{l}\mathrm{d}x\,(n = 0,1,2,\cdots).$$

把式 13.7.7 中的变量换回变量 x,即把 $z = \dfrac{\pi}{l}x$ 代入式 13.7.7,得

$$\frac{a_0}{2} + \sum_{n=1}^{\infty}\left(a_n\cos\frac{n\pi x}{l} + b_n\sin\frac{n\pi x}{l}\right)$$

$$= \begin{cases} f(x), & \text{当 } x \text{ 是 } f(x) \text{ 的连续点,} \\ \dfrac{1}{2}[f(x+0) + f(x-0)], & \text{当 } x \text{ 是 } f(x) \text{ 的是间断点,} \\ \dfrac{1}{2}[f(-l+0) + f(l-0)], & \text{当 } x = \pm l. \end{cases}$$

$$(13.7.10)$$

于是称由式 13.7.8 和式 13.7.9 确定的系数 a_n 和 b_n 为函数 $f(x)$ 的傅里叶系数.

类似于前面的讨论,如果 $f(x)$ 为 $[-l,l]$ 上的偶函数,则它的傅里叶级数为余弦级数,即

$$f(x) = \frac{a_0}{2} + \sum_{n=1}^{\infty} a_n\cos\frac{n\pi x}{l},\,(x \text{ 为 } f(x) \text{ 在 } [-l,l] \text{ 中的连续点}).$$

其中

$$a_n = \frac{2}{l}\int_{0}^{l} f(x) \cdot \cos\frac{n\pi x}{l}\mathrm{d}x\,(n = 0,1,2,\cdots). \quad (13.7.11)$$

如果 $f(x)$ 为 $[-l,l]$ 上的奇函数,则它的傅里叶级数为正弦级数,即

$$f(x) = \sum_{n=1}^{\infty} b_n \sin \frac{n\pi x}{l}, (x 为 f(x) 在 [-l,l] 中的连续点).$$

其中

$$b_n = \frac{2}{l} \int_0^l f(x) \cdot \sin \frac{n\pi x}{l} dx (n = 1,2,\cdots). \qquad (13.7.12)$$

例 13.7.3　将周期为 $2l$ 的函数

$$f(x) = \begin{cases} x, & -l < x \leq 0 \\ 0, & 0 < x \leq l \end{cases}$$

展开为傅里叶级数.

解

$$a_0 = \frac{1}{l} \int_{-l}^{l} f(x) dx = \frac{1}{l} \int_{-l}^{0} x dx = -\frac{l}{2},$$

$$a_n = \frac{1}{l} \int_{-l}^{l} f(x) \cos \frac{n\pi x}{l} dx = \frac{1}{l} \int_{-l}^{0} x \cos \frac{n\pi x}{l} dx$$

$$= \frac{x}{n\pi} \sin \frac{n\pi x}{l} \Big|_{-l}^{0} - \frac{1}{n\pi} \int_{-l}^{0} \sin \frac{n\pi x}{l} dx$$

$$= \frac{l}{n^2 \pi^2} (1 - \cos n\pi) = \frac{l}{n^2 \pi^2} [1 - (-1)^n]$$

$$= \begin{cases} \dfrac{2l}{n^2 \pi^2} & n = 1,3,5,\cdots, \\ 0 & n = 2,4,6,\cdots, \end{cases}$$

$$b_n = \frac{1}{l} \int_{-l}^{l} f(x) \sin \frac{n\pi x}{l} dx = \frac{1}{l} \int_{-l}^{0} x \sin \frac{n\pi x}{l} dx$$

$$= -\frac{x}{n\pi} \cos \frac{n\pi x}{l} \Big|_{-l}^{0} + \frac{1}{n\pi} \int_{-l}^{0} \cos \frac{n\pi x}{l} dx$$

$$= -\frac{l}{n\pi} \cos n\pi + \frac{l}{n^2 \pi^2} \sin \frac{n\pi x}{l} \Big|_{-l}^{0} = \frac{l}{n\pi} (-1)^{n-1}.$$

由于函数 $f(x)$ 在 $[-l,l]$ 上满足狄利克雷收敛定理条件 (图 13-3),所以

$$f(x) = -\frac{l}{4} + \sum_{n=1}^{\infty} \left[\frac{2l}{(2n-1)^2 \pi^2} \cos \frac{(2n-1)\pi x}{l} + \right.$$

$$\frac{(-1)^{n-1}l}{n\pi}\sin\frac{n\pi x}{l}\Big],x\in(-l,l).$$

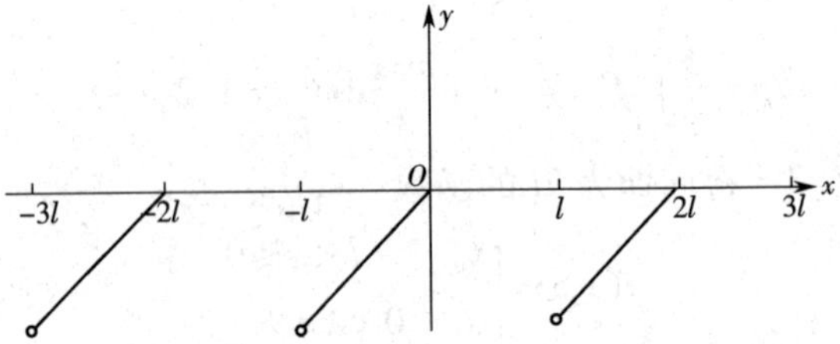

图 13 – 3

例 13.7.4 将周期为 2 的函数 $f(x)=x(-1\leqslant x<1)$ 展开为傅里叶级数.

解 由 $2l=2$ 知 $l=1$,因为 $f(x)$ 在 $[-1,1]$ 上为奇函数,所以

$$a_n=0\quad(n=0,1,2,\cdots),$$

$$b_n=2\int_0^1 x\sin n\pi x\mathrm{d}x=-\frac{2}{n\pi}\int_0^1 x\mathrm{d}\cos n\pi x$$

$$=-\frac{2}{n\pi}\Big[x\cos n\pi x\Big|_0^1-\int_0^1\cos n\pi x\mathrm{d}x\Big]$$

$$=-\frac{2}{n\pi}\Big[x\cos n\pi x-\frac{1}{n\pi}\sin n\pi x\Big]_0^1$$

$$=-\frac{2}{n\pi}(-1)^n=(-1)^{n-1}\frac{2}{n\pi},$$

因为 $f(x)$ 满足狄利克雷收敛定理条件(图 13 – 4),所以

$$\frac{2}{\pi}\sum_{n=1}^{\infty}\frac{(-1)^{n-1}}{n}\sin n\pi x=\begin{cases}f(x),&x\in(-1,1)\\0,&x=\pm1\end{cases}.$$

注意,前面已推出以 $2l$ 为周期且在 $[-l,l]$ 上为已知函数 $f(x)$ 的傅里叶系数公式 13.7.8 和式 13.7.9,如果以 $2l$ 为周期的函数 $f(x)$ 在某一个长度为周期 $2l$ 的区间 $[a,a+2l]$(a 为实数)上是已知的,则它的傅里叶系数公式 a_n 和 b_n 只须将式 13.7.8 和式 13.7.9 中的积分上限和积分下限改为 $a+2l$ 和 a 即可. 这是由于周期函数在任何长度为

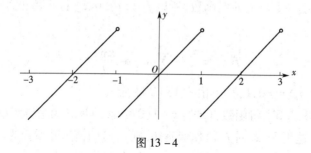

图 13 - 4

一个周期的区间上的积分值是不变的缘故.

13.7.4　函数的正弦展开和余弦展开

设函数 $f(x)$ 只在 $[0, l]$ 上有定义,但希望把它展开为以 $2l$ 为周期的傅里级数,那么就需要把 $f(x)$ 按某种方式延拓为 $[-l, l]$ 上的函数. 这样,就要在 $[-l, 0]$ 上补充定义,使之成为定义在 $[-l, l]$ 上的函数, 展开以后取区间 $[0, l]$ 即可. 通常,对定义在 $[0, l]$ 上的函数 $f(x)$ 常采用下列两种延拓方式.

(1) 奇延拓

定义

$$F(x) = \begin{cases} f(x), & 0 \leqslant x \leqslant l, \\ -f(-x), & -l \leqslant x < 0, \end{cases}$$

则 $F(x)$ 为 $[-l, l]$ 上的奇函数,所以 $f(x)$ 在 $[0, l]$ 上可展开为正弦级数,即

$$f(x) = \sum_{n=1}^{\infty} b_n \sin \frac{n\pi x}{l},$$

其中系数 $b_n (n = 1, 2 \cdots)$ 由式 13.7.12 定义.

(2) 偶延拓

定义

$$F(x) = \begin{cases} f(x), & 0 \leqslant x \leqslant l, \\ f(-x), & -l \leqslant x < 0, \end{cases}$$

则 $F(x)$ 为 $[-l, l]$ 上的偶函数, 所以 $f(x)$ 在 $[0, l]$ 上可展开为余弦级数, 即

$$f(x) = \frac{a_0}{2} + \sum_{n=1}^{\infty} a_n \cos \frac{n\pi x}{l},$$

其中系数 $a_n(n = 0, 1, 2\cdots)$ 由式 13.7.11 定义.

例 13.7.5　将函数 $f(x) = x - 1(0 \leqslant x \leqslant 2)$ 展开为余弦级数.

解　这里 $l = 2$. 对 $f(x)$ 作偶延拓, 则 $f(x)$ 的傅里叶系数为

$$a_0 = \frac{2}{2} \int_0^2 f(x) \mathrm{d}x = \int_0^2 (x - 1) \mathrm{d}x = 0,$$

$$a_n = \frac{2}{2} \int_0^2 f(x) \cos \frac{n\pi x}{2} \mathrm{d}x = \int_0^2 (x - 1) \cos \frac{n\pi x}{2} \mathrm{d}x$$

$$= \frac{2}{n\pi} \left[(x - 1) \sin \frac{n\pi x}{2} \Big|_0^2 - \int_0^2 \sin \frac{n\pi x}{2} \mathrm{d}x \right]$$

$$= \frac{4}{n^2 \pi^2} \cos \frac{n\pi x}{2} \Big|_0^2 = \frac{4}{n^2 \pi^2} \left[(-1)^n - 1 \right]$$

$$= \begin{cases} 0, & n = 0, 2, 4\cdots, \\ -\dfrac{8}{n^2 \pi^2}, & n = 1, 3, 5\cdots. \end{cases}$$

由图 13 - 5 可知, $f(x)$ 在 $[0, 2]$ 上连续且满足狄利克雷收敛定理的条件, 所以

$$x - 1 = -\frac{8}{\pi^2} \sum_{n=1}^{\infty} \frac{1}{(2n - 1)^2} \cos \frac{(2n - 1)\pi}{2} x, x \in [0, 2].$$

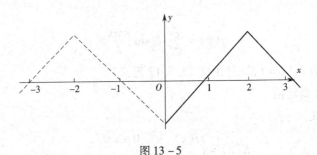

图 13 - 5

例 13.7.6　将函数 $f(x) = \dfrac{x^2}{2} - \pi x,(0 \leqslant x \leqslant \pi)$ 展开为正弦级数.

解　这里 $l = \pi$. 对 $f(x)$ 作奇延拓,则 $f(x)$ 的正弦级数的系数为

$$b_n = \frac{2}{\pi} \int_0^\pi f(x) \sin nx \, \mathrm{d}x$$

$$= \frac{2}{\pi} \int_0^\pi \left(\frac{x^2}{2} - \pi x \right) \sin nx \, \mathrm{d}x$$

$$= \frac{2}{n\pi} \left(\frac{x^2}{2} - \pi x \right) (-\cos nx) \Big|_0^\pi + \frac{2}{n\pi} \int_0^\pi (x - \pi) \cos nx \, \mathrm{d}x$$

$$= \frac{\pi}{n} \cos n\pi + \frac{2}{n^2 \pi} (x - \pi) \sin nx \Big|_0^\pi - \frac{2}{n^2 \pi} \int_0^\pi \sin nx \, \mathrm{d}x$$

$$= (-1)^n \frac{\pi}{n} + \frac{2}{n^3 \pi} \cos nx \Big|_0^\pi$$

$$= (-1)^n \frac{\pi}{n} + \frac{2}{n^3 \pi} [(-1)^n - 1], (n = 1, 2, \cdots).$$

由图 13 - 6 可知,$f(x)$ 在 $[0, \pi]$ 上连续且满足狄利克雷收敛定理的条件,所以

$$\pi \sum_{n=1}^\infty \frac{(-1)^n}{n} \sin nx - \frac{4}{\pi} \sum_{n=1}^\infty \frac{1}{(2n-1)^3} \sin(2n-1)x = \begin{cases} f(x), & x \in [0, \pi) \\ 0, & x = \pi. \end{cases},$$

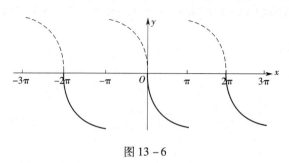

图 13 - 6

习题 13.7

1. 将下列函数展开为区间 $(-\pi, \pi)$ 的傅里叶级数:

$(1) f(x) = \pi^2 - x^2$;

$(2) f(x) = \cos ax$;

$(3) f(x) = e^a x$;

$(4) f(x) = x \sin x$;

$(5) f(x) = \text{sgn}(\sin x)$;

$(6) f(x) = |\sin x|$;

$(7) f(x) = x - [x]$.

2. 将下列函数展开为指定区间的傅里叶级数并求和函数:

$(1) f(x) = x^2$ 在 $[0, 2\pi]$ 上;

$(2) f(x) = x + |x|$ 在 $[-l, l]$ 上;

$(3) f(x) = \text{sgn} x$ 在 $[-l, l]$ 上;

$(4) f(x) = x$ 在 $[-l, l]$ 上.

3. 将下列函数展开为指定区间的正弦级数或余弦级数:

$(1) f(x) = 1/2(\pi - x)\sin x (0 \leqslant x \leqslant \pi)$ 展开为余弦级数;

$(2) f(x) = \begin{cases} x & 0 \leqslant x \leqslant \dfrac{l}{2} \\ l - x & \dfrac{l}{2} < x \leqslant l \end{cases}$ 展开为正弦级数;

$(3) f(x) = e^x (0 \leqslant x \leqslant \pi)$ 展开为余弦级数.

4. 利用函数 $f(x) = \text{sgn} x (-\pi \leqslant x \leqslant \pi)$ 的傅里叶级数求级数 $\sum\limits_{n=1}^{\infty} \dfrac{(-1)^{n-1}}{2n-1}$.

第 14 章 常微分方程初步

在科学技术和经济管理中,有许多实际问题往往需要通过未知函数的导数(或微分)所满足的等式来求该未知函数,这种等式就是微分方程. 本章将介绍微分方程的基本概念,讨论几种简单的微分方程的解法及其应用.

14.1 微分方程的概念

引例 已知曲线上任意一点切线的斜率等于该点横坐标的两倍,且曲线过点$(2,4)$,求该曲线的方程.

设所求曲线的方程为$y = y(x)$,根据已知条件知

$$y' = 2x$$

两边积分

$$\int y' \mathrm{d}x = \int 2x \mathrm{d}x + C,$$

得

$$y = x^2 + C.$$

其中C为任意常数. 再将曲线过点$(2,4)$的条件代入,得

$$4 = 2^2 + C, C = 0.$$

则$y = x^2$为所求的曲线的方程.

引例中的方程$y' = 2x$就是这一章要介绍的微分方程.

定义 14.1.1 含有未知函数的导数的等式叫**微分方程**.

凡未知函数为一元函数的微分方程叫**常微分方程**,未知函数多元函数的微分方程叫**偏微分方程**,本章我们只讨论常微分方程.

常微分方程中出现的未知函数导数的最高阶数叫微分方程的**阶**.
例如$y' = 2x$是一阶微分方程,$y'' - 2y = 0$是二阶微分方程.

    定义 14.1.2   代入微分方程中,使其成为恒等式的函数叫微分方程的**解**.

    解有两种形式,含独立任意常数的个数等于微分方程的阶数的解叫微分方程的**通解**,给通解中任意常数以确定值的解叫微分方程的**特解**. 例如引例中 $y = x^2 + C$ 为方程的通解,$y = x^2$ 为方程的特解.

    为了得到满足要求的特解,必须根据要求对微分方程附加一定的定解条件,最重要的定解条件是**初始条件**. 例如引例中给出的条件:曲线过点 $(2,4)$,即曲线满足 $y \mid_{x+2} = 4$ 就是初始条件.

    例 14.1.1   验证函数 $y = 5x^2$ 是一阶微分方程 $xy' = 2y$ 的特解.

    解
$$y = 5x^2,$$
$$y' = 10x.$$

把 y 及 y' 代入微分方程,得
$$xy' = x \cdot 10x = 2 \cdot 5x^2 = 2y.$$

所以函数 $y = 5x^2$ 是一阶微分方程 $xy' = 2y$ 的特解.

    例 14.1.2   验证函数 $y = Ce^{x^2}$ 是一阶微分方程 $y' = 2xy$ 的通解.

    解
$$y = Ce^{x^2},$$
$$y' = Ce^{x^2} \cdot 2x.$$

把 y 及 y' 代入微分方程,得
$$y' = Ce^{x^2} \cdot 2x = 2xCe^{x^2} = 2xy.$$

所以函数 $y = Ce^{x^2}$ 是一阶微分方程 $y' = 2xy$ 的通解.

习题 14.1

1. 指出下列各微分方程的阶数:

(1) $(y'')^3 - x = 0$;   (2) $xy' - y = x$;

(3) $xyy''' + y'' + 1 = 0$;   (4) $y^{(5)} + y^{(4)} + y''' = 0$.

2. 下列各题中的函数是否为所给微分方程的解?

(1) $y = e^x$, $xy' - y\ln y = 0$;

（2）$y = x\mathrm{e}^{2x}$，$y'' - 4y' + 4y = 0$；

（3）$y = x^3 + x^2$，$y'' = 6x + 2$；

（4）$y = 2\sin x + \cos x$，$y'' + y = 0$.

14.2 一阶常微分方程

本节介绍几种典型的一阶微分方程的求解方法.

14.2.1 形如 $y' = f(x)$ 的方程

此类题可通过两端积分求得含一个任意常数的通解.

例 14.2.1 求微分方程 $y' = \sin x + 2x - 1$ 的通解.

解 对所给的方程两端积分，得

$$y = \int (\sin x + 2x - 1)\,\mathrm{d}x = -\cos x + x^2 - x + C.$$

14.2.2 可分离变量的微分方程和齐次方程

1. 可分离变量的微分方程

形如 $\dfrac{\mathrm{d}y}{\mathrm{d}x} = f(x)g(y)$ 的微分方程称为**可分离变量的微分方程**.

求解可分离变量的微分方程的步骤为：

（1）将方程分离变量得

$$\frac{\mathrm{d}y}{g(y)} = f(x)\,\mathrm{d}x;$$

（2）等式两端求积分，得通解

$$\int \frac{\mathrm{d}y}{g(y)} = \int f(x)\,\mathrm{d}x + C.$$

例 14.2.2 求微分方程 $y' = y$ 的通解.

解 把方程 $\dfrac{\mathrm{d}y}{\mathrm{d}x} = y$ 分离变量为

$$\frac{\mathrm{d}y}{y} = \mathrm{d}x.$$

等式两端求积分得

$$\int \frac{\mathrm{d}y}{y} = \int \mathrm{d}x.$$

所以

$$\ln|y| = x + C_1$$

$$y = \pm \mathrm{e}^{x+C_1} = \pm \mathrm{e}^{C_1} \mathrm{e}^x.$$

因为 $\pm \mathrm{e}^{C_1}$ 仍是任意常数,因此设 $C = \pm \mathrm{e}^{C_1}$,得方程的通解为

$$y = C\mathrm{e}^x.$$

以后为了简便起见,可把 $\ln|y|$ 写成 $\ln y$,只要记住最后得到的任意常数 C 是可正可负的就行了.

例 14.2.3 求微分方程 $y\ln x\mathrm{d}x + x\ln y\mathrm{d}y = 0$ 的通解.

解 把方程分离变量为

$$\frac{\ln y}{y}\mathrm{d}y = -\frac{\ln x}{x}\mathrm{d}x.$$

等式两端求积分得

$$\int \frac{\ln y}{y}\mathrm{d}y = -\int \frac{\ln x}{x}\mathrm{d}x.$$

所以 $\displaystyle\int \ln y\mathrm{d}(\ln y) = -\int \ln x\mathrm{d}(\ln x)$

$$\frac{1}{2}(\ln y)^2 = -\frac{1}{2}(\ln x)^2 + C_1.$$

化简,得方程的通解 $(\ln y)^2 + (\ln x)^2 = 2C_1 = C.$

例 14.2.4 求微分方程 $\cos x\sin y\mathrm{d}y = \cos y\sin x\mathrm{d}x$ 满足 $y|_{x=0} = \frac{\pi}{4}$ 的特解.

解 把方程分离变量为

$$\frac{\sin y}{\cos y}\mathrm{d}y = \frac{\sin x}{\cos x}\mathrm{d}x.$$

等式两端求积分得

$$-\ln \cos y = -\ln \cos x - \ln C$$

$$\ln \cos y = -\ln \cos x - \ln C$$

$$\cos y = C \cdot \cos x.$$

将 $y \mid_{x=0} = \dfrac{\pi}{4}$ 代入方程得 $C = \dfrac{\sqrt{2}}{2}$ ，所以微分方程的特解为

$$\cos y = \frac{\sqrt{2}}{2} \cos x.$$

2. 齐次方程

形如 $y' = f\left(\dfrac{y}{x}\right)$ 的一阶微分方程，称为 **齐次微分方程**.

此类题可用变量替换 $y = ux$ 把原方程化为关于 x 和 u 的可分离变量的微分方程，具体如下：

令 $u(x) = \dfrac{y}{x}$ ，则 $y = ux$ ，

两端求导得 $\qquad y' = u'x + x'u = u'x + u.$

所以原方程变为 $\qquad u'x + u = f(u)$ ，

$$\frac{\mathrm{d}u}{\mathrm{d}x} x = f(u) - u.$$

这是可分离变量的方程，分离变量得

$$\frac{\mathrm{d}u}{f(u) - u} = \frac{\mathrm{d}x}{x}.$$

两端积分后，再把 u 换为 $\dfrac{y}{x}$ 就可得到原方程的通解.

例 14.2.5　求微分方程 $xy' - x\sec \dfrac{y}{x} - y = 0$ 的通解.

解　把方程变为 $y' = \sec \dfrac{y}{x} + \dfrac{y}{x}$ ，令 $u = \dfrac{y}{x}$ ，则 $y = ux, y' = u'x +$

u ，故

$$u'x + u = \sec u + u \quad u'x = \sec u.$$

分离变量为
$$\cos u du = \frac{dx}{x}.$$

等式两端积分得
$$\int \cos u du = \int \frac{dx}{x},$$

或
$$\sin u = \ln x + \ln C = \ln(Cx).$$

把 $u = \frac{y}{x}$ 代入得方程的通解为 $\sin \frac{y}{x} = \ln(Cx)$,或 $y = x\arcsin(\ln(Cx))$.

例 14.2.6 求微分方程 $xy' = y(\ln y - \ln x)$ 的通解.

解 把方程变为 $y' = \frac{y}{x}\ln\left(\frac{y}{x}\right)$,令 $u = \frac{y}{x}$,则 $y = ux, y' = u'x + u$,故

$$u'x + u = u\ln u \quad u'x = u(\ln u - 1).$$

分离变量为
$$\frac{du}{u(\ln u - 1)} = \frac{dx}{x}.$$

等式两端积分得
$$\int \frac{d(\ln u - 1)}{\ln u - 1} = \int \frac{dx}{x}.$$

或 $\ln(\ln u - 1) = \ln x + \ln C = \ln Cx$, $\ln u - 1 = Cx$,把 $u = \frac{y}{x}$ 代入得方程

的通解为 $\ln \frac{y}{x} = 1 + Cx$,或 $y = xe^{1+Cx}$.

14.2.3　一阶线性微分方程

形如
$$y' + P(x)y = Q(x)$$
的微分方程称为**一阶线性微分方程**, $Q(x)$ 称为**自由项**.

当 $Q(x) = 0$ 时,方程为 $y' + P(x)y = 0$,这时称方程为**一阶齐次线性方程**.

当 $Q(x) \neq 0$ 时,称方程 $y' + P(x)y = Q(x)$ 为**一阶非齐次线性方程**.

一阶线性微分方程的求解方法是常数变易法,常数变易法分两步求解.

(1)求一阶齐次线性方程的通解

因方程 $y' + P(x)y = 0$ 是可分离变量的微分方程,分离变量得

$$\frac{\mathrm{d}y}{y} = -P(x)\,\mathrm{d}x.$$

两端积分得

$$\ln y = -\int P(x)\,\mathrm{d}x + \ln C.$$

所以

$$y = \mathrm{e}^{-\int P(x)\,\mathrm{d}x + \ln C} = C\mathrm{e}^{-\int P(x)\,\mathrm{d}x}$$

为一阶齐次线性方程的通解,其中 $P(x)$ 的积分 $\int P(x)\,\mathrm{d}x$ 只取一个原函数.

(2)求一阶非齐次线性方程的通解

因线性齐次方程是非齐次线性方程的特殊情况,所以可以设想把齐次方程的通解中的常数 C 换成函数 $C(x)$,即 $y = C(x)\mathrm{e}^{-\int P(x)\,\mathrm{d}x}$ 作为非齐次方程的通解.

下面就假定 $y = C(x)\mathrm{e}^{-\int P(x)\,\mathrm{d}x}$ 是非齐次方程的通解,$C(x)$ 是待定函数.

把假定解代入方程得

$$\left(C(x)\mathrm{e}^{-\int P(x)\,\mathrm{d}x} \right)' + P(x)C(x)\mathrm{e}^{-\int P(x)\,\mathrm{d}x} = Q(x)$$

$$C'(x)\mathrm{e}^{-\int P(x)\,\mathrm{d}x} + C(x)\left(\mathrm{e}^{-\int P(x)\,\mathrm{d}x} \right)' + P(x)C(x)\mathrm{e}^{-\int P(x)\,\mathrm{d}x} = Q(x)$$

$$C'(x)\mathrm{e}^{-\int P(x)\,\mathrm{d}x} - P(x)C(x)\mathrm{e}^{-\int P(x)\,\mathrm{d}x} + P(x)C(x)\mathrm{e}^{-\int P(x)\,\mathrm{d}x} = Q(x)$$

$$C'(x)\mathrm{e}^{-\int P(x)\,\mathrm{d}x} = Q(x)$$

$$C'(x) = Q(x)\mathrm{e}^{\int P(x)\,\mathrm{d}x}.$$

积分得

$$C(x) = \int Q(x)\mathrm{e}^{-\int P(x)\,\mathrm{d}x}\,\mathrm{d}x + C.$$

把 $C(x)$ 代入假定解中,即得一阶非齐次线性方程的通解

$$y = C(x)\mathrm{e}^{-\int P(x)\mathrm{d}x} = \mathrm{e}^{-\int P(x)\mathrm{d}x}\left(\int Q(x)\mathrm{e}^{\int P(x)\mathrm{d}x}\mathrm{d}x + C\right).$$

式中 $P(x)$ 的积分 $\int P(x)\mathrm{d}x$ 只取一个原函数.

今后解一阶非齐次线性方程时,可以把上式作为公式直接使用,当然也可以按常数变易法的步骤来求解.

例 14.2.7　求微分方程 $y' + y = \mathrm{e}^{-x}$ 的通解.

解 1　先求 $y' + y = 0$ 的通解,分离变量得

$$\frac{\mathrm{d}y}{y} = -\mathrm{d}x.$$

两端积分得 $\ln y = -x + C_1$,因此 $y = \mathrm{e}^{-x+C_1} = \mathrm{e}^{C_1}\mathrm{e}^{-x} = C\mathrm{e}^{-x}$,再设 $y = C(x)\mathrm{e}^{-x}$ 为原方程的通解,代入原方程得

$$(C(x)\mathrm{e}^{-x})' + C(x)\mathrm{e}^{-x} = \mathrm{e}^{-x},$$

$$C'(x)\mathrm{e}^{-x} - C(x)\mathrm{e}^{-x} + C(x)\mathrm{e}^{-x} = \mathrm{e}^{-x}.$$

即 $C'(x) = 1$,积分得 $C(x) = x + C$,故得所求方程的通解为

$$y = \mathrm{e}^{-x}(x + C).$$

解 2　直接利用公式 $y = \mathrm{e}^{-\int P(x)\mathrm{d}x}\left(\int Q(x)\mathrm{e}^{\int P(x)\mathrm{d}x}\mathrm{d}x + C\right)$ 求解

因 $P(x) = 1$,$Q(x) = \mathrm{e}^{-x}$,

所以通解为

$$y = \mathrm{e}^{-\int \mathrm{d}x}\left(\int \mathrm{e}^{-x}\mathrm{e}^{\int \mathrm{d}x}\mathrm{d}x + C\right) = \mathrm{e}^{-x}\left(\int \mathrm{e}^{-x}\mathrm{e}^{x}\mathrm{d}x + C\right)$$

$$= \mathrm{e}^{-x}(x + C).$$

例 14.2.8　求微分方程 $y' + \dfrac{1}{x}y = \dfrac{\sin x}{x}$ 的通解.

解　因 $P(x) = \dfrac{1}{x}$,$Q(x) = \dfrac{\sin x}{x}$,

所以通解为

$$y = \mathrm{e}^{-\int \frac{1}{x}\mathrm{d}x}\left(\int \frac{\sin x}{x}\mathrm{e}^{\int \frac{1}{x}\mathrm{d}x}\mathrm{d}x + C\right) = \mathrm{e}^{-\ln x}\left(\int \frac{\sin x}{x}\mathrm{e}^{\ln x}\mathrm{d}x + C\right)$$

$$= \frac{1}{x} \left(\int \sin x \mathrm{d}x + C \right) = \frac{1}{x} (- \cos x + C).$$

例 14.2.9　求微分方程 $y' - 4xy = x^2 \mathrm{e}^{2x^2}$ 的通解.

解　因 $P(x) = -4x, Q(x) = x^2 \mathrm{e}^{2x^2}$，所以通解为

$$y = \mathrm{e}^{\int 4x \mathrm{d}x} \left(\int x^2 \mathrm{e}^{-\int 4x \mathrm{d}x} \mathrm{d}x + C \right) = \mathrm{e}^{2x^2} \left(\int x^2 \mathrm{e}^{2x^2} \mathrm{e}^{-2x^2} \mathrm{d}x + C \right)$$

$$= \mathrm{e}^{2x^2} \left(\int x^2 \mathrm{d}x + C \right) = \mathrm{e}^{2x^2} \left(\frac{x^3}{3} + C \right).$$

例 14.2.10　求微分方程 $y' - y\tan x = \sec x$ 满足条件 $y \mid_{x=0} = 0$ 的特解.

解　因 $P(x) = -\tan x, Q(x) = \sec x$，

所以通解为

$$y = \mathrm{e}^{\int \tan x \mathrm{d}x} \left(\int \sec x \mathrm{e}^{-\int \tan x \mathrm{d}x} \mathrm{d}x + C \right) = \mathrm{e}^{-\ln \cos x} \left(\int \sec x \mathrm{e}^{\ln \cos x} \mathrm{d}x + C \right)$$

$$= \frac{1}{\cos x} \left(\int \sec x \cdot \cos x \mathrm{d}x + C \right) = \frac{1}{\cos x} (x + C).$$

把条件 $y \mid_{x=0} = 0$ 代入得 $C = 0$，所以得方程的特解为 $y = \dfrac{x}{\cos x}$.

例 14.2.11　求一曲线的方程，此曲线通过原点，并且它在点 (x, y) 处的切线斜率等于 $2x - y$.

解　根据已知可得 $y' = 2x - y$，即

$$y' + y = 2x.$$

此方程为一阶非齐次线性方程，因 $P(x) = 1, Q(x) = 2x$，

所以通解为

$$y = \mathrm{e}^{-\int \mathrm{d}x} \left(\int 2x \mathrm{e}^{\int \mathrm{d}x} \mathrm{d}x + C \right) = \mathrm{e}^{-x} \left(2 \int x \mathrm{e}^{x} \mathrm{d}x + C \right)$$

$$= \mathrm{e}^{-x} \left(2 \int x \mathrm{d}(\mathrm{e}^{x}) + C \right) = \mathrm{e}^{-x} \left(2x \mathrm{e}^{x} - 2 \int \mathrm{e}^{x} \mathrm{d}x + C \right)$$

$$= \mathrm{e}^{-x} (2x \mathrm{e}^{x} - 2 \mathrm{e}^{x} + C) = 2x - 2 + C \mathrm{e}^{-x}.$$

因曲线通过原点，所以 $y \mid_{x=0} = 0$，把此条件代入得 $C = 2$，

所以所求曲线为 $y = 2x - 2 + 2\mathrm{e}^{-x}$.

习题 14.2

1. 求下列微分方程的通解：

$(1)y' - \dfrac{2}{x^2}y = 0$;

$(2)y' = \dfrac{x}{y + \sin y}$;

$(3)x\ln x \cdot y' - y = 0$;

$(4)y' = \mathrm{e}^{x-y}$;

$(5)x^2 y' - y = 1$;

$(6)y(1 - 2x)\mathrm{d}x + (x^2 - x)\mathrm{d}y = 0$.

2. 求下列微分方程满足初始条件的特解：

$(1)y(1 + x^2)\mathrm{d}y - x(1 + y^2)\mathrm{d}x = 0, y\big|_{x=0} = 1$;

$(2)y'\sin x = y\ln y, y\big|_{x=\frac{\pi}{2}} = \mathrm{e}$;

$(3)2xy\mathrm{d}x - \mathrm{d}y = 0, y\big|_{x=0} = 2$.

3. 求下列微分方程的通解.

$(1)x^2 y' = xy + x^2 + y^2$;

$(2)y' = \mathrm{e}^{\frac{y}{x}} + \dfrac{y}{x}$;

$(3)(xy' - y)\sin \dfrac{y}{x} = x$;

$(4)xy' = y + \dfrac{y}{\ln y - \ln x}$;

$(5)2xyy' = 2y^2 + \sqrt{x^4 + y^4}$.

4. 一曲线通过点 $(3,10)$，其在任意点处的切线斜率等于该点横坐标的平方，求此曲线方程.

5. 求下列微分方程的通解：

$(1)y' + 2y = \mathrm{e}^x$;

$(2)y' - 5y = 2\mathrm{e}^{5x}$;

$(3)y' + 2xy = x\mathrm{e}^{-x^2}$;

$(4)y' + \dfrac{y}{x} = \dfrac{1}{x(1 + x^2)}$;

$(5)y' + 2y = x$;

$(6)y' + y\sin x = \mathrm{e}^{\cos x}$;

$(7)y' - y\tan x = x$;

$(8)xy' - y = x^3 \ln x$;

$(9)xy' + y = \dfrac{x}{\sqrt{1 - x^2}}$;

$(10)xy' + y = \ln x$.

6. 求下列微分方程满足初始条件的特解：

$(1) y' - \dfrac{1}{x} y = x\sin x , y\big|_{x=\frac{\pi}{2}} = 1 ;$

$(2) y' + \dfrac{2}{x} y = -x , y\big|_{x=2} = 0 ;$

$(3) y' + 3y = 8 , y\big|_{x=0} = 2 ;$

$(4) y' + y = x\mathrm{e}^{-x} , y\big|_{x=0} = 2 .$

14.3　二阶微分方程

14.3.1　可降阶的二阶微分方程

1. $y'' = f(x)$ 型的方程

此类方程的求解方法为：通过接连积分两次求得含两个任意常数的通解.

例 14.3.1　求微分方程 $y'' = \mathrm{e}^{2x}$ 的通解.

解　对所给的方程接连积分两次，得

$$y' = \int \mathrm{e}^{2x}\mathrm{d}x = \dfrac{1}{2}\mathrm{e}^{2x} + C_1$$

$$y = \int \left(\dfrac{1}{2}\mathrm{e}^{2x} + C_1 \right)\mathrm{d}x = \dfrac{1}{4}\mathrm{e}^{2x} + C_1 x + C_2 .$$

2. $y'' = f(x, y')$ 型的不显含 y 的方程

此类方程的求解方法为：令 $y' = p(x)$，则 $y'' = p'(x)$，这样方程变为关于 p 和 x 的一阶微分方程，进而用一阶微分方程的求解方法来求解.

例 14.3.2　求微分方程 $y'' = \sqrt{1 - y'^2}$ 的通解.

解　令 $y' = p(x)$，则 $y'' = p'(x)$，代入方程得

$$p' = \sqrt{1 - p^2} \quad \text{或} \quad \frac{\mathrm{d}p}{\mathrm{d}x} = \sqrt{1 - p^2}.$$

分离变量得
$$\frac{\mathrm{d}p}{\sqrt{1 - p^2}} = \mathrm{d}x.$$

两端积分得
$$\arcsin p = x + C_1,$$

所以
$$y' = p = \sin(x + C_1).$$

两端再积分得通解
$$y = -\cos(x + C_1) + C_2.$$

例 14.3.3　求微分方程 $(1 + x)y'' + y' = 2x + 1$ 的通解.

解　令 $y' = p(x)$,则 $y'' = p'(x)$,代入方程得

$$(1 + x)p' + p = 2x = 1 \quad \text{或} \quad p' + \frac{1}{1 + x}p = \frac{2x + 1}{1 + x}.$$

这是一阶线性微分方程,由求解公式得

$$p = \mathrm{e}^{-\int \frac{1}{1+x}\mathrm{d}x}\left(\int \frac{2x + 1}{1 + x}\mathrm{e}^{\int \frac{1}{1+x}\mathrm{d}x}\mathrm{d}x + C_1\right)$$

$$= \frac{1}{1 + x}\left(\int (2x + 1)\mathrm{d}x + C_1\right)$$

$$= \frac{1}{1 + x}((x^2 + x) + C_1) = \frac{C_1}{1 + x},$$

所以
$$y' = x + \frac{C_1}{1 + x}.$$

两端积分得方程的通解

$$y = \frac{1}{2}x^2 + C_1\ln(1 + x) + C_2.$$

3. $y'' = f(y, y')$ 型的不显含 x 的方程

此类方程的求解方法为:令 $y' = p(y)$,则
$$y'' = p'(y) \cdot y = p'(y)p(y),$$
这样方程变为关于 p 和 y 的一阶微分方程,进而用一阶微分方程的求解方法来求解.

例 14.3.4　求微分方程 $2yy'' = 1 + y'^2$ 的通解.

解　令 $y' = p(y)$，则 $y'' = p'(y) \cdot y' = p'(y)p(y)$，代入方程得

$$2yp'p = 1 + p^2 \quad \text{或} \quad 2y\frac{\mathrm{d}p}{\mathrm{d}y}p = 1 + p^2.$$

分离变量得

$$\frac{2p}{1 + p^2}\mathrm{d}p = \frac{\mathrm{d}y}{y}.$$

两端积分得

$$\ln(1 + p^2) = \ln y + \ln C_1 = \ln(C_1 y)$$

$$1 + p^2 = C_1 y$$

$$y' = p = \pm\sqrt{C_1 y - 1}.$$

再分离变量得

$$\pm\frac{\mathrm{d}y}{\sqrt{C_1 y - 1}} = \mathrm{d}x.$$

两端再积分得通解

$$\pm\frac{2}{C_1}\sqrt{C_1 y - 1} = x + C_2 \quad \text{或} \quad \frac{4}{C_1^2}(C_1 y - 1) = (x + C_2)^2.$$

14.3.2　二阶常系数线性微分方程解的性质

形如

$$y'' + py' + qy = f(x) \tag{14.3.1}$$

称为**二阶常系数线性微分方程**，与其对应的**二阶常系数齐次线性微分方程**为

$$y'' + py' + qy = 0 \tag{14.3.2}$$

其中 p, q 是实常数.

若函数 y_1 和 y_2 之比为常数时，称 y_1 和 y_2 是**线性相关**的；若函数 y_1 和 y_2 之比不为常数时，称 y_1 和 y_2 是**线性无关**的.

定理 14.3.1　若函数 y_1 和 y_2 是方程 14.3.2 的两个线性无关的解，则

$$y = C_1 y_1 + C_2 y_2$$

是方程 14.3.2 的通解，其中 C_1, C_2 是任意常数.

定理 14.3.2　若 y'' 是方程 14.3.1 的一个特解，$\bar{y}$ 是方程 14.3.2 的通解，则

$$y = \bar{y} + y^*$$

是方程 14.3.1 的通解.

定理 14.3.3　若函数 y_1 和 y_2 分别是方程

$$y'' + py' + qy = f_1(x),$$

$$y'' + py' + qy = f_2(x)$$

的解,则 $y = y_1 + y_2$ 是方程

$$y'' + py' + qy = f_1(x)f_2(x)$$

的解.

14.3.3　二阶常系数齐次线性微分方程

由定理 14.3.1 知求二阶常系数齐次线性微分方程的通解,只需求出它的两个线性无关的特解即可,这样的两个解称为基本解组.

如何找到齐次线性微分方程的两个线性无关的解呢? 观察方程

$$y'' + py' + qy = 0.$$

由于 p, q 是常数,所以方程中的 y, y', y'' 应具有相同的形式,而 $y = e^{rx}$ 是具有这一特性的函数.

设 $y = e^{rx}$ 是方程的解(r 为待定常数)代入方程得

$$(e^{rx})'' + p(e^{rx})' + qe^{rx} = 0$$

$$(r^2 + pr + q)e^{rx} = 0.$$

由此看出,取 r 使

$$r^2 + pr + q = 0$$

时, $y = e^{rx}$ 就是方程的解,解微分方程的问题转化为解代数方程的问题.

我们称 $r^2 + pr + q = 0$ 为原方程的**特征方程**,其根称为**特征根**. 现在来讨论特征根及微分方程的解. 由于特征方程是二次方程,所以特征根 r_1, r_2 有三种不同情况:

(1)特征根为两个不等的实数: $r_1 \neq r_2$

此时微分方程得到两个线性无关的解: $y_1 = e^{r_1 x}$, $y_2 = e^{r_2 x}$,因此微

分方程的通解为

$$y = C_1 e^{r_1 x} + C_2 e^{r_2 x}.$$

（2）特征根为两个相等的实数：$r = r_1 = r_2$

此时只得到微分方程的一个解 $y_1 = e^{rx}$，另外直接验证可知 $y_2 = xe^{rx}$ 是齐次方程的另一个解，且 y_1 和 y_2 线性无关，从而微分方程的通解为

$$y = C_1 e^{r_1 x} + C_2 e^{r_2 x} = (C_1 + C_2 x) e^{rx}.$$

（3）特征根为两个复数：$r_{1,2} = \alpha \pm i\beta (\beta \neq 0)$

此时微分方程得到两个线性无关的解：$y_1 = e^{(\alpha + i\beta)x}$，$y_2 = e^{(\alpha - i\beta)x}$，因此微分方程的通解为

$$y = A e^{(\alpha + i\beta)x} + B e^{(\alpha - i\beta)x} = e^{\alpha x}(A e^{i\beta x} + B e^{-i\beta x})$$
$$= e^{\alpha x}((A + B)\cos \beta x + (A - B) i \sin \beta x).$$

令 $C_1 = A + B, C_2 = (A - B)i$. 于是微分方程实数形式的通解为

$$y = e^{\alpha x}(C_1 \cos \beta x + C_2 \sin \beta x).$$

根据上述讨论，求二阶常系数齐次线性微分方程的通解的步骤为：

（1）写出微分方程的特征方程；

（2）求出特征根；

（3）根据特征根的情况写出所给微分方程的通解.

例 14.3.5 求微分方程 $y'' - 3y' + 2y = 0$ 的通解.

解 所给微分方程的特征方程为

$$r^2 - 3r + 2 = 0$$

其根为 $r_1 = 1, r_2 = 2$，故所求通解为

$$y = C_1 e^x + C_2 e^{2x}.$$

例 14.3.6 求微分方程 $4y'' + 4y' + y = 0$ 满足条件 $y \big|_{x=0} = 2$，$y' \big|_{x=0} = 0$ 的特解.

解 所给微分方程的特征方程为

$$4r^2 + 4r + 1 = 0,$$

其根为 $r_1 = r_2 = -\dfrac{1}{2}$,故所求通解为

$$y = (C_1 + C_2 x) e^{-\frac{1}{2}x}.$$

将条件 $y\big|_{x=0} = 2$ 代入通解,得 $C_1 = 2$.

对通解两端求导得

$$y = C_2 e^{-\frac{1}{2}x} - \dfrac{1}{2} (C_1 + C_2 x) e^{-\frac{1}{2}x}.$$

将条件 $y'\big|_{x=0} = 0$ 代入上式得 $C_2 = 1$,于是所求特解为

$$y = (2 + x) e^{-\frac{1}{2}x}.$$

例 14.3.7 求微分方程 $y'' - 2y' + 5y = 0$ 的通解.

解 所给微分方程的特征方程为

$$r^2 - 2r + 5 = 0,$$

所以

$$r_{1,2} = \dfrac{2 \pm \sqrt{4-20}}{2} = 1 \pm 2i,$$

故所求通解为

$$y = e^x (C_1 \cos 2x + C_2 \sin 2x).$$

14.3.4 二阶常系数非齐次线性微分方程

由定理 14.3.2 知,求二阶非齐次线性微分方程的通解,可先求出其对应的齐次线性微分方程的通解,再设法求出非齐次线性微分方程的一个特解,二者之和就是二阶非齐次线性微分方程的通解. 所以求二阶非齐次线性微分方程的通解可按如下步骤进行:

(1)求出对应的齐次方程的通解 $\bar{y}$;

(2)求出非齐次方程的一个特解 y^*;

(3)所求方程的通解为 $y = \bar{y} + y^*$.

前面已讲解了如何求解二阶齐次线性微分方程的通解,那么剩下

的问题就是设法求出非齐次线性微分方程的一个特解. 关于如何求非齐次方程的特解 y^*, 在此不作一般讨论, 只介绍一种常见的类型, 用待定系数法求特解.

这种类型的方程为

$$y'' + py' + qy = P(x)\mathrm{e}^{\alpha x}.$$

其中 $P(x)$ 是多项式, α 是常数, 则方程具有形如

$$y^* = x^k Q(x)\mathrm{e}^{\alpha x}$$

的特解, 其中 $Q(x)$ 是与 $P(x)$ 同次的待定多项式, 而 k 的值如下确定:

(1) 若 α 与两个特征根都不等, 取 $k = 0$;

(2) 若 α 与一个特征根相等, 取 $k = 1$;

(3) 若 α 与两个特征根都相等 (特征方程有重根), 取 $k = 2$.

例如:

$$y'' - 2y' + y = x\mathrm{e}^x.$$

其对应的齐次方程的特征方程为:

$$r^2 - 2r + 1 = 0, \text{特征根为 } r_1 = r_2 = 1,$$

由于 $\alpha = 1$ 与 r_1, r_2 都相等, 故取 $k = 2$. 又由于 $P(x) = x$ 是一次多项式, 故 $Q(x) = ax + b$.

因此设原方程的一个特解为

$$y^* = x^k Q(x)\mathrm{e}^{\alpha x} = x^2(ax + b)\mathrm{e}^x.$$

例 14.3.8　求微分方程 $y'' - 2y' - 3y = x^2 + 2x + 1$ 的通解.

解　(1) 其对应的齐次方程的特征方程为:

$$r^2 - 2r - 3 = 0, \text{特征根为 } r_1 = -1, r_2 = 3,$$

所以其对应的齐次方程的通解为

$$\bar{y} = C_1\mathrm{e}^{-x} + C_2\mathrm{e}^{3x}.$$

(2) 所求方程为方程 $y'' - 2y' - 3y = (x^2 + 2x + 1)\mathrm{e}^{\alpha x}$ 当 $\alpha = 0$ 时的

情形:

由于 $\alpha = 0$ 与 r_1, r_2 都不相等,故取 $k = 0$. 因此设原方程的特解为

$$y^* = x^k Q(x) e^{\alpha x} = Q(x) = ax^2 + bx + c.$$

把 y^* 代入原方程得

$$(ax^2 + bx + c)'' - 2(ax^2 + bx + c)' - 3(ax^2 + bx + c) = x^2 + 2x + 1.$$

整理得 $-3ax^2 - (4a + 3b)x + (2a - 2b - 3c) = x^2 + 2x + 1.$

比较上式两端 x 同次幂的系数得

$$\begin{cases} -3a = 1, \\ -4a - 3b = 2, \\ 2a - 2b - 3c = 1. \end{cases}$$

从而求出 $a = -\dfrac{1}{3}, b = -\dfrac{2}{9}, c = -\dfrac{11}{27}$. 于是

$$y^* = -\frac{1}{3}x^2 - \frac{2}{9}x - \frac{11}{27}.$$

(3)所求方程的通解为

$$y = \bar{y} + y^* = C_1 e^{-x} + C_2 e^{3x} - \frac{1}{3}x^2 - \frac{2}{9}x - \frac{11}{27}.$$

例 14.3.9 求微分方程 $y'' - 2y' - 3y = e^{3x}$ 的一个特解.

解 由上题知:特征根为 $r_1 = -1, r_2 = 3$.

由于 $\alpha = 3$ 与一个特征根相等,故取 $k = 1$. 因此设特解为

$$y^* = x^k Q(x) e^{\alpha x} = x a e^{3x} = ax e^{3x}.$$

把 y^* 代入原方程得

$$(ax e^{3x})'' - 2(ax e^{3x})' - 3(ax e^{3x}) = e^{3x}.$$

从而求出 $a = \dfrac{1}{4}$, 于是

$$y^* = \frac{1}{4}x e^{3x}.$$

例 14.3.10 求微分方程 $y'' - 2y' - 3y = x^2 + 2x + 1 + e^{3x}$ 的通解.

解 由定理 14.3.3 知:方程 $y'' - 2y' - 3y = x^2 + 2x + 1 + e^{3x}$ 的特解

等于方程 $y'' - 2y' - 3y = x^2 + 2x + 1$ 的特解与方程 $y'' - 2y' - 3y = e^{3x}$ 的特解之和,故由前两例知,所求方程的通解为

$$y = C_1 e^{-x} + C_2 e^{ex} - \frac{1}{3}x^2 - \frac{1}{3}x^2 - \frac{2}{9}x - \frac{11}{27} + \frac{1}{4}xe^{3x}.$$

习题 14.3

1. 求下列微分方程的通解:

(1) $y'' = \cos x + \sin x$;　　　　(2) $y'' = \ln x$;

(3) $(1 + e^{-x})y'' + y' = 0$;　　　(4) $y'' - y' = x$;

(5) $xy'' + y' = x$;　　　　　　(6) $xy'' - y' = x^2 e^x$;

(7) $y'' - \dfrac{2y}{1+y^2} \cdot y'^2 = 0$.

2. 求下列微分方程的通解:

(1) $y'' - 16y = 0$;　　　　　　(2) $y'' + 2y' + 2y = 0$;

(3) $y'' - y' - 30y = 0$;　　　　(4) $y'' + y' + \dfrac{1}{4}y = 0$;

(5) $y'' - 7y' + 10y = 0$;　　　　(6) $y'' - y' - 6y = 0$;

(7) $y'' - 6y' + 9y = 0$;　　　　(8) $y'' + y' = 0$.

3. 求下列微分方程满足初始条件的特解:

(1) $y'' - 4y' + 3y = 0, y|_{x=0} = 6, y'|_{x=0} = 10$;

(2) $y'' - 3y' - 4y = 0, y|_{x=0} = 0, y'|_{x=0} = -5$;

(3) $y'' + 4y' + 29y = 0, y|_{x=0} = 0, y'|_{x=0} = 15$.

4. 求下列微分方程的通解:

(1) $y'' - 4y' + 4y = (x+3)e^{2x}$;　(2) $y'' + y' = x$;

(3) $y'' - 2y' + y = x^2$;　　　　(4) $y'' - y' - 2y = e^x$;

(5) $y'' - 5y' + 6y = e^x + e^{2x}$;　(6) $y'' - 2y' + y = e^x + x$.